高职高专"十二五"规划教材——机电专业系列

Mastercam X8 实例教程

主　审　　陈根琴

主　编　　熊杰萍　徐　钦

副主编　　顾　晔　李　杭　许孔联　李雪辉

参　编　　楼章华

U0254650

东南大学出版社

·南京·

内容简介

本书详细介绍了 Mastercam X8 的设计和数控加工过程,共 10 个项目,主要内容包括 Mastercam 的基础知识、数控加工的通用设置、外形铣削、挖槽铣削加工、钻孔与雕刻加工等二维和三维曲面(实体)的 8 种粗加工、10 种精加工的方法。重点介绍了 Mastercam X8 的 CAD 和 CAM 两大基本模块的各种造型和加工功能,以经典实例引导,由简到繁、由低到高的层层递进学习,条理清晰,实践性强。

本书可作为高职高专和高级技校机械类专业的 CAD/CAM 课程教材,也可作为从事数控加工和模具设计的广大专业技术人员的参考用书。

图书在版编目(CIP)数据

Mastercam X8 实例教程 / 熊杰萍,徐钦主编.
— 南京:东南大学出版社,2015.12
　　ISBN 978-7-5641-6314-3

　　Ⅰ.①M… Ⅱ.①熊… ②徐… Ⅲ.①计算机辅助制造-应用软件-教材 Ⅳ.①TP391.73

中国版本图书馆 CIP 数据核字(2015)第 319857 号

Mastercam X8 实例教程

出版发行:东南大学出版社
社　　址:南京市四牌楼 2 号　邮编:210096
出 版 人:江建中
责任编辑:史建农　戴坚敏
网　　址:http://www.seupress.com
电子邮箱:press@seupress.com
经　　销:全国各地新华书店
印　　刷:扬中市印刷有限公司
开　　本:787mm×1092mm　1/16
印　　张:18.75
字　　数:480 千字
版　　次:2015 年 12 月第 1 版
印　　次:2015 年 12 月第 1 次印刷
书　　号:ISBN 978-7-5641-6314-3
印　　数:1—3000 册
定　　价:45.00 元

前　言

Mastercam 是美国 CNC Software Inc. 公司于 1984 年基于 PC 平台的 CAD/CAM 开发的软件,它将二维绘图、三维实体造型、曲面设计、图素拼合、数控编程、刀具路径模拟、真实感模拟等功能于一身。Mastercam X8 作为 CNC Software Inc. 公司推出的 Mastercam 软件的最新版本,与微软公司的 Windows 技术紧密结合,具有全新的 Windows 操作界面,用户界面更加友好、便捷,设计效率更高。

为满足大、中专院校广大学生以及制造业界的工程技术人员对 Mastercam 应用需要,作者结合多年从事 Mastercam、pro/E、数控加工等教学的心得体会,以及在制造行业的经验编写了本书,希望给广大读者提供更多的帮助。

本书紧紧围绕当前 Mastercam X8 软件应用教学中的广度和深度要求,以项目为导向,由浅入深,系统、合理地讲述各知识点。本书通过 10 个项目,详细介绍了 Mastercam X8 的应用方法与技巧,一个项目通过一个或二个图形设计任务,学习二维图形绘制、三维曲面造型和实体造型的常用指令,再用设计的图形去完成相应的加工任务,来学习二维平面的各种加工方法和三维曲面(实体)的各种加工方法。举例经典、编排合理、前后关联、易学易用,达到事半功倍的学习效果。同时,本书在各个章节安排了难易适中、富有特色的练习,为上机练习提供了极大的方便。

本书由江西机电职业技术学院熊杰萍、徐钦担任主编,负责全书的组织编写、审订和统稿;江西机电职业技术学院顾晔、李杭,湖南网络工程职业学院许孔联,湖南电气职业技术学院李雪辉担任副主编;江西机电职业技术学院楼章华参与编写。全书由陈根琴主审。

本书在编写过程中参阅了有关院校和科研单位的教材、资料和文献,在此向其编者表示感谢,特别感谢江西机电职业技术学院机械工程系曾虎主任和欧阳毅文老师的大力支持。

由于编者水平有限,加之编写时间仓促,书中难免存在不妥或错误之处,恳请读者批评指正。

编　者

2015 年 12 月

目　录

项目一

Mastercam 的基础知识

任务一 Mastercam 系统模块与特点

知识要求

Mastercam 简介；

Mastercam 系统模块组成及功能；

Mastercam X8 的正常启动、退出及 Mastercam X8 工作界面各部分的用途和位置。

技能要求

掌握 Mastercam 的正常启动、退出并熟悉 Mastercam 工作界面各部分的用途。

一、任务描述

掌握图 1-1 所示 Mastercam 工作界面各部分的作用，并对每一功能区进行标注。

二、任务分析

该任务是掌握 Mastercam 软件的首要任务，为了完成该项任务，要了解 Mastercam 系统的模块组成、功能及特点，Mastercam 的正常启动、退出及 Mastercam 工作界面等。

三、知识链接

1. Mastercam 简介

Mastercam 是美国 CNC Software Inc. 公司开发的基于 PC 平台的 CAD/CAM 软件，自 1984 年以来，软件不断升级改进，从最早版本的 V3.0，可运行于 DOS 系统，V5.0 以上版本运行于 Windows 操作系统，到目前版本的 Mastercam 9.0、Mastercam X、Mastercam X2……最新开发的 Mastercam X8。

Mastercam X8 集二维绘图、三维实体造型、曲面设计、图素拼合、数控编程、刀具路径模拟、真实感模拟等功能于一身。Mastercam X8 既有方便直观的几何造型又提供了设计零件外形所需的理想环境，其强大稳定的造型功能可设计出复杂的曲线、曲面零件。

Mastercam 9.0 以上版本还支持中文环境，而且价位适中，对广大的中小企业来说是理想的选择。

Mastercam X8 实现 DNC 加工，DNC（直接数控）是指用一台计算机直接控制多台数控机床，其技术是实现 CAD/CAM 的关键技术之一。对于工件较大，处理的数据多，所生成的程序长，数控机床的存储器已不能满足程序量的要求时，就必须采用 DNC 加工方式，利用 RS－232 串行接口，将计算机和数控机床连接起来。利用 Mastercam 的 Communic 功能进行通讯，而不必考虑机床的内存不足问题。经大量实践证明，用 Mastercam 软件编制复杂零件的加工程序极为方便，而且能对加工过程进行实时仿真，真实反映加工过程中的实际情况。

2. Mastercam 的基本功能与模块

CAD 部分：包括二维的基本绘图、编辑几何图形、转换几何图形、图形标注、属性修改、层别管理、曲面设计、曲面曲线及实体设计等内容。

CAM 部分：包括外形铣削、挖槽加工、钻孔加工、面铣削、雕刻加工、圆铣削、曲面加工、特征加工和多轴加工等内容。

Mastercam X8 的模块：Mastercam X8 是 CAD/CAM 一体化软件，主要有设计、铣削、车削、线切割和雕刻五大模块。

3. Mastercam 的正常启动、退出

启动：Mastercam X8 主窗口的启动有三种。
（1）双击快捷图标 X8。
（2）将鼠标指针指向快捷图标并单击右键，在弹出的菜单中选择【打开】命令。
（3）单击【开始】菜单进入【程序】，选择下拉菜单中的 Mastercam X8。
退出：Mastercam X8 系统有三种退出方式。
（1）单击 Mastercam X8 主窗口中的【文件】/【退出】菜单命令。
（2）单击 Mastercam X8 主窗口中右上角的关闭图标×。
（3）同时按下【Alt＋F4】组合键。

4. 系统工作界面

Mastercam X8 启动后，屏幕上出现如图 1-1 所示的工作界面。该界面主要包括标题栏、主菜单栏、工具栏、状态栏、操作管理区和绘图区、坐标系图标、视图/绘图、次菜单等。

（1）标题栏 它位于 Mastercam X8 操作界面的最上方，它将显示当前正在操作的文件名称和 Mastercam X8 模块的名称。

（2）主菜单栏 主菜单栏在 Mastercam X8 操作界面的上方，它主要由文件、编辑、视图、分析、绘图等 13 个菜单组成。单击主菜单的任一菜单选项时，系统会将菜单下拉，并显示出所有与该菜单有关的指令选项，因此，也称为下拉式菜单。

提示：①当主菜单右边有黑三角（ ▶ ），表示带有二级子菜单，光标移至此，将弹出下一级菜单。②命令后跟有快捷键，如【绘图】下拉菜单中的【点 P】，表示按下快捷键 P，即可进行点的绘制操作。

（3）工具栏 工具栏位于主菜单栏的下方，它以图标的形式直观地表示每个工具的作用，每一个图标代表一条命令，可以用鼠标左键直接点击图标，以激活该命令。

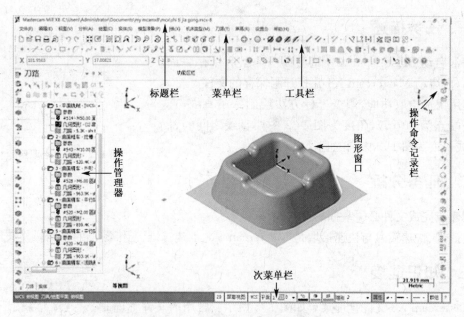

图 1-1　Mastercam X8 工作界面

（4）功能区栏　用户操作的反馈信息,显示命令操作或进行数据输入等。

（5）操作管理器　操作管理器位于工作界面的左边,将同一零件整个工作流程的各项操作集中在一起。

（6）图形窗口　用于创建和修改几何模型以及产生刀具路径时的区域。

（7）坐标系图标　显示坐标系的原点和三个坐标轴及方向。

（8）视图/绘图　显示当前的屏幕视图、刀具平面和构图平面。

（9）次菜单　它在屏幕的最下方,显示当前所设置的颜色、点的类型、线型、Z 轴深度等的状态,选中次菜单中的选项可以进行相应状态的设置。

任务二　文件管理与快捷键

任务要求

学会文件的打开与保存及输入/输出文件;

了解常用快捷键,Mastercam X8 的快速输入与快速拾取方法。

技能要求

能将自己创建的文件以适当方式保存,再次使用时打开。

一、任务描述

正常启动 Mastercam X8，随意画一个图形保存后正常退出，再启动 Mastercam X8 并打开刚保存的文件。

应用快速拾取功能，用极坐标方法绘制一条直线，直线的一端点为(10,5)，角度为图 1-2 中两直线之间的锐角，直线长度为图 1-2 中圆的直径。

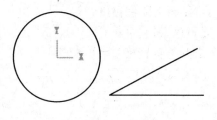

图 1-2　快速拾取例题

二、任务分析

创建或完成文件必须掌握的基本操作；

快捷键、快速输入与快速拾取是 Mastercam X8 创建二维、三维图形的基本操作技能。

三、知识链接

Mastercam X8 文件管理菜单如图 1-3 所示。常用的文件管理命令有【新建】【打开】【保存】【另存文件】【打印】【导入文件夹】和【导出文件夹】等一级菜单共十九项，二级菜单三项。

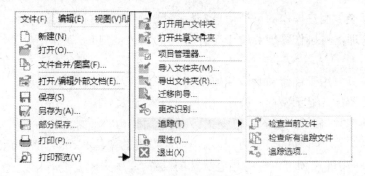

图 1-3　文件管理菜单

1. 新建文件

启动 Mastercam X8 软件后，系统自动新建了一个空白的文件，文件的后缀名是 .mcx-8。选择菜单【文件】/【　　新建(N)】，可以新建一个空白的 MCX 文件。

新建文件时，由于 Mastercam X8 软件是当前窗口系统，因此系统只能存在一个文件，如果当前的文件已经保存，那么将直接新建一个空白文件，并将原来已经保存过的文件关闭。

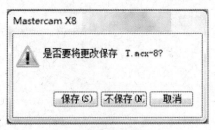

图 1-4　是否保存文件

如果当前文件的某些操作并没有保存,那么系统将会弹出如图 1-4 所示的对话框,提示用户是否需要保存已经修改了的文件,如果单击【保存】按钮,那么系统将弹出如图 1-5 所示的【另存为】对话框,要求用户设定保存路径以及文件名进行保存。如果单击【不保存】按钮,那么系统将直接关闭当前的文件,新建一个空白的文件。

图 1-5 【另存为】对话框

2. 打开文件

Mastercam X8 不但可以打开目前版本和以前版本的文件,如 MCX、MC9、MC8 等,还可以打开其他软件格式的文件。

选择菜单【文件】/【 打开(O)】,弹出如图 1-6 所示的【打开】对话框,首先选择需要打开文件所在的路径,如果文件所在的文件夹已经显示在对话框的列表中,那么用鼠标双击该文件,即可将该文件打开。若选中对话框右上角的【预览】复选框,可预览指定文件中的图形,例

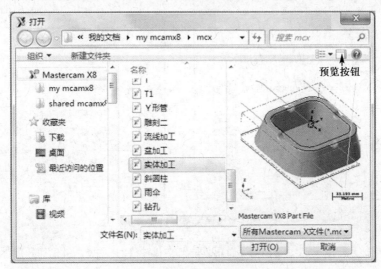

图 1-6 【打开】对话框

如单击"⬜ 实体加工"文件,就显示了"⬜ 实体加工"文件中的图形,选择了需要打开的文件,在对话框中单击 [打开(O)] (打开)按钮,就可以将指定的文件打开。

3. 保存文件

Mastercam X8 版本提供了三种保存文件的方式,分别是【💾 保存(S)】、【💾 另存为(A)】和【💾 部分保存】。调用这三种功能,均可以通过选择【文件】菜单进行保存文件。

(1)保存 该功能是对未保存过的新文件,或者已经保存过,但是已经做了修改的文件进行保存。如果对于没有保存过的新文件,调用保存功能后,将弹出如图 1-5 所示的【另存为】对话框,首先在该对话框左边的下拉列表框中选择保存的路径,其操作方法与通常的 Windows 软件相同;在【文件名】输入栏中输入需要保存文件的名称;在【保存类型】下拉列表中选择一种需要保存的文件类型,也就是选择一种后缀名。参数设定完成后,在对话框中单击 [保存(S)] 按钮进行保存。

(2)另存为 可以将已经保存过的文件,保存在另外的文件路径下,并以其他文件名进行保存或者保存为其他文件格式。

【🔲 部分保存(O)】可以将当前文件中的某些图形保存下来。调用该功能后,选择要保存的图形元素后,按 Enter 键,弹出如图 1-5 所示的【另存为】对话框,同样再确定保存的路径、文件名及保存类型,最后单击 [保存(S)] 按钮进行保存。

4. 输入/输出文件

输入/输出文件功能可以批量导入和导出其他格式的文件,指定文件夹,将该文件夹中的所有文件导入或导出。

选择【文件】/【导入文件夹】命令,弹出【导入文件夹】对话框,如图 1-7 所示。单击该对话框中的 按钮弹出【浏览文件夹】对话框,由它来寻找将某文件(从自此文件夹中寻找)导入到某个文件夹(从至此文件夹中寻找)。

图 1-7 导入及浏览文件夹

选择【文件】/【导出文件夹】命令,弹出【导出文件夹】对话框,如图 1-8 所示。

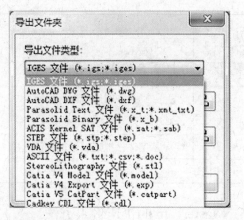

图 1-8　导出及类型文件夹

5. 快捷键

Mastercam 在默认情况下,常用的快捷键及其功能见表 1-1。

表 1-1　Mastercam 常用快捷键及其功能

快捷键	功　　能	快捷键	功　　能
Alt+1	切换至俯视图	F1	窗口放大
Alt+2	切换至前视图	F2	缩小
Alt+3	切换至后视图	F3	重画功能
Alt+4	切换至仰视图	F4	分析
Alt+5	切换至右视图	F5	删除
Alt+6	切换至等角视图	Ctrl+A	选取所有图素
Alt+A	使用自动存储对话框	Ctrl+C	复制　将图素复制到剪贴板中
Alt+C	运行 c-hooks and NET-Hooks 对话框	F9	显示或隐藏坐标轴
Alt+D	设置标尺寸全局参数	F10	列出所有功能键的定义
Alt+E	显示或隐藏图素	Alt+F1	屏幕适度化
Alt+G	进入选择格点参数对话框	Alt+F2	缩小 0.8 倍
Alt+H	进入在线帮助	Alt+F4	退出系统
Alt+O	进入操作管理对话框	Alt+F8	系统规划
Alt+S	曲面、实体着色显示	Alt+F9	显示坐标轴
Alt+T	切换刀具路径开关	Esc	中断命令
Alt+U	取消上次操作	PageDown	窗口放大
Ctrl+U	取消当前操作恢复到上一步操作	PageUp	缩小
Ctrl+Z	取消当前操作恢复到上一步操作	End	视图自动旋转

续表 1-1

快捷键	功　　能	快捷键	功　　能
Alt+V	显示版本号和产品序列号	方向键	四方面平移
Alt+X	进入转换菜单	Alt+方向键	改变视点
Alt+Z	打开图层管理对话框	Ctrl+V	粘贴　将剪贴板中的图素粘贴
Alt+X	进入转换菜单	Ctrl+X	剪切功能
Alt+Y	从实体模拟选项返回验证选项	Ctrl+Y	恢复取消的操作
Shift+Ctrl+R	刷新屏幕,清除屏幕垃圾	Ctrl+F1	环绕目标点进行放大

6. Mastercam 的快速输入方法

在 Mastercam 中,可用键盘快速、精确输入坐标点、Z 轴向的深度与光标捕捉特殊点。如图 1-9 所示,快速输入目标点(10,5,0)。

图 1-9　快速输入操作栏

:用于快速输入目标点坐标。

:用于自动捕捉设置。单击该按钮,弹出如图 1-10(a)所示的【自动抓点设置】对话框。

:用于手动捕捉设置。单击黑三角,弹出如图 1-10(b)所示的特殊点类型菜单。

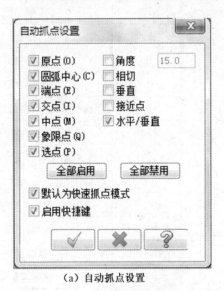

（a）自动抓点设置 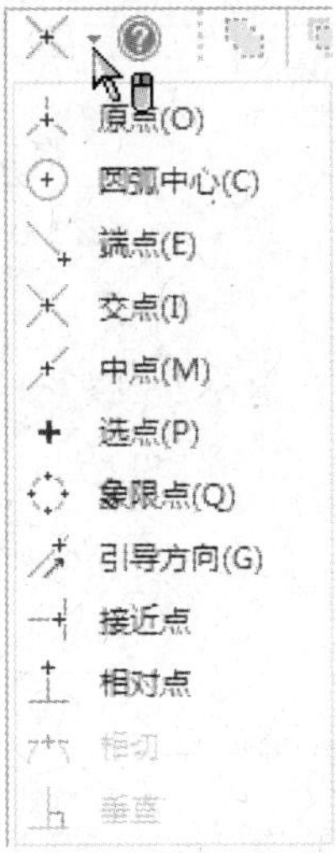　　　　　　　　　（b）特殊点类型选择菜单

图 1-10　抓点设置

7. Mastercam 的快速拾取方法

Mastercam X8 提供了 10 种快速拾取已存在图素特征的功能,如图 1-11 所示。

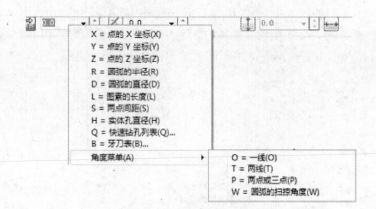

图 1-11　快速拾取图素特征功能

应用快速拾取功能的操作步骤如下：

(1) 进入相应的绘图状态。

(2) 在操作栏相应区域中单击鼠标右键,弹出如图 1-12 所示的快速拾取菜单,单击相应选项或相应快捷键。

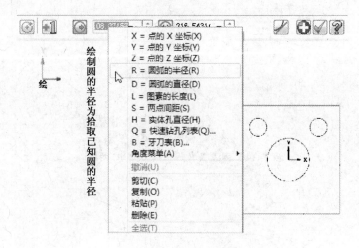

图 1-12　快速拾取菜单

(3) 用鼠标在图形窗口拾取与快捷键功能对应的图素,在操作栏显示所选图素的数值,按回车键 Enter。

(4) 相应的图素将会被绘制。

四、任务实施

作图步骤：

(1) 选择菜单上的【绘图】/【线】/【两点绘线】命令,或者单击工具栏上的快捷按钮　,系统提示指定第一个端点。

(2) 输入(10,5,0)按 Enter 键,再将鼠标移至直线长度文本框(图 1-13 所示区域),单击鼠标右键,选择快捷菜单中的"D＝圆弧的直径(D)",按提示选择图 1-2 中的圆。

（3）在图 1-14 所示的区域中，单击鼠标右键，选择快捷菜单中的"角度菜单（A）"/"两线"命令，然后逆时针点选图 1-2 中的两条直线，按 Enter 键，图形窗口显示出需绘制的直线，最后单击【两点绘线】操作栏中的确定 ✓ 按钮，即可绘出图 1-15 所示直线。

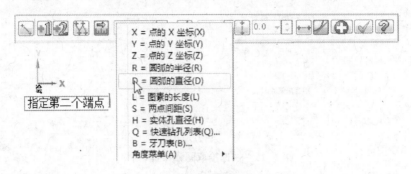

图 1-13　直线长度＝圆弧的直径（D）

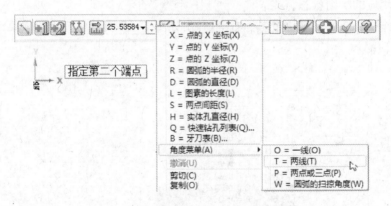

图 1-14　直线极坐标＝角度菜单/两线

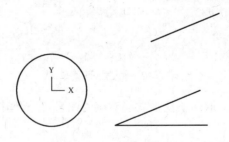

图 1-15　任务二结果

任务三　图素属性设置与系统规划

▶任务要求

正确进行 Mastercam X8 系统的设置与规划，熟悉 Mastercam X8 系统中图素的设置。

绘图时,进行相应系统规划与图素属性设置。

一、任务描述

将 Mastercam X8 工作界面背景色设置为白色,在图形窗口创建一个半径为 20、长度为 50 的半圆柱曲面如图 1-16 所示,并进行曲面的粗、精加工。图素的着色材质为绿色,文件自动保存位置为 C\:,并每隔 10 分钟自动保存一次。

图 1-16 曲面造型与加工

二、任务分析

在初次使用 Mastercam X8 系统,用户应根据需要进行系统设置。在构图前,应对构图环境、图素属性进行设置等,做好构图前的准备工作,再进行后续的曲面造型与加工。

三、知识链接

1. 图素属性设置

Mastercam X8 的图形元素包括了点、直线、曲线、曲面和实体等,这些元素除了自身所必需的几何信息外,还可以有颜色、图层、线型、线宽等。通常在绘图之前,先在次菜单中设定这些属性,如图 1-17 所示。

| 2D | 屏幕视图 | WCS | 平面 | Z 0.0 ▼ | | | | 层别 1 ▼ | 属性 | ✳ - | ━ | ━ ▼ | 群组 | ? |

图 1-17 次菜单

【3D】 用于 2D/3D 构图模式的切换,用鼠标左键单击该栏目,进行切换。选择 3D 模式时,绘制的图素不受构图深度与构图平面的限制,可在图形窗口直接进行三维图形的绘制;而选择 2D 绘图模式时,所绘制的图素为二维平面图形,即在 Z 轴(构图)深度相同条件下。

【屏幕视图】 单击该项,打开如图 1-18 所示菜单。其中列出了设定当前屏幕视图的各种方法。屏幕视图用于选择观察图形的视角,而用户绘制的图形不受当前屏幕视图的影响。

【平面】 单击该项将打开如图 1-19 所示菜单。用于选择和设置构图平面。

【Z】 设置构图深度(Z 轴深度),单击该项【Z】,系统提示:"选择用于新绘图深度的点",该深度作为当前的构图深度;也可在其右侧的文本框中直接输入数据,作为新的构图深度。

【▦ ▦ ▦】 分别单击该选项,将打开如图 1-20 所示颜色对话框。用于设置当前颜色,此后所绘制的图形将使用这种颜色进行显示;也可以用鼠标右键单击该选项,按提示选择要改变颜色的图素,按 Enter 键后,在弹出的【颜色】对话框中选取用户所需的颜色,然后单击该对话框中的确定 ✓ 按钮,即可。

图 1-18　屏幕视图

图 1-19　绘图平面

【层别】　单击该项将打开如图 1-21 所示的【层别管理】对话框,该对话框用于选择、创建、修改图层等。图层是管理图形的重要工具,我们可以把不同的绘图对象(如线框、尺寸、曲面、实体及刀具路径等)放在不同的图层中,这样用户可以任意控制绘图对象在图形窗口的可见性了。

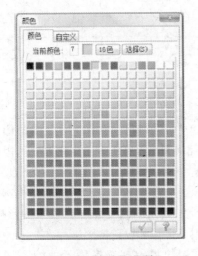

图 1-20　【颜色】对话框

图 1-21　【层别管理】对话框

层别的创建　要完成某项任务时,首先按照完成任务的需求与方便去设置,如图 1-21 所示,在【主层别】栏的【编号】文本框中输入:1.【名称】文本框中输入:伞面线架;再在【编号】文本框中输入:2,【名称】文本框中输入:伞曲面。以此类推,直至所有的层别创建完毕。

选择当前图层　在打开的【层别管理】对话框中,单击该对话框上面列表栏中【编号】为 4 的格,该行变成绿色,单击对话框中的确定 ✓ 按钮,则 4 层设为当前工作层。

在当前图层,你所绘制的任何图素,都只是放在当前工作层。一次只能设置一个当前工作层,在【层别管理】对话框中,被设置为当前工作层会显示为黄色背景。

修改图素的层别　用鼠标右键点击【层别】,按提示选择需要更改图层的图素后,按 Enter 键,弹出【更改层别】对话框(图 1-22),在对话框中的【操作】栏中选择【移动】(将用户所选的图素移动到所需的图层)或复制(将用户所选的图素移动到所需的层别,并在原层别保留此图素);在【层别编号】栏,不选【使用主层别】,在【层别编号】的文本框中直接输入图素需要移动至此的层别编号数,最后单击【更改层别】对话框中的确定  按钮即可。

图 1-22　更改层别

【属性】　单击该区域将打开属性设置对话框,如图 1-23 所示。用于设置线型、颜色、点的类型、层别、线宽及密度等图形属性。

【点型】　单击 ✱▾ 图标,弹出下拉列表见图 1-24,用于设定当前点的类型。

【线型】　单击 ━━▾ 图标,弹出下拉列表见图 1-25,用于设定当前线的类型。

【线宽】　单击 ══▾ 图标,弹出下拉列表见图 1-26,用于设定当前线的宽度。

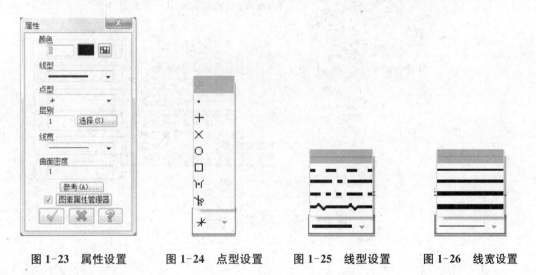

图 1-23　属性设置　　　图 1-24　点型设置　　　图 1-25　线型设置　　　图 1-26　线宽设置

2. 系统规划

用户可以根据需要对系统的默认值进行整体规划,如对刀路模拟、CAD 设置、串联设置、颜色、标注与注释、屏幕等进行设置。

设置步骤:选择主菜单中的【设置】/【配置】,系统弹出【系统配置】对话框,如图 1-27 所示。在【系统配置】对话框中,可根据需要选择相应的选项进行设置。

例如:颜色设置,选择【设置】/【配置】,系统弹出【系统配置】对话框,在对话框左边列表中选择【颜色】,如图 1-28 所示,【系统配置】对话框打开颜色设置页面,在颜色下拉列表中选择【工作区背景颜色】,点选 256 色中的白色,单击 ✔ 按钮确定即可。

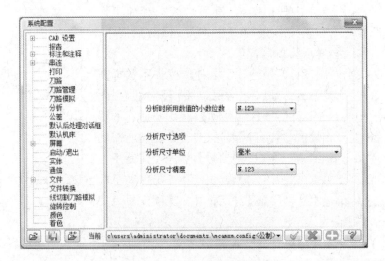

图 1-27 【系统配置】对话框

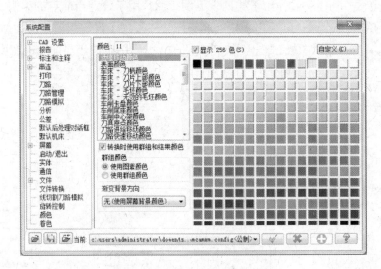

图 1-28 【系统配置】—颜色

四、任务实施

1. 绘图前的设置

工作区背景颜色设置同上。

文件自动保存设置:选择【设置】/【配置】,系统弹出【系统配置】对话框,在对话框左边列表中选择【文件】/【自动保存/备份】,【系统配置】对话框打开自动保存页面(图 1-29),设置如下:选择【自动保存】,【间隔(分钟)】为"10";选择【使用当前文件名保存】、【保存文件前提示】。其余设置见图 1-29 所示。

构图环境设置:设置层别 在次菜单上单击【层别】,打开【层别管理】对话框。创建如图 1-30 所示图层,并将层别编号为 1 的设为当前层。单击该对话框的确定 ✓ 按钮,关闭层别管

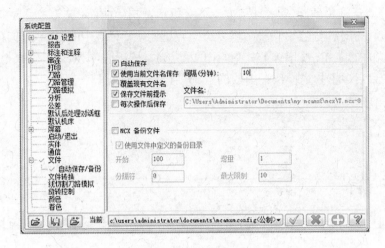

图 1-29　自动保存设置

理对话框。

2. 绘制线架模型

在次菜单上,设置构图属性:3D;屏幕视图—前视图;构图平面—前视图;线型—实线;线宽—细。

单击 按钮,极坐标绘圆弧,设置半径为 20,起始角 0°,终止角 180°,圆心坐标为(0,-25,0),单击 按钮确定。

屏幕视角—等角视图;构图平面—俯视图;单击按钮 ,绘制垂直线,输入第一个端点坐标(0,25,0),输入第二个端点坐标(0,-25,0);单击确定 按钮。结果如图 1-31(a)所示。

图 1-30　层别设置

3. 创建曲面

单击【层别】,弹出【层别管理】对话框,选择编号 2,单击对话框的确定 按钮,当前构图层变为编号为 2 的层。

单击按钮 ,弹出扫描操作栏,设置如图 1-32 所示,同时弹出【串连】对话框,系统提示:"扫描曲面:定义　截面外形",利用【串连】对话框中的默认串连形式,点选图 1-31(a)中的圆

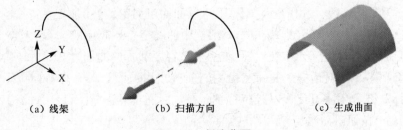

(a) 线架　　　　　　　　(b) 扫描方向　　　　　　　(c) 生成曲面

图 1-31　创建曲面

弧,单击【串连】对话框中的确定 ✅ 按钮,系统又提示:"扫描曲面:定义　引导外形",【串连】对话框再次打开,利用【串连】对话框的默认方式点选图 1-31(a)中的直线,方向如图 1-31(b)所示(注意扫描方向)。单击【串连】对话框中的确定 ✅ 按钮后,图形窗口生成扫描曲面,如图 1-31(c)所示。最后单击扫描操作栏中的确定 ✅ 按钮生成曲面。

图 1-32　扫描曲面工具栏

4. 曲面粗加工

单击【层别】,弹出【层别管理】对话框,选择编号 3,单击确定 ✅ 按钮,当前构图层变为编号 3 层。

曲面粗加工:

(1) 定义机床　选择主菜单【机床类型】/【铣床】/【默认】。

(2) 定义毛坯　在操作管理器中选择【属性】/【毛坯设置】,弹出【机床群组属性】对话框,如图 1-33 所示。在对话框中点选【边界框】,弹出【边界框】对话框,设置如图 1-34 所示。单击【边界框】对话框中的确定 ✅ 按钮,返回【机床群组属性】对话框,在该对话框中毛坯尺寸为:X=50,Y=50,Z=21。单击【机床群组属性】对话框中的确定 ✅ 按钮,完成毛坯定义。

图 1-33　定义毛坯

图 1-34　边界框

(3) 定义刀具及参数　选择主菜单【刀路】/【曲面粗加工】/【粗加工平行铣削刀路】,弹出【选择凸缘/凹口】对话框,选取凸缘,单击对话框中的确定 ✅ 按钮,弹出【输入新 NC 名称】对话框,单击对话框中的确定 ✅ 按钮,按系统提示选择要加工的曲面,按 Enter 键,弹出【刀路/曲面选择】对话框,单击对话框中的确定 ✅ 按钮,弹出【曲面粗车-平行】对话框,在对话框空白区单击鼠标右键,弹出【刀具管理器】对话框,在对话框右下方选择【启用过滤】,单击其下方的过滤 过滤(F)... 按钮,打开【刀具列表过滤】对话框,设置见图 1-35 所示,选出一把直径为 20 的球刀,单击【刀具列表过滤】对话框中的确定 ✅ 按钮,返回【刀具管理器】,在【刀具管理器】

下方(库)列表中显示该刀具,双击列表中刀具,该刀具传送到上方(零件)列表中(见图 1-36)。

单击该对话框中的确定 ✔ 按钮,返回【曲面粗车-平行】对话框的【刀路参数】选项卡中,该选项卡显示所选刀具的参数,再对其余参数进行设置:选择【刀具显示】选项,选择【参考点】,并单击

参考点... 按钮,打开【参考点】设置对话框,设置见图 1-37 所示(以后在【刀路参数】选项卡中,如选择【参考点】选项,其设置一般类似,不再叙述)。【刀路参数】的其余设置见图 1-38 所示。

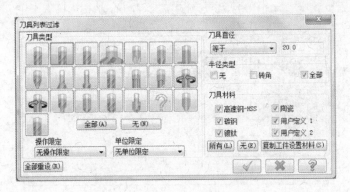

图 1-35 【刀具列表过滤】对话框

图 1-36 刀具管理器

图 1-37 参考点设置

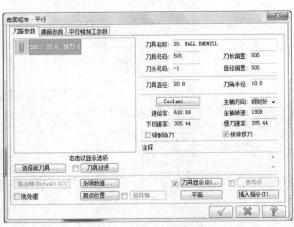

图 1-38 刀路参数

（4）定义曲面参数

在【曲面粗车-平行】对话框中，单击【曲面参数】选项，【曲面粗车-平行】对话框切换至【曲面参数】选项卡，在该选项卡中的参数设置见图 1-39 所示。

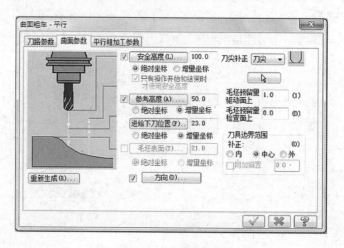

图 1-39　曲面参数

（5）定义平行粗加工参数

在【曲面粗车-平行】对话框中，单击【平行粗加工参数】选项，打开【平行粗加工参数】选项卡（图 1-40），其参数设置：【最大径向切削间距】输入 4；【切削方式】双向；【加工角度】输入 0；【最大轴向切削间距】输入 2；单击【切削深度】选项，弹出【切削深度】对话框，在对话框中，选择绝对坐标、最小深度 21、最大深度 0，其余见图 1-41 所示，单击【切削深度】对话框中的确定 按钮退出加工深度设置。最后单击【曲面粗车-平行】对话框中的确定 按钮，完成平行铣削粗加工的刀具路径，实体验证，其结果见图 1-45（b）所示。

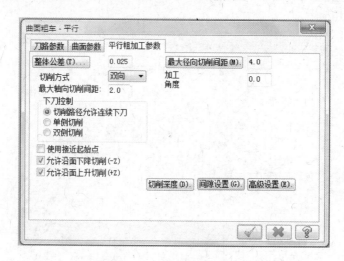

图 1-40　平行粗加工参数

图 1-41　切削深度设置

5. 曲面精加工

（1）定义刀具及刀路参数

选择主菜单【刀路】/【曲面精加工】/【精加工平行铣削刀路】，选取刀具过程同曲面粗加工。选取一把 φ6 的球刀，设置【刀路参数】如图 1-42 所示。

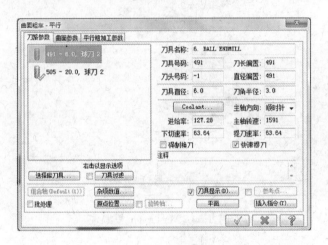

图 1-42　刀路参数

（2）定义曲面参数

在【曲面精车-平行】对话框中，单击【曲面参数】选项，【曲面精车-平行】对话框切换至【曲面参数】选项卡，在该选项卡中的参数设置与平行粗加工中的【曲面参数】选项卡的基本相同，只是【毛坯预留量驱动面上】为 0，其余参见图 1-39 所示。

（3）定义平行精加工参数

在【曲面精车-平行】对话框中，单击该对话框中的【平行精加工参数】，设置参数如图 1-43 所示。最后单击【曲面精车-平行】对话框中的确定 ✓ 按钮。

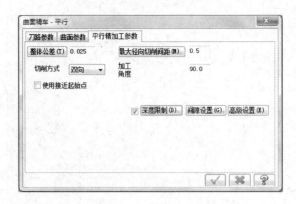

图 1-43 平行精加工参数

6. 模拟加工

单击操作管理器【刀路】选项卡中的 按钮，弹出【Mastercam 模拟器】对话框，如图 1-44 所示。在对话框中单击【播放】按钮 ，开始模拟加工，其结果如图 1-45(c) 所示。

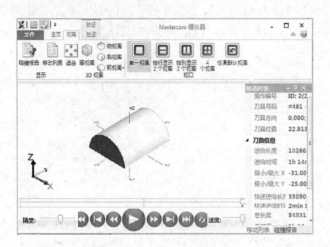

图 1-44 Mastercam 模拟

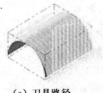

（a）刀具路径　　　　　　（b）粗加工模拟　　　　　　（c）精加工模拟

图 1-45 模拟加工结果

习 题

1. Mastercam X8 由哪几个模块组成？各有什么功能？

2. Mastercam X8 的用户界面由哪几部分组成？

3. 怎样设置层别、图素的颜色、线型和线宽等属性？

4. 你记住了多少个常用的快捷键？【Alt+A】、【Alt+C】、【Alt+V】、【Alt+F9】分别表示什么？

上机操作：

1. 用三种不同的方式启动 Mastercam X8 后，再正常退出。

2. 将 Mastercam X8 的绘图背景设置为白色，绘图颜色设置为黑色，线型设置为实线，线宽设置为最细。

3. 将 Mastercam X8 的构图环境设置为：屏幕视角设为等角视图；构图平面设为俯视图；构图深度为 20；随意绘制一个圆，以文件名 T1-1 保存后，正常退出。再启动 Mastercam X8 并打开文件名为 T1-1 的文件。

数控加工的通用设置

任务一　圆与圆弧的创建

→ 任务要求

圆和圆弧的绘制。

→ 技能要求

运用上述命令绘制简单的二维图形。

一、任务描述

Mastercam X8 能够实现二维图形、三维曲面及线架模型图的加工,具有强大的加工功能,加工方式和参数也相当丰富。当前的任务主要为介绍 Mastercam X8 系统加工的一般流程与数控加工模块共同参数的设置方法、通用的操作方法,并绘制一个直径为 40 的圆。

二、任务分析

运用 Mastercam 软件编程,必须先利用 CAD 进行图形创建,所以要完成上述任务必须掌握圆与圆弧的绘图命令。

三、知识链接

1. 圆弧

选择【绘图】/【弧】菜单命令或单击工具栏⊕·右侧黑三角下拉菜单,可获得七种绘制圆或圆弧的方法。如图 2-1 与图 2-2 所示。

(1) 圆心点画圆

绘制指定圆心和圆周上一点的圆。

选择【绘图】/【弧】/【圆心点画圆】命令或单击工具栏⊕·按钮,弹出【中心点画圆】操作栏,如图 2-3 所示。指定圆心位置,给出半径或直径,可绘制出圆;或选中☑按钮,指定圆心位置,选取欲相切的直线或圆弧绘制出与之相切的圆。

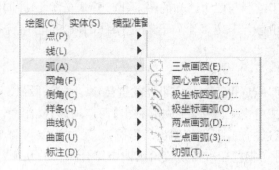

图 2-1　绘制圆菜单命令　　　　　图 2-2　绘制圆工具栏命令

图 2-3　中心点画圆

(2) 极坐标圆弧

通过指定圆心、半径(直径)、起始角度和结束角度来绘制圆弧。

选择【绘图】/【弧】/【极坐标圆弧】命令或单击工具栏 按钮,弹出【极坐标圆弧】操作栏(图 2-4),指定圆心位置,给出半径或直径、起始角度和终止角度,即可绘制出圆。

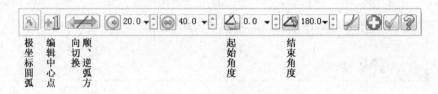

图 2-4　极坐标圆弧操作栏

(3) 三点画圆

通过指定不在同一条直线上的三个点来绘制圆。

选择【绘图】/【弧】/【三点画圆】命令或单击工具栏 按钮,弹出【三点画圆】操作栏,如图 2-5 所示。当锁定 按钮,在系统提示下用户依次指定第 1 点、第 2 点和第 3 点,即可绘制出经过这三个点的圆;当锁定 按钮,在系统提示下用户依次指定两点,即可绘制出经过这两个点的圆。

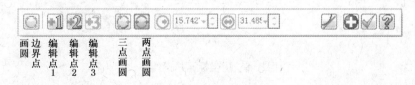

图 2-5　三点画圆操作栏

该操作栏其余参数图标含义:

![]、![]、![] 分别用于修改当前处于激活状态下,圆弧所经过的三点的位置。

![] 当 ![] 按钮与 ![] 按钮同时锁定,用于绘制与三个已知的图素(圆、圆弧或直线)相切

的圆;当  按钮与  按钮同时锁定,用于绘制与两个已知的图素(圆、圆弧或直线)并同时给定该相切的圆半径(或直径);这时系统可能会出现多个符合给定条件的圆,单击所需的圆即可。

(4) 两点画弧

通过指定弧的两个端点和该弧的中间一点(也可以指定半径或直径)来生成一段弧。

选择【绘图】/【弧】/【两点画弧】命令或单击工具栏 按钮,弹出【两点画弧】操作栏,如图 2-6 所示。此时分别指定两端点和圆弧经过的点,即可绘制出所需圆弧;若在指定两端点后,不是指定圆弧经过的第三点,而是给出半径(或直径),则系统给出四条符合条件的圆弧,用户点击需要保留的圆弧即可。

图 2-6 两点画弧操作栏

若 按钮锁定,再定两端点,单击相切的图素(圆、圆弧或直线)后,即可绘出所需圆弧。

(5) 三点画弧

通过指定圆弧上的任意三点生成一段弧。

选择【绘图】/【弧】/【三点画弧】命令或单击工具栏 按钮,弹出【三点画弧】操作栏,如图 2-7 所示。此时依次指定圆弧经过的三点,即可绘制出所需圆弧。若 按钮锁定,则依次单击与其相切的三个图素(圆、圆弧或直线)后,即可绘出所需圆弧。

图 2-7 三点画弧操作栏

(6) 极坐标画弧

通过极坐标画弧命令可以指定弧的端点、半径、起始和结束角度来生成一段弧。

选择【绘图】/【弧】/【极坐标画弧】命令或单击工具栏 按钮,弹出【极坐标画弧】操作栏,如图 2-8 所示。

图 2-8 极坐标画弧操作栏

该操作栏其余参数图标含义:

　　　用于已知圆弧的起始点、半径、起始和结束角度圆弧的绘制。

　　　用于已知圆弧的结束点、半径、起始和结束角度圆弧的绘制。

（7）切弧

该命令可以画出与某一图素相切的一段弧。

选择【绘图】/【弧】/【切弧】命令或单击工具栏 按钮，弹出【切弧】操作栏，如图 2-9 所示。在设置相关参数后，即可绘制相应的切弧。

图 2-9　绘制切弧操作栏

该操作栏其余参数图标含义：

指定半径（或直径）并与一个已知的图素（圆弧、直线）相切绘制圆弧。

指定半径（或直径），通过一点与已知图素（圆弧、直线）相切绘制圆弧。

指定半径（或直径），通过中心线与已知图素（圆弧、直线）相切绘制圆弧。

绘制的切弧与指定图素相切，切点动态地在指定图素上选取，其切弧半径与弧长随圆弧终点的位置而定。

指定三个图素绘制相切的圆弧。

指定三个图素绘制相切的圆。

指定半径（或直径），并与两个已知图素相切绘制圆弧。

四、任务实施

图形的创建步骤：

1. 构图环境与属性设置

2D、屏幕视图、构图平面—俯视图；线型—实线、线宽—细、图素颜色—黑色。

2. 绘制圆

单击 按钮，直径输入 40，按 Enter 键确认，自动捕捉坐标原点为圆心，单击 按钮确定，绘出如图 2-10 所示圆。

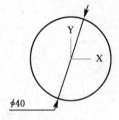

图 2-10　绘制圆

任务二　加工设置

→**任务要求**

Mastercam X8 数控加工的一般流程；

数控铣削加工中刀具设置；

加工工件材料、毛坯形状及几何尺寸的设置；

操作管理器的运用；

模拟加工与后置处理；

技能要求

在运用 Mastercam X8 产生 NC 文件时,能够正确设置刀具参数、工件毛坯的几何尺寸。

一、任务描述

Mastercam X8 数控加工的一般流程是:先利用 CAD 模块设计产品→在选定机床后,通过刀具路径设置刀具、工件材料与毛坯几何尺寸以及加工工艺与参数设置→产生 NCI 文件,最后通过 POST 后置处理产生数控设备可以直接执行的 NC 代码文件。图 2-11 是数控编程的一般流程。

根据 Mastercam X8 数控加工的一般流程,如何对加工工件的刀具、工件材料与工件毛坯的种类、形状、几何尺寸及加工参数进行设置? 这里以一个简单实例来介绍如何处理这些问题,如:在铣床上加工一个直径为 40 的圆外形。

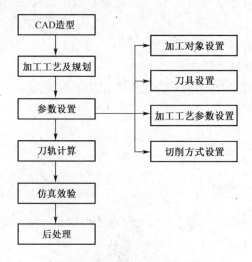

图 2-11　数控加工的一般流程

二、任务分析

Mastercam X8 系统在数控铣床上加工工件时,其刀具设置、工件材料选择与工件几何尺寸的确定是大致相同的,所以在这里作为共同参数单独介绍,在后续零件加工中遇到这些问题不再赘述。

三、知识链接

1. 机床类型

Mastercam X8 的 CAM 部分有:铣削、车削、线切割、雕刻、车铣复合、设计六个模块,在CAD 模块完成产品造型后,就可利用 CAM 进行铣削加工、车削加工、线切割加工、雕刻及车铣复合加工,其功能菜单如图 2-12 所示。

在进入铣削加工编程环境,首先选择机床类型,即选择菜单栏的【机床类型】/【铣削】/【默认】或【管理列表】。若选择【管理列表】,弹出【机床定义菜单管理】对话框(图 2-13)。该对话框提供了 3～5 轴的立式(VMC)和卧式(HMC)铣削机床类型以方便用户选择。

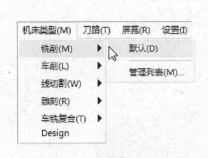

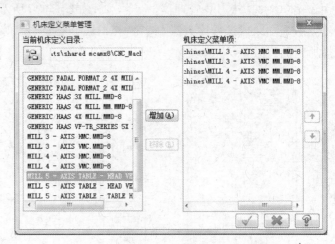

图 2-12　CAM 部分功能菜单　　　　　　图 2-13　【机床定义菜单管理】对话框

2. 刀具设置

定义好加工机床类型后,【刀路】菜单将被激活,如图 2-14 所示。这时要对加工工件的刀具进行设置。用户可以利用【刀具管理】库中的刀具,也可以修改【刀具管理】库中的刀具参数,还可以自定义新的刀具参数,并保存到【刀具管理】库中。

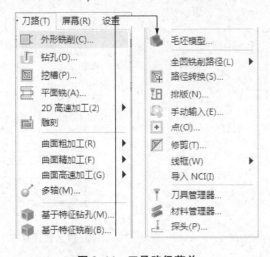

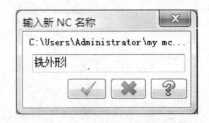

图 2-14　刀具路径菜单　　　　　　　图 2-15　【输入新 NC 名称】对话框

(1) 从刀具管理库中选择刀具

当加工工件的机床确定后,选择菜单栏的【刀路】/【外形铣削】(或其他加工方式,如钻孔、多轴加工等)命令,弹出【输入新 NC 名称】对话框,如图 2-15 所示。单击确定 ✔ 按钮后,弹出【串连】对话框,如图 2-16 所示。选择适当方式选取工件加工表面后,单击确定 ✔

按钮,弹出【2D 刀路-外形】对话框,如图 2-17 所示。单击对话框中的【刀具】选项,切换到如图 2-18 所示的刀具参数对话框。在该对话框中有两种从刀具库中选择刀具的方法:其一,在图 2-18 所示对话框的空白区单击鼠标右键,弹出快捷菜单(在图 2-18 中的图 2-19),在该菜单中选择【刀具管理器】命令,弹出如图 2-20 所示的【刀具管理器】对话框。其二,单击图 2-18 中的【选择库刀具】按钮,弹出【刀具选择】对话框,如图 2-21 所示。它们均可选择所需的刀具。

图 2-16 【串连】对话框

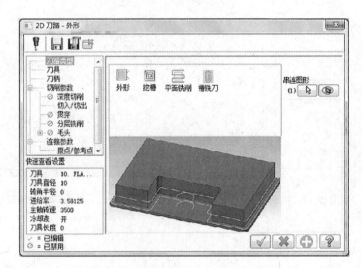

图 2-17 【2D 刀路-外形】铣削对话框

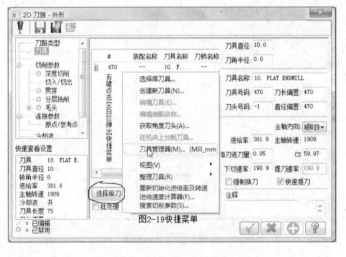

图 2-18 【刀具参数】对话框

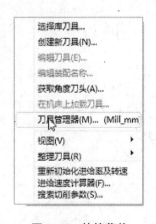

图 2-19 快捷菜单

【刀具管理器】(图 2-20)与【刀具选择】(图 2-21)对话框中,列出了 Mill mm Tools 刀具的 12 种类型,共 328 把。为方便选择刀具,可选择两个对话框右边的【启用过滤】复选框,单击 过滤(F) 按钮,出现如图 2-22 所示的【刀具列表过滤】对话框。在对话框中,设置过滤条件(即刀具类型、刀具直径、半径类型及刀具材料等)后,单击 ✔ 按钮,【刀具管理器】(图 2-20)与【刀具选择】(图 2-21)对话框中只显示符合条件的刀具。

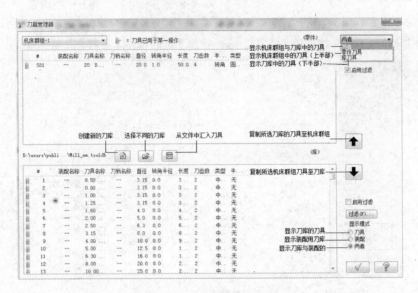

图 2-20 【刀具管理器】对话框

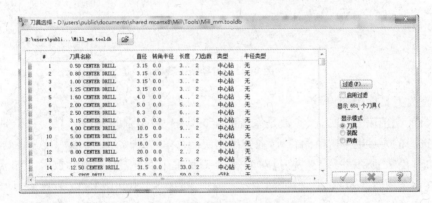

图 2-21 【刀具选择】对话框

在【刀具管理器】(图 2-20)对话框的下栏(库)中,选中刚过滤出的刀具后,点击 ↑ 按钮,将刚过滤出的刀具送到上栏(零件)中,单击确定 ✓ 按钮,返回【2D 刀路-外形】对话框的【刀

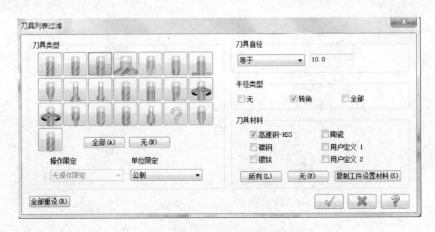

图 2-22 【刀具列表过滤】对话框

具】选项卡中,并显示过滤出的刀具。而在【刀具选择】(图 2-21)对话框中,选中刚过滤出的刀具,单击确定 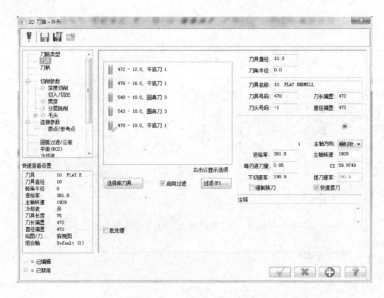 按钮后,就可返回【2D 刀路-外形】对话框的【刀具】选项卡中,并显示过滤出的刀具(图 2-23)。

图 2-23　刀具路径参数

(2) 修改刀具库中的刀具

从刀具库中选取的刀具,其参数是系统给定的,用户可以通过修改刀具参数得到所需的刀具。在已选择的刀具上单击鼠标右键,在弹出的快捷菜单(如图 2-19 所示)中选择【编辑刀具】命令,弹出如图 2-24 所示的【定义铣刀】对话框,在对话框中设定刀具图形参数后,点击【下一步】,弹出【最终化杂项属性】对话框,根据加工要求编辑刀具参数后,单击【定义刀具】对话框中的【精加工】按钮,返回【2D 刀路-外形】对话框的【刀具】选项卡中,并显示刚修改好的刀具。

图 2-24　【定义铣刀】对话框

（3）定义新的刀具

在快捷菜单图 2-19 中选择【创建新刀具】命令,弹出如图 2-25 所示【创建新刀具】对话框,利用该对话框先设定新刀具的类型,点击【下一步】,弹出【定义铣刀】对话框(图 2-24),在对话框中修改所需的参数后,再点击【下一步】,弹出【最终化杂项属性】对话框,在前面参数还需修改时,可点击【上一步】返回到需修改处,在所有参数设定后,单击【精加工】按钮,返回【2D 刀路-外形】对话框的【刀具】选项卡中,并显示刚创建的新刀具。

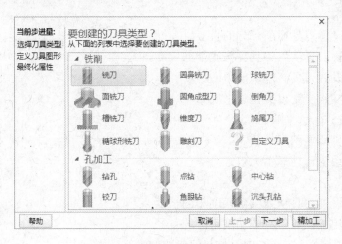

图 2-25　【创建新刀具】对话框

在【定义铣刀】对话框中有【定义刀具图形】和【最终化属性】两个选项卡。下面分别介绍各选项卡中的相关参数。

在【定义铣刀】对话框中,首先显示的是【定义刀具图形】选项卡,如图 2-24 所示。用户可根据需要编辑刀具的总尺寸、刀尖/圆角处理、非切削图形的尺寸等。单击【定义铣刀】对话框中的【最终化杂项属性】选项卡,打开该选项卡,如图 2-26 所示。在选项卡中用户可修改操作中的刀具编号、刀长偏置、直径偏置、进给率、主轴转速以及铣削中的 XY 粗精加工步进量、Z 粗精加工步进量等参数。

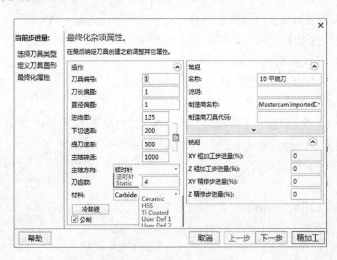

图 2-26　最终化杂项属性

在【要创建的刀具类型】(图 2-25)对话框中有【选择刀具类型】【定义刀具图形】和【最终化属性】三个选项。下面介绍【要创建的刀具类型】选项卡中的相关参数。

在【要创建的刀具类型】选项卡(图 2-25)中,用户可选择所需的刀具类型。

不同类型刀具的【定义刀具图形】【最终化杂项属性】选项卡,其内容有所不同,但主要参数相同,下面以平底刀为例,介绍各选项卡中的刀具几何参数的含义。

在【定义刀具图形】选项卡中刀具几何参数的含义如下:

◦ 总尺寸选项中
- 切削直径　设置刀具切削部分的直径。
- 总长度　设置刀具从刀尖到夹头底端的长度。
- 切削长度　设置刀具有效切削刃的长度。

◦ 刀尖/圆角处理(当铣刀类型为平底刀时)
- 圆角类型　选择无(平底刀)。
- 半径　系统自动显示无效。
- 倒角距离　系统自动显示无效。

◦ 非切削图形
- 刀肩长度　设置刀具从刀尖到切削刃的长度。
- 刀杆直径　用于设置刀具非切削部分的直径。

在【最终化杂项属性】选项卡中刀具几何参数的含义如下:

- 刀具编号　系统自动按照创建的顺序给出刀具编号,用户也可以自行设置编号。
- 刀长偏置　刀具长度补偿号,此号在机床控制器补偿时,设置在数控机床中的刀具长度补偿器号码。
- 直径偏置　刀具半径补偿号。此号为使用 G41、G42 语句在机床控制器补偿时,设置在数控机床中的刀具半径补偿器号码。
- 进给率　设置刀具在 XY 平面内的进给速度,在 NC 程序中产生 Fxxxx 指令。
- 下刀速率　赋予 Z 轴进刀切入时的进给速度。在 NC 程序中产生 Z__Fxxxx 指令。
- 提刀速率　设置切削加工完成后,刀具快速退回的速度,通常和快进速度相当。
- 主轴转速　设置主轴旋转速度,用以产生 NC 程序中 Sxxxx 指令。
- 主轴方向　设置主轴正转(逆时针)、反转(顺时针)、停转(Static)。
- 刀刃数　设置刀具的切削刃数。
- 材质　下拉列表中提供了硬质合金- Carbide、陶瓷- Ceramic、高速钢- HSS、钛涂层- Ti Coated 和用户自定义等刀具材料供用户选择。
- 冷却液　单击该按钮,弹出【冷却液】对话框,其中设有切削液冷却(Flood)、雾状冷却(Mist)、刀具内部冷却(Thru - Tool)三种冷却方式供选择。
- 公制　选中该复选框装配单位为公制,否则为英制。

◦ 常规
- 名称　设置所选用刀具的名称,用户可用默认,可自定义。
- 制造商名称　制造刀具企业名称。
- 制造商刀具代码　生产刀具企业所命名的刀具代码。

◦ 铣削

• XY 粗加工步进　设置粗加工时刀具在 XY 方向上的切削深度。以刀具直径的百分率表示。

• Z 向粗加工步进　设置粗加工时刀具在 Z 方向上的切削深度。以刀具直径的百分率表示。

• XY 精修步进　设置精加工时刀具在 XY 方向上的切削深度。以刀具直径的百分率表示。

• Z 向精修步进　设置精加工时刀具在 Z 方向上的切削深度。以刀具直径的百分率表示。

(4) 设置刀具加工参数

被选择的刀具,显示在【2D 刀路-外形】对话框的【刀具】选项卡中,如图 2-23 所示。在对话框中,系统预置了刀具的公共参数,如刀具名称、刀具号码、刀头号码、刀具直径、倒角半径、进给率、主轴转速、进刀速率和提刀速率等,这些参数前面已作介绍。用户还可以根据加工要求设置或修改这些参数。下面对前面没有介绍的参数进行说明。

• 刀角半径　根据工件加工轮廓的过渡圆角来设置球刀或圆鼻刀的圆角半径。

• 刀具名称　显示刀具的名称。

• 强制换刀　选中该复选框,在连续的加工操作中使用相同的加工刀具时,系统在 NCI 文件中以代码 1002 代替 1000。

• 快速提刀　选择该项,加工完后,系统以设定速度快速退刀,否则设置提刀速度。

• 注释　用于输入刀具路径的注释,以方便将来 NC 程序的阅读。

• 选择库中刀具　选择刀具库。

• 启用刀具过滤　用于过滤显示刀具。

• 批次模式　选中该复选框,系统将对 NC 文件进行批处理。

3. 设置加工毛坯

在编制加工工件的刀具路径前,我们选定了机床、设置好了刀具,还应该设置加工工件的材料、毛坯。

选择【机床类型】/【铣床】/【默认】命令后,图形窗口左侧的【刀路管理器】中显示出【机床群组-1】,系统进入加工初始化操作状态,单击 ▣ ⏽ 属性 ＋ 按钮,打开属性列表(见图 2-27),单击【毛坯设置】选项,弹出【机床群组属性】对话框如图 2-28 所示。在对话框中可以对毛坯的视图方向、工件形状、几何尺寸、工件原点以及毛坯在图形窗口的显示方式等进行设置。

(1)【形状】

Mastercam X8 可根据零件形状、几何尺寸来定义毛坯的形状与几何尺寸,其方法如下:

①【矩形】　在图 2-28 中的【形状】栏中,选取【矩形】单选框,可以采用直接从窗口的 X、Y、Z 坐标栏中输入几何尺寸等多种方法来设置工件毛坯。

②【圆柱体】　在选择该单选框时,先要确定圆柱轴心线所在的坐标轴,再确定圆柱半径和长度。

③【实体】　选取该单选框后,单击其右边的 ▱ 按钮,回到图形窗口选取某实体作为毛坯形状。

④【文件】　选取该单选框,可从一个 STL 文件中输入工件的毛坯形状。

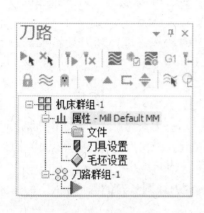

图 2-27　属性列表

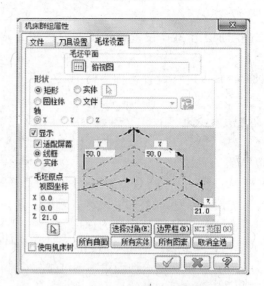

图 2-28　【机床群组属性】对话框

(2)【显示】

毛坯类型、尺寸以及原点设置完后,便可以将毛坯显示在图形窗口中。系统提供了三种显示方式。

① 适配屏幕:毛坯以适合屏幕的方式显示在图形窗口中。

② 线框:毛坯以线框形式显示在图形窗口中。如图 2-29。

③ 实体:毛坯以实体形式显示在图形窗口中。如图 2-30。

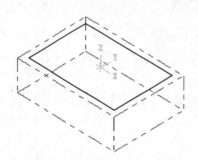

图 2-29　工件以线框形式显示

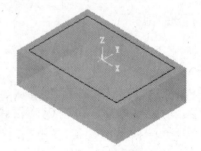

图 2-30　工件以实体形式显示

(3) 毛坯的几何尺寸

毛坯尺寸依照零件图形的尺寸来确定,系统给出了以下几种创建毛坯尺寸的方法:

①【选择对角】　单击此按钮,返回图形窗口,选择图形对角的两点以确定毛坯范围。

②【边界框】　单击此按钮,弹出【边界框】对话框,设置参数后,单击 ✔ 按钮确认退出,其毛坯的尺寸显示在图 2-28 的坐标值中。

③【ZCI 范围】　单击此按钮,可根据刀具在 NCI 文件中的移动范围自动计算毛坯尺寸、原点。

④【所有曲面】　单击此按钮,系统选择所有曲面的边界作为毛坯尺寸并自动求出 X、Y、

Z 和原点的坐标。

⑤【所有实体】 单击此按钮,系统选择所有实体的边界作为毛坯尺寸并自动求出 X、Y、Z 和原点的坐标。

⑥【所有图素】 单击此按钮,系统选择所有图素的边界作为毛坯尺寸并自动求出 X、Y、Z 和原点的坐标。

⑦【取消全选】 单击此按钮,取消所有尺寸的设置。

(4) 工作原点设置

毛坯尺寸设置完毕后,应对毛坯原点进行设置,即设置编程原点或加工原点。毛坯原点设置实际上就是求解毛坯上表面的中心点(或其他点)在工作坐标系中的坐标。

Mastercam 系统可将毛坯原点定义在毛坯的任意位置,其方法:在毛坯原点栏的下方,单击 按钮,返回图形窗口,在毛坯某点处单击鼠标左键,此时图 2-28 的毛坯设置对话框中自动更新 X、Y、Z 及原点的坐标值。

图 2-28 的毛坯设置对话框中的立方体给出了 10 个特殊位置,即立方体的 8 个顶点与上、下面的两个中心点,供用户选择。

(5) 毛坯素材设置

在图 2-28 所示的【机床群组属性】对话框中,单击【刀具设置】选项,自动切换到【刀具设置】选项卡,如图 2-31 所示。

单击【刀具设置】选项卡【材料】栏中的【选择】按钮,弹出【材料列表】对话框,如图 2-32 所示。对话框列出当前可以选用的铣削材料,更多的材料从【原始】的铣床—库列表中去选择。

图 2-31 刀具设置

图 2-32 【材料列表】对话框

在材料库列表中单击鼠标右键,弹出如图 2-32 所示的快捷菜单,选取【新建】或【编辑】命令将打开如图 2-33 所示的【材料定义】对话框,从中可以按要求设置材料的各项参数,包括切削速率、每刃进刀量等。

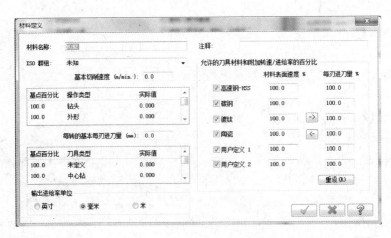

图 2-33 【材料定义】对话框

4. 刀路

当所有的加工参数和毛坯参数都设置好后,可以利用操作管理器进行实际加工前的切削模拟,当一切都符合要求后,再利用 POST 后置处理器输出正确的 NC 加工程序。操作管理器见图 2-34 所示,其中各按钮的含义如下:

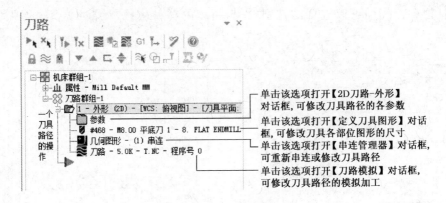

图 2-34 操作管理器

选择所有操作,用于选择刀路列表中的所有有效操作。

选择所有无效操作,用于选择刀路列表中的所有无效操作。

重新生成所有选定操作,当某个操作的相关参数进行修改后,应单击该按钮。

重新生成无效的操作,对无效操作重新产生刀具路径。

模拟选择操作,对选中的操作,执行刀具路径模拟。

验证选定操作,对选中的操作,执行实体切削验证。

刀路模拟/验证选项。

后处理选定操作,对所选择的操作执行后处理,输出 NC 程序。

高速进给。

🖎　删除所有的群组、刀具及操作。

🔒　锁定所选操作,不允许对锁定操作进行编辑。

≋　切换刀具路径的显示开关。

🔲　关闭后处理,即在后处理时不生成 NC 代码。

Mastercam 在生成数控加工程序时,每使用一台机床,系统在【刀路】中产生一个刀具路径组,一个刀具路径组可以包含多个刀具路径操作,每一个【刀路】操作都包含参数、刀具参数、几何图形和刀路模拟四个信息项目,鼠标单击每一个项目,均弹出相应的对话框。例如鼠标单击该项🔲 几何图形 - ⑴ 串连弹出【刀路/曲面选择】对话框,用户可以重新选择驱动面、检查面、加工的边界范围等操作。单击有子菜单的选项还可进行下一步操作。

5. 模拟加工

图 2-35　【刀路模拟】对话框

模拟加工包含刀具路径模拟与实体模拟。刀具路径是指刀具刀尖的运动轨迹,在毛坯上,形象地显示刀具的加工情况,用于检测刀具路径的正确性;而实体模拟是采用刀具加工实体毛坯的情况。

（1）刀具路径模拟

在操作管理器中选择一个或多个操作后,单击【刀路】中 ≋ 按钮,同时显示如图 2-35 所示的【刀路模拟】对话框与如图 2-36 所示的【刀具路径模拟】操作栏,选择其中的选项对所选择的操作进行模拟加工。

图 2-36　【刀具路径模拟】操作栏

刀具路径模拟设置：

🔳　设置彩色显示刀具路径。

🔳　显示刀具。

🔳　显示夹头。

🔳　显示退刀路径。

🔳　显示刀具端点运动轨迹。

🔳　显示刀具直径运动轨迹。

🔳　配置刀具路径模拟参数。

🔳　打开受限制的图形。

🔳　关闭受限制的图形。

🔳　将刀具保存为图形。

🔳　将刀具路径保存为图形执行操作控制。

▶　执行操作。

■　停止操作。

返回前一个停止状态。

向后一步。

向前一步。

移动到下一个停止状态。

执行时显示全部刀具路径。

执行时只显示执行段的刀具路径。

执行速度调整。

（2）实体模拟

在操作管理器中选择一个或多个操作后，单击【刀路】中 按钮，显示如图 2-37 所示的【Mastercam 模拟器】对话框。可以控制仿真过程，下面分类介绍各选项。

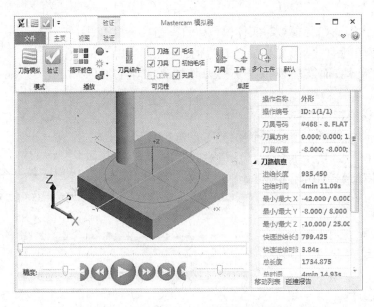

图 2-37 【Mastercam 模拟器】对话框

在图 2-37 所示的【Mastercam 模拟器】对话框中，有四个选项卡，其中有【文件】、【主页】、【视图】、【验证】，下面分别介绍这四个选项卡。

单击图 2-37 所示的【Mastercam 模拟器】对话框中【文件】选项，弹出【文件】选项卡四个选项中的【帮助】（如图 2-38），该选项卡显示许可证信息，如 Mastercam 软件的版本、类型、序列号等，主要有【帮助】与【导出支持数据】选项，用户可以分别按照需求去选择。【文件】选项卡中还有【保存毛坯为 STL】、【选项】和【退出】。

【保存毛坯为 STL】 单击该选项，用户可以将当前操作设置的毛坯存入 Mastercam 系统相应选项中。

【选项】 单击该选项，弹出如图 2-39 所示【选项】对话框中的【常规】选项卡，由该对话框左侧可知还有一个【图形】选项，从图 2-39【常规】选项卡中，可设置模拟验证时刀具与夹具、工件等的碰撞及碰撞公差等信息。单击图 2-39 左侧中的【图形】选项，切换至【图形】选项，如图 2-40 所示，可设置实体验证模拟加工中刀具、毛坯、工件、刀路等的颜色以及循环方式等等。

图 2-38　【文件】选项卡的【帮助】选项

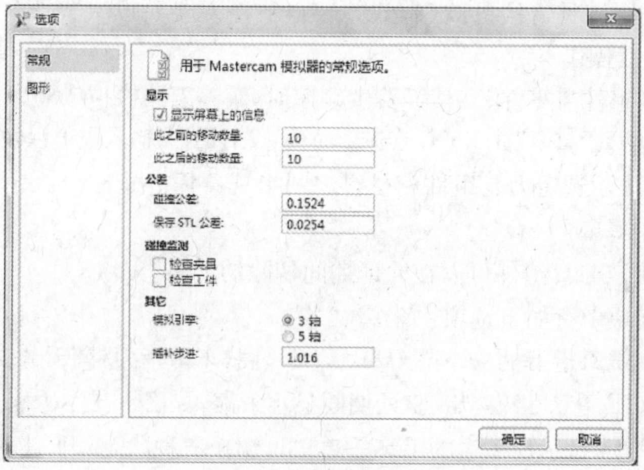

图 2-39　【选项】对话框

图 2-40　实体验证图形设置

单击图 2-37【Mastercam 模拟器】对话框中【主页】选项,显示如该图,其对话框中有五个模块:【模式】【播放】【可见性】【焦距】【默认】。分别介绍每个模块各项的含义。

在【模式】中有【刀路模拟】与【验证】两个选项,图标和含义如下:

≋　　切换回刀路模拟模式。

☑　　切换到验证模式。

在【播放】中有【循环颜色】【停止条件】【碰撞检测】【材料切削】四个选项,各选项意义如下:

▦　　循环颜色一般可根据加工的工步或刀具变更,来更改刀路或切削毛坯的颜色。依次选择文件和选项可设置颜色。

◉ 停止条件▾　　刀路模拟与验证时的停止条件有【操作更换】【换刀】【碰撞】和【XYX/步进值…】四个。

【操作更换】　指更换刀路后暂停刀路模拟或验证。按【播放】【前进】或【下一个操作】可继续操作。

【换刀】　刀路中刀具每次更改(有效的)时,暂停刀路模拟或验证。按【播放】【前进】或【下一个操作】可继续操作。

【碰撞】　刀具组件与零件、夹具等发生碰撞时,暂停刀路模拟或验证。

【XYX/步进值…】　打开"此 XYX/步进值时停止"对话框,输入数值以暂停刀路模拟或验证。

❄ 碰撞监测▾　　表示选定刀具组件和材料之间出现碰撞。碰撞以红色显示,并将信息条目添加到碰撞报告中。

◢ 材料切削▾　　确定刀具组件可以在验证期间切除的材料。

在【可见性】模块中有如下选项:

【刀具组件】　铣刀指刀柄、刀杆、刀肩、刀刃长度,车刀指刀杆、刀片。

☑ 刀路　选该项,在刀路模拟或验证期间显示刀路,反之不显示刀路。

☑ 毛坯　选该项,显示加工中的毛坯。单击可切换三种状态:开、半透明或关。

☑ 刀具　选该项,刀路模拟或验证期间显示刀具。单击可切换三种状态:开、半透明或关。

☑ 初始毛坯　选该项,显示加工前的毛坯。单击可切换三种状态:开、半透明或关。

☐ 工件　选该项,刀路模拟或验证期间,显示零件最终形状。单击可切换三种状态:开、半透明或关。

☑ 夹具　选该项,刀路模拟或验证期间,显示夹具。单击可切换三种状态:开、半透明或关。

【焦距】模块中有三个选项:【刀具】【工件】和【多个工件】,用来设置在刀路模拟或验证期间,刀具与工件的相对运动。

选择【刀具】,在刀路模拟或验证期间,刀具呈固定状态,工件相对刀具移动。

选择【工件】,在刀路模拟或验证期间,工件呈固定状态,刀具相对工件移动。

选择【多个工件】,显示两个主轴上的工件以展示同步运动情况。

单击图 2-37【Mastercam 模拟器】对话框中的【视图】选项,弹出如图 2-41 所示的【视图】对话框,该对话框有三大模块:【显示】【3D 视图】【视口】。下面分别介绍。

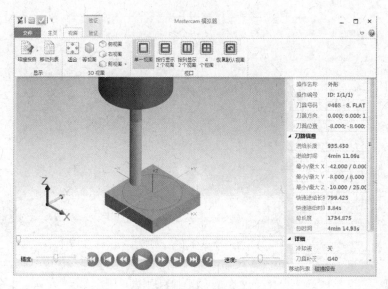

图 2-41　【视图】对话框

　　在【显示】选项中又有【碰撞报告】【移动列表】两项。如单击【碰撞报告】图标，该对话框右边碰撞报告栏会出现碰撞信息；单击【移动列表】图标，该对话框右边切换到移动列表信息显示栏。

　　在【3D 视图】中有【适合】【等视图】【俯视图】【右视图】和【前视图】选项。

　　单击【适合】图标，窗口的工件、刀具等图形显示适度化模式。

　　单击【等视图】图标，窗口图形显示等角视图模式。

　　单击【俯视图】图标，窗口图形显示俯视图模式；【右视图】【前视图】相同。

　　在【视口】模块中有【单一视图】【按行显示 2 个视图】【按列显示 2 个视图】【4 个视图】和【恢复默认视图】五个选项。

　　单击【单一视图】图标，显示零件、刀具等图形的单一窗口。

　　单击【按行显示 2 个视图】图标，以堆叠形式显示零件、刀具等的两个视图，默认为俯视图和前视图。

　　单击【按列显示 2 个视图】图标，以并排形式显示零件、刀具等的两个视图，默认为俯视图和右视图。

　　单击【4 个视图】图标，显示零件、刀具等的四个视图，默认为俯视图、前视图、右视图和等视图。

　　单击【恢复默认视图】图标，将视口布局重设为默认大小和视图。

　　【验证】页面，单击图 2-37【Mastercam 模拟器】对话框中【验证】选项，切换至如图 2-42所示【验证】页面，在该页面有【操作】【刀路】【显示】【向量】【分析】【剪切】和【质量】模块。

　　【操作】模块有三个选项：【所有操作】【当前操作】和【样条段】。

　　选择【所有操作】选项，显示操作管理器中选定的所有操作。

　　选择【当前操作】选项，仅显示包含当前刀具整个操作的样条段。

　　选择【样条段】选项，仅显示包含当前刀具最后操作的样条段。

　　【刀路】模块有三个选项：【追踪】【沿着】和【两者】。

　　选择【追踪】选项，沿着显示路径。

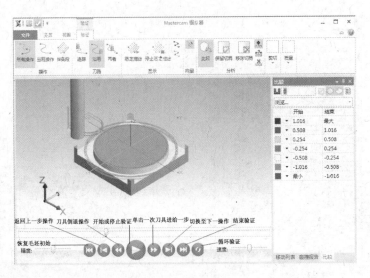

图 2-42 【验证】对话框

选择【沿着】选项，刀具移动时绘制刀路。

选择【两者】选项，显示整个刀路及刀具在所示路径中的移动轨迹。

【显示】模块，有【限定描绘】【停止限定描绘】【螺纹导程】和【点】四个选项。

当选择【限定描绘】选项，会删除图形窗口中所有当前经过模拟或验证的刀路，只显示剩余的刀路。反复单击此按钮可查看特定的刀路结果。

当选择【停止限定描绘】选项，关闭限定描绘并显示所有刀路。

选择【螺纹导程】，显示快速移动定位、进刀或退刀的刀路。

选择【点】，在刀路中显示图素端点。允许查看端点间移动的刀具。

选择【向量】模块，显示 4 轴或 5 轴刀路的刀具向量，从而显示该刀具的准确位置。

在【分析】模块中有【比较】【保留切削】【移除切削】【全部清除】【距离】和【点】选项。

选择【比较】选项，将一个操作或一组操作的结果，与工件或外部 STL 文件相比较。单击图 2-42【验证】对话框右侧【比较】对话框中的【刷新】 以进行处理。

选择【保留切削】选项，单击屏幕中需要保留一个切削毛坯（或工件）截面，其余全部被删除。

选择【移除切削】，单击要从屏幕上删除的切削毛坯（或工件）的截面，即可删除切削毛坯（或工件）。

选择【点】，可以显示该点 X、Y、Z 轴坐标，可以选择多个点。

选择【距离】，点选两点可显示它们之间的距离。

选择【全部清除】，可从屏幕清除所有的分析结果。

在【剪切】模块中有四种剪切工件的方法，如图 2-43 所示。

在方法一中，将工件分为四个象限：右上方为第一象限，左上方为第二象限，左下方为第三象限，右下方为第四象限，图 2-44 所示为四象限的位置。选择其中的任何一个象限，工件将被剪切去该象限的材料。

在方法二中，将工件分为上下两部分，选择该选项，工件的上半部分被剪切删除。

3/4

XY
剪切平面

YZ
剪切平面

ZX
剪切平面

剪切

图 2-43 剪切方法

在方法三中,将工件分为前后两部分,选择该选项,工件的前半部分被剪切删除。

在方法四中,将工件分为左右两部分,选择该选项,工件的左半部分被剪切删除。

当单击图 2-44 四个象限中的"关"时,所有的剪切失效,工件恢复至完整状态。

在【质量】模块中,有【精确缩放】【复位缩放】【显示边缘】【快速模式】和【真实车螺纹】五个选项。

选择【精确缩放】,验证特写(缩放)时曲面平滑。

选择【复位缩放】,精确缩放后恢复放大率。

选择【显示边缘】,突出显示验证结果中的边界。

选择【快速模式】,验证时,快速加工出精度较粗糙的模型,然后以所设置的精度渲染模型,使其达到所需的精度。适用于较大的文件。

选择【真实车螺纹】选项,模拟适合螺母的螺纹。取消选择后,螺纹显示为同心圆和槽(速度快但不准确)。需要重新启动验证。

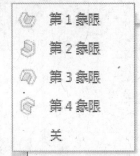

图 2-44 四个象限

最后刀路模拟与验证过程中的操作按钮说明见图 2-42【验证】选项对话框的下方。

6. 后处理

模拟加工完毕后,没有发现任何问题,就可使用 POST 后处理产生 NC 程序,即单击【刀路】中的 GI 按钮,弹出如图 2-45 所示的【后处理程序】对话框。

下面介绍该对话框中的各参数。

(1) 当前使用的后处理

不同的数控系统所使用的加工程序的语言格式不同,NC 代码也有差别。用户应根据机床数控系统的类型选择相应的后处理器,系统默认的后处理器为 MPFAN. PST(日本 FANUC 数控系统控制器)。

单击【选择后处理】按钮,可以更改后处理器类型,该按钮只有在未指定任何后处理器的情况下才有效。若用户想要更改后处理器类型,可以在【操作管理器】的【刀路】选项中选择【属性】/【文件】选项,弹出【机床群组属性】对话框中的【文件】选项卡,如图 2-46 所示。在该选

图 2-45 【后处理程序】对话框

图 2-46 【文件】选项

项卡中,单击【机床-刀路复制】栏中的【替换】按钮,在弹出的【打开机床定义文件】对话框(图2-47),选择所需的后处理器的类型即可。

图 2-47 【打开机床定义文件】对话框

(2) 输出 MCX 文件的信息

在【后处理程序】对话框中,选择【输出 MCX 文件说明】复选框,用户可将 MCX 文件的注释描述写入 NC 程序中,单击其后的【属性】按钮,还可对注释描述进行编辑。

(3) NC 文件

在【NC 文件】栏可以对后处理过程中生成的 NC 文件进行设置。其内容有:【覆盖】【询问】,指在生成 NC 程序时,若存在相同名称的 NC 文件,是否覆盖或覆盖前是否提示;【编辑】复选框,则是指在保存文件后,还将弹出一个用户编辑 NC 文件的对话框,如图 2-48 所示;在

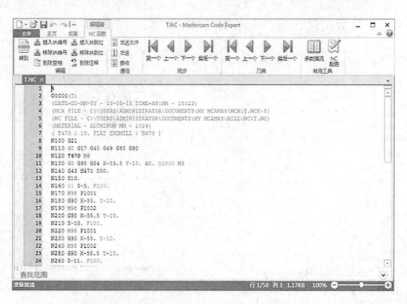

图 2-48 编辑 NC 文件的对话框

选择【传输至机床】复选框,单击其后的 传输(M) 按钮,系统打开【传输】参数对话框,用户在设置传输方式与参数后进行传输。

(4) NCI 文件

在【NCI 文件】栏中,设置了 NCI 文件的保存方式,其方式与 NC 文件一样,有【覆盖】【询问】和【编辑】,一般情况下产生的 NCI 文件是不保存的。

四、任务实施

1. 选择机床

在菜单中选择【机床类型】/【铣床】/【默认】命令,进入铣削加工模块。

2. 设置毛坯

选择操作管理的【刀路】/【机床群组-1】/【属性】/【毛坯设置】命令,进入【机床群组属性】对话框,在该对话框的【毛坯设置】选项卡中,单击 边界框(B) 按钮,弹出如图 2-49 所示的【边界框】对话框,设置如图,单击对话框确定 ✓ 按钮。返回【机床群组属性】对话框中,参数见图 2-50 所示。单击对话框确定 ✓ 按钮,结果如图 2-51 所示。

图 2-49　【边界框】对话框

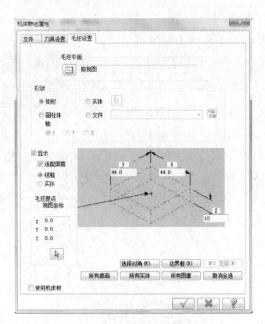

图 2-50　【毛坯设置】选项

3. 启动外形加工

选择【刀路】/【外形铣削】命令后,弹出【输入新 NC 名称】对话框,如 2-15 所示。在对话框中输入名称后,单击确定 ✓ 按钮退出。弹出【串连】对话框,如图 2-16 所示。串连外形如图 2-51 所示,最后单击【串连】对话框中确定 ✓ 按钮,退出串连,弹出

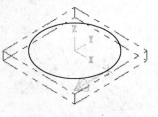

图 2-51　加工工件设置

图 2-52 所示的【2D 刀路-外形】对话框。

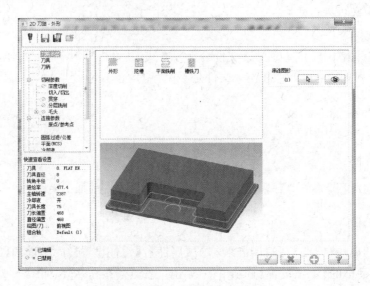

图 2-52 【2D 刀路-外形】对话框

4. 设置刀具参数

(1) 选择刀具库中的刀具

在【2D 刀路-外形】对话框中，单击【刀具】选项，切换至【刀具】选项卡，如图 2-53 所示。单击选项卡空白区下面的 选择库刀具... 按钮，弹出如图 2-54 所示的【刀具选择】对话框。在【刀具选择】对话框中，选择【启用过滤】，再单击 已过滤 按钮，弹出如图 2-55 所示【刀具列表过滤】对话框(设置条件见图中)，单击确定 √ 按钮退出。返回【刀具选择】(见 2-54)，在【刀具选择】对话框中，选中过滤出的刀具，单击确定 √ 按钮退出；返回【2D 刀路-外形】对话框中，该对话框显示出选中的刀具及刀路参数，如图 2-53 所示。

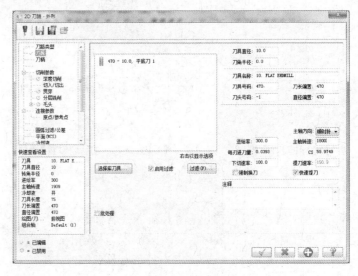

图 2-53 刀具参数

（2）刀具参数设置

刀具过滤设置的条件是：类型-平底刀、刀具直径-φ10、刀角半径-无、刀具材料-高速钢。其余刀具名称、刀具号码、进给速率、主轴转数等参数设置见图 2-53 所示。

图 2-54 【刀具选择】对话框

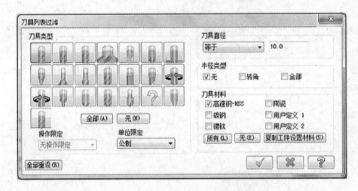

图 2-55 【刀具列表过滤】对话框

5. 设置加工参数

在【2D 刀路-外形】对话框中，单击【切削参数】选项，参数设置如图 2-56 所示。

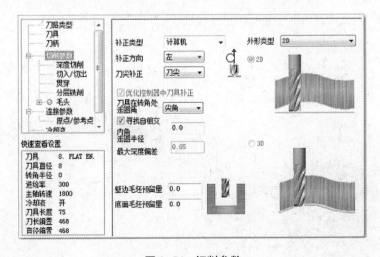

图 2-56 切削参数

在【2D 刀路-外形】对话框中,单击【深度切削】选项,参数设置如图 2-57 所示。

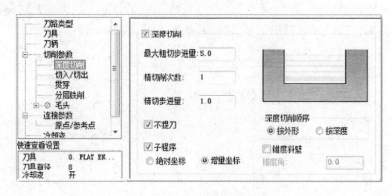

图 2-57 【深度切削】参数设置

在【2D 刀路-外形】对话框中,单击【切入/切出】选项,参数设置如图 2-58 所示。

图 2-58 【切入/切出】参数设置

在【2D 刀路-外形】对话框中,单击【贯穿】选项,参数设置如图 2-59 所示。

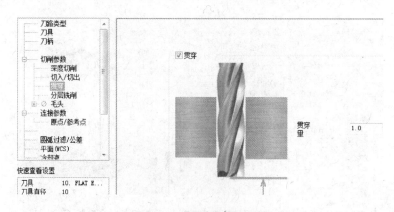

图 2-59 【贯穿】参数设置

在【2D 刀路-外形】对话框中,单击【分层铣削】选项,参数设置如图 2-60 所示。

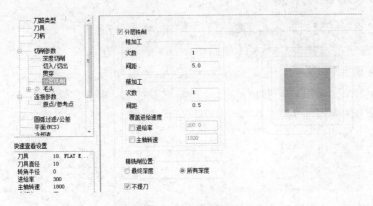

图 2-60 【分层铣削】参数设置

在【2D 刀路-外形】对话框中,单击【连接参数】选项,参数设置如图 2-61 所示。

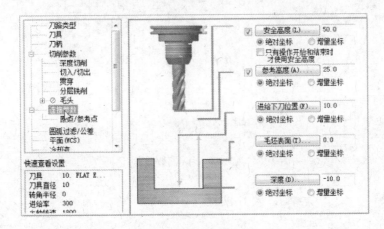

图 2-61 【连接】参数设置

在【2D 刀路-外形】对话框中,单击【原点/参考点】选项,参数设置如图 2-62 所示。

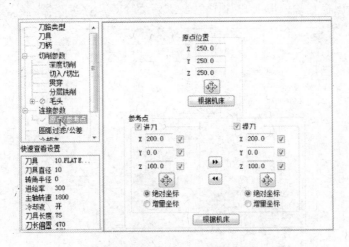

图 2-62 【原点/参考点】参数设置

6. 生成刀具路径并模拟

单击【2D 刀路-外形】对话框中的确定 ✔ 按钮，结束外形加工参数设置，并在屏幕产生刀具路径，如图 2-63 所示。在【刀路】的操作管理中单击【验证选定操作】 按钮，弹出如图 2-64 所示【Mastercam 模拟器】对话框，按需要设置参数后，单击 ▶ 按钮，执行实体模拟加工，结果如图 2-64 所示。

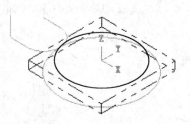

图 2-63　刀路模拟

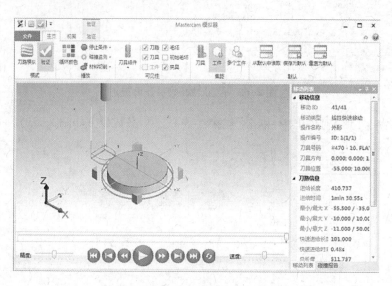

图 2-64　【Mastercam 模拟器】对话框

7. 后处理

在【刀路】操作管理中单击 G1 按钮，弹出如图 2-45 所示【后处理程序】对话框，设置如图所示，单击对话框中的确定 ✔ 按钮，弹出【另存为】对话框，如图 2-65 所示。在文件名框中输入文件名后，单击保存 ✔ 按钮，弹出如图 2-48 所示的 NC 程序编辑器，显示产生的 NC 程序。

图 2-65　【另存为】对话框

习　题

CAD 部分

用所学过的圆弧绘制命令,按照图 2-66～图 2-73 所示的尺寸构建下列二维图形。

CAM 部分

模仿本项目任务二中的铣削圆的外形,将图 2-66、图 2-71、图 2-72,选择一把合适的刀具、工件的形状与尺寸、加工机床等参数进行外形加工。

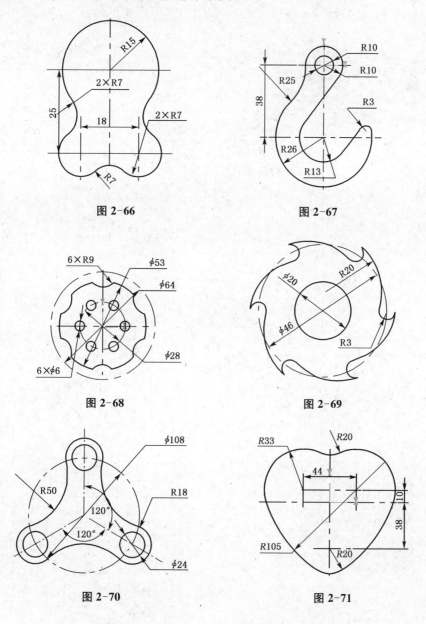

图 2-66

图 2-67

图 2-68

图 2-69

图 2-70

图 2-71

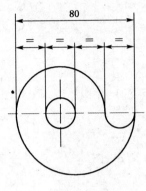

图 2-72

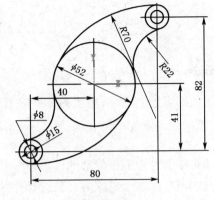

图 2-73

项目三

外形铣削

任务一　简单图形的创建

任务要求

点、线、圆角、直角的绘制；
图素的选取，图素删除与修剪。

技能要求

运用上述命令绘制简单的二维图形。

一、任务描述

创建如图 3-1 所示的二维外形加工图形。

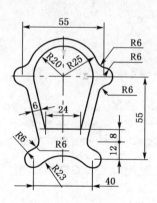

图 3-1　二维外形加工图形

二、任务分析

运用 Mastercam 软件编程，必须先绘制图形，该图形可以用点、直线、圆与圆弧、倒圆角、删除与修剪等一些基本命令来完成。

三、知识链接

1. 点

几何图素中"点"的绘制,在选定点类型后,可以通过主菜单【绘图】/【点】命令,或单击工具栏绘制点命令(如图 3-2 与图 3-3)来绘制各种点。

图 3-2　绘制点菜单命令　　　　图 3-3　绘制点工具命令

（1）位置点

已知点的坐标值或点位于特殊位置,如圆心、端点、交点、坐标原点等,可以用绘制位置点或捕捉方式获得点。

选择菜单【绘图】/【点】命令或工具栏 ✚ 按钮,弹出绘制点操作栏,如图 3-4 所示。同时系统提示:"草绘点",这时可以通过坐标点在操作栏中输入坐标值,如图 3-5 所示。也可以通过捕捉的方式获得该点,如自动或手动捕捉。

图 3-4　绘制位置点操作栏

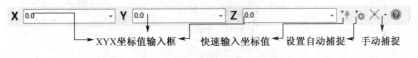

图 3-5　坐标点输入操作栏

坐标点输入栏(图 3-5)的应用如下:

① 点坐标的输入点的坐标值,用户可直接输入相应的输入框中,若输入的坐标值需连续使用,可点击栏中 X 、Y 或 Z 按钮,将相应的值锁定,则后续使用中该值不变;也可以点击 ✚ 按钮,应用快速输入法(项目一中已介绍)。

② 光标设置自动捕捉功能　单击 ⚙ 按钮,弹出如图 3-6 所示的对话框,对话框中有 12 个特殊位置点,用户在所需选项前单击(如 ✓ !交点),光标自动捕捉功能启用。设置完成后,单击对话框中【确定】 ✓ 按钮。

③ 手动捕捉功能　单击 ✕ 按钮右侧黑三角弹出下拉菜单如图 3-7 所示。用户单击下

拉菜单中某项,该项设置为当前操作中,运用时单击该按钮,再选择相应图素即可。

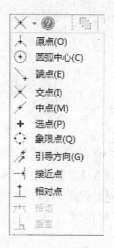

图3-6　自动抓点设置　　　　　　图3-7　手动捕捉特殊点

（2）动态绘点

在指定的直线、圆弧、曲线、曲面或实体面上绘制点。

选择菜单【绘图】/【点】/【动态绘点】命令或工具栏 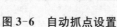 按钮,弹出【动态绘点】操作栏,如图3-8所示。同时系统提示:"选择直线、圆弧、样条曲面或实体面",这时选择相应的图素,在其上就显示一动态点,鼠标移动到所需位置单击左键即可。

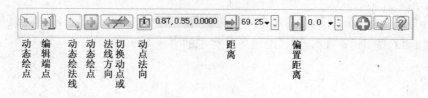

图3-8　【动态绘点】操作栏

（3）曲线节点

运用该命令可绘制已知曲线上的控制点。

选择菜单【绘图】/【点】/【曲线节点】命令或工具栏 按钮,系统提示:"选择样条",选取相应的曲线,即可自动绘出该曲线的节点。

（4）绘制等分点

在直线、曲线、圆和圆弧等几何图素上均匀绘制若干点。等分点可以根据点的数目和等分点之间的间距两种方式来绘制。

选择菜单【绘图】/【点】/【绘制等分点】命令或工具栏 按钮,弹出【绘制等分点】操作栏（图3-9）。同时提示:"沿图素绘制点:选择图素",选择需等分的图素;系统又提示:"输入数量、间距或选择新的图素",在操作栏中输入间距或等分点数即可。

（5）绘制端点

将绘图区内所有几何图形的端点绘制出。

选择菜单【绘图】/【点】/【绘制端点】命令或工具栏 按钮,系统将绘图区内所有几何图

图 3-9 【绘制等分点】操作栏

形的端点一次绘制完成。

（6）小弧圆心

按给出的条件：圆的最大半径、圆与圆弧、是否删除圆与圆弧，绘出所有符合条件的圆心。

选择菜单【绘图】/【点】/【小弧圆心】命令或工具栏 按钮，弹出【小弧圆心】操作栏，如图 3-10 所示。系统同时提示："选择圆弧/圆形，完成后按 Enter 键"。系统将自动绘制出小于指定半径值的圆或圆弧的圆心点。

图 3-10 【小弧圆心】操作栏

2. 线

可以通过菜单【绘图】/【线】的命令或单击工具栏 按钮右侧黑三角，弹出【绘制直线】菜单，如图 3-11、图 3-12 所示，即可绘制各种类型的直线。

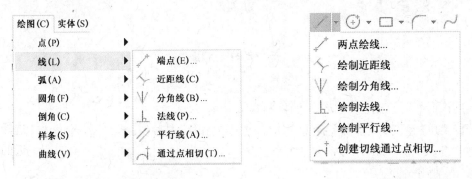

图 3-11 【绘制直线】菜单　　　　　图 3-12 绘制直线工具栏

（1）两点绘线

该命令在默认状态，以用户指定的两个端点来绘制一条直线，并可以绘制垂直线、水平线、连续线、极坐标线和切线等。

选择菜单【绘图】/【线】/【两点绘线】命令或单击工具栏 按钮，弹出【直线】操作栏，如图 3-13 所示。同时系统提示："指定第一个端点"。用户指定第一个端点后，系统提示："指定第二个端点"。在用户指定第二个端点后，即可绘制出一条直线。用户在指定两端点时，可以使用多种方法，如用绝对坐标或相对坐标的方式输入坐标值、手动捕捉或自动捕捉特殊点、利用直线的特殊性等,如实例所示。

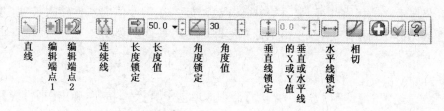

图 3-13　绘直线操作栏

实例 1　使用【两点绘线】命令绘制如图 3-14 所示的图形。

① 构图环境与属性设置:屏幕视图—俯视图;构图平面—俯视图;线型—细实线;图素颜色—黑色。

② 绘制连续线:单击 ↘ 按钮,锁定连续线 ⋈ 按钮,输入第一点:自动捕捉坐标原点;输入第二点:单击 ➕ 按钮,在文本框中输入(0,−20),回车,绘出 20 的垂直线。

③ 单击 ➕ 按钮,在文本框中输入(60,−20),回车,绘制出 60 的水平线。

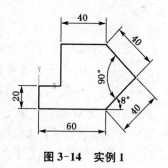

图 3-14　实例 1

④ 在直线操作栏的长度框中输入 40,角度框中输入 45,回车,绘制出与水平夹角为 45°的斜线。

⑤ 再在直线操作栏的长度框中输入 40,角度框中输入 135°,回车,绘制出与水平夹角为 135°的斜线。

⑥ 锁定水平线 ↔ 按钮、连续线 ⋈ 按钮,在直线操作栏的长度框中输入 40,单击鼠标左键,绘制出 40 的水平线。

⑦ 锁定垂直线 ↕ 按钮、连续线 ⋈ 按钮,鼠标向下单击坐标原点,绘制出垂直线。

⑧ 锁定水平线 ✔ 按钮、连续线 ⋈ 按钮,鼠标向左单击坐标原点,绘制出水平线;单击确定 ✔ 。结果如图 3-14 所示。

(2) 绘制两图素间的近距离线

在选定的两图素间自动绘制出一条最近的直线。

选择菜单【绘图】/【线】/【绘制近距线】命令或单击工具栏 ⤸ 按钮,系统提示:"选择直线、圆弧或样条"。用户在选取两条已知直线、圆弧或样条后,即可在两图素之间绘制最近的连线。

(3) 绘制分角线

在两条相交直线的交点处绘制一条平分夹角之间的平分线。

选择菜单【绘图】/【线】/【绘制分角线】命令或单击工具栏 ⩗ 按钮,弹出【平分线】操作栏,同时系统提示:"选择两条要平分的直线"。在【平分线】操作栏中,当锁定 ⩗ 按钮,在长度值文本框中输入平分线长度后,选取两条相交直线,即可绘制出角平分线,单击确定 ✔ 按钮完成绘制。当锁定 ⩏ 按钮,在长度值文本框输入平分线长度后,选取两条相交直线,在交点处显示两条角平分线,指定角平分线需保留的一端,单击工具栏确定 ✔ 按钮即可。

(4) 绘制法线

通过已知点绘制指定直线、圆弧或曲线的垂直(法)线。

选择菜单【绘图】/【线】/【绘制法线】命令或单击工具栏 按钮,弹出【垂直正交线】操作栏,同时系统提示:"选择直线、圆弧、样条曲线或边界"。在长度值文本框输入长度,并选取已知图素,将鼠标移动到指定位置,单击鼠标左键即可绘出垂直正交线。

(5) 绘制平行线

绘制与已知直线相平行的线段。

选择菜单【绘图】/【线】/【绘制平行线】命令或单击工具栏 按钮,弹出【平行线】操作栏,同时系统提示:"选择直线",点选已知直线后,系统又提示:"选择平行线要贯穿的点"。再指定一个点后,在【平行线】操作栏的距离值文本框中输入偏移距离,单击 Enter 键,即可绘制出一条与已知直线平行且相距给定距离的直线。

(6) 通过点相切

绘制与已知圆、圆弧和曲线在指定点相切的直线。

选择菜单【绘图】/【线】/【通过点相切】命令或单击工具栏 按钮,弹出【通过点相切】操作栏,同时系统提示:"选择圆弧或样条"。选择已知圆弧或曲线,系统又提示:"选择圆弧或样条上的相切点(第一个端点)"。点选已知圆弧或曲线上的切点位置后,指定切线需保留的一端,并在【通过点相切】操作栏的长度值文本框中输入长度后回车,即可绘制出一条与已知圆弧或曲线相切等于给定长度的直线。

下面通过一些实例来说明绘制这些形式的直线方法。

实例 2 用绘图的方法求出如图 3-15(a)所示三角形的内心、外心与两圆间的最短距离。

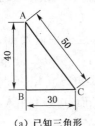 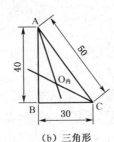 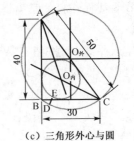

(a) 已知三角形　　　(b) 三角形　　　(c) 三角形外心与圆

图 3-15 实例 2

(1) 三角形的内心:绘出三角形任意两内角的角平分线;选择菜单【绘图】/【线】/【绘制分角线】命令或单击工具栏 按钮,在弹出的如图 3-16 所示的【平分线】操作栏中,锁定 与 按钮,在长度值文本框中输入角平分线长度约 40。单击 AB、AC(或 BC)边,绘出∠A(或∠B)的角平分线,单击应用 ,单击 CA、CB 边,绘出∠C 的角平分线,单击确定 按钮,结果如图 3-15(b)所示。两条角平分线的交点就是三角形的内心。

图 3-16 【平分线】操作栏

(2) 三角形的外心:绘出三角形任意两条边的垂直平分线;选择菜单【绘图】/【线】/【绘制发线】命令或单击工具栏 按钮,在弹出的如图 3-17 所示的【垂直正交线】操作栏中,锁定 按钮,在长度值文本框中输入垂直正交线长度为 40,单击三角形任意一条边如 AB,鼠标在 AB

边上移动,自动捕捉到 AB 边的中点后,单击鼠标左键并选择需保留的一端,单击应用  点选三角形第二条边 BC(或 AC),同上,鼠标移动自动捕捉到 BC 边的中点后,单击需保留的一端,绘出三角形两条边的垂直平分线,这两条垂直平分线的交点就是三角形的外心。单击确定 按钮,结果如图 3-15(c)所示。

图 3-17　垂直正交线操作栏

(3) 绘制两圆:单击工具栏 按钮,弹出【中心点画圆】操作栏,分别自动捕捉交叉点 $O_{外}$、$O_{内}$ 为圆心,再分别捕捉三角形任意顶点与线的切点为圆周上的点,绘制出圆。

(4) 两圆间的最短距离:单击工具栏 按钮,单击两圆后,绘制出两圆间的最短距离,如图 3-15(c)所示的 DE 线段。

实例3　用【通过点相切】、【绘制平行线】命令,绘制如图 3-18(c)所示的图形。

(1) 单击工具栏 按钮,弹出【中心点画圆】操作栏,自动捕捉坐标原点为圆心,直径输入 40,回车,单击确定 按钮退出绘圆命令。

(2) 单击工具栏 按钮,弹出【通过点相切】操作栏,锁定 按钮,在长度值输入框中输入 40,单击 φ40 的圆,移动鼠标至该圆右边,自动捕捉圆的 1/4 点处,单击鼠标左键,在此处绘制出两条切线,单击需保留下端的切线,以此类推,单击该圆,单击该圆下方 1/4 点处,点选右边需保留的切线;单击该圆,单击该圆左边 1/4 点处,点选上端需保留的切线,单击该圆,单击该圆上边 1/4 点处,点选上端需保留的切线,结果如图 3-18(a)所示。

(a) 绘制圆与切线　　　(b) 绘制平行线　　　(c) 实例3

图 3-18　绘相切、平行线

(3) 单击工具栏 按钮,弹出【平行线】操作栏,锁定 按钮,在偏移值输入框中输入 10,分别单击圆上的每条切线与点击线外一点(该点远离 φ40 的圆),绘出四条与切线平行的直线,如图 3-18(b)所示。然后锁定 按钮,打开 按钮,分别单击圆上的每条切线与切线对面的圆弧,绘出四条与单击的切线平行且与圆相切的直线,最后单击确定 按钮,如图 3-18(c)所示。

实例4　用学过的指令绘制图 3-19(a)所示的图形。

(1) 构图环境与属性设置　屏幕视图—俯视图;构图平面—俯视图;线型—细点画线;图素颜色—黑色。

(2) 绘制中心线和水平线　单击工具栏上的 按钮,在操作栏中锁定水平线按钮,鼠标在水平方向适当位置给出两点,然后在垂直线输入框中输入 0(如),回车,单击按钮绘出通过坐标原点的水平线；再锁定垂直线按钮，鼠标在垂直方向适当位置给出两点，在垂直线输入框中输入 0（ 0.0 ），回车，单击 按钮绘出通过坐标原点的垂直线；再在垂直方向适当位置给出两点，在垂直线输入框中输入 52（ 52.0 ），回车，单击 按钮绘出距坐标原点为 52 的垂直线。结果如图 3-19(b) 所示。

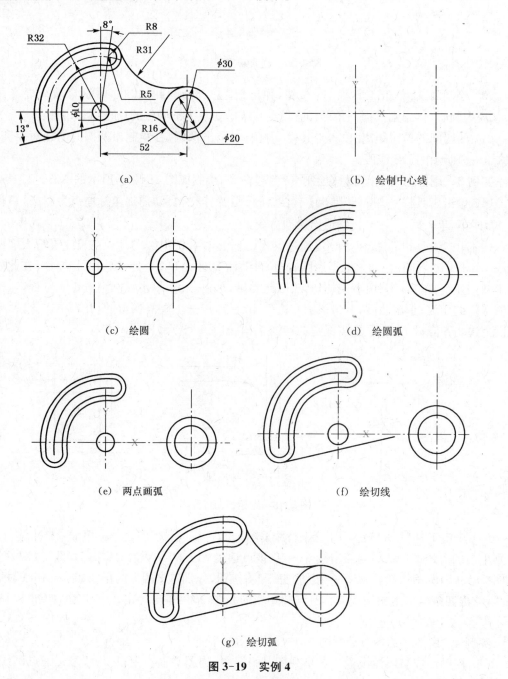

(a)

(b) 绘制中心线

(c) 绘圆

(d) 绘圆弧

(e) 两点画弧

(f) 绘切线

(g) 绘切弧

图 3-19　实例 4

（3）绘制圆　单击次菜单线型右边的黑三角（ ▼ ）选择实线，将线型改为细实线。单击 按钮，直径输入 10，回车，圆心自动捕捉坐标原点，单击 按钮确定；直径改为 20，回车，圆心自动捕捉右边交叉点,单击 ➕ 按钮确定;直径改为30,回车,圆心自动捕捉右边交叉点,单击确定 ✔ 按钮退出绘圆的命令,结果如图3-19(c)所示。

(4) 绘制极坐标圆弧 单击工具栏 ▦ 按钮,弹出【极坐标圆弧】操作栏,在操作栏中锁定起始角和终止角按钮,其值分别输入82和193,半径输入24,圆心自动捕捉坐标原点,单击 ➕ 按钮确定;绘制出R为24的圆弧;以此类推,分别输入半径值为27、32、37、40,圆心自动捕捉坐标原点,单击 ➕ 按钮确定;绘制出四条圆弧,单击 ✔ 按钮确定并退出绘制圆弧的命令,结果如图3-19(d)所示。

(5) 两点画弧 单击工具栏 ▦ 按钮,弹出【两点画弧】操作栏,在操作栏中,锁定半径并输入5,分别捕捉半径为27和37圆弧的上端点,绘出两圆弧,单击保留端,再捕捉半径为27和37圆弧的下端点,绘出两圆弧,单击保留端,单击 ➕ 按钮确定;修改半径为8,分别捕捉半径为24和40圆弧的上端点,绘出两圆弧,单击保留端,再捕捉半径为24和40圆弧的下端点,绘出两圆弧,单击保留端,单击 ✔ 按钮确定并退出两点画弧命令,结果如图3-19(e)所示。

(6) 绘制直线 单击工具栏上的 ╲ 按钮,在操作栏中锁定 ╱ 按钮,并输入角度值为13°,指定直线起点,单击半径为16圆弧下端的适当位置,指定直线终点,在直径为30圆的左下方适当位置单击左键,再单击确定 ✔ 按钮退出绘直线的命令,结果如图3-19(f)所示。

(7) 绘制切弧 单击工具栏 ▦ 按钮,弹出【切弧】操作栏,在操作栏中,锁定 ▦ 按钮,半径值输入31,回车,在适当位置点选半径为16和直径为30的相切弧,绘制出四条切弧,单击需保留的切弧,单击 ➕ 按钮确定;修改半径为16,回车,单击直线右端和直径为30圆的适当位置,绘制出切弧,单击 ✔ 按钮确定并退出两点画弧命令,结果如图3-19(g)所示。

(8) 修整图形 单击工具栏 ▦ 按钮,弹出【修剪】操作栏,在操作栏中,同时锁定 ▦ 与 ▦ 按钮,单击直线多余的部分即可被修剪。单击确定 ✔ 按钮并退出命令。

单击R32的圆弧使其高亮显示,鼠标右键单击 —— 线型框,弹出设置线型对话框,在对话框中选中点画线(—·—·),单击 ✔ 按钮确定,结果如图3-19(a)所示。

实例5 用动态切弧绘制如图3-20所示的图形。

(1) 构图环境与属性设置 屏幕视图—俯视图;构图平面—俯视图;线型—细实线;图素颜色—黑色。

(2) 绘制圆 单击 ⊙ 按钮,直径输入60,回车,自动捕捉坐标原点为圆心,单击 ✔ 按钮确定并退出命令。

(3) 绘制中心线 绘制水平线:单击工具栏 ╲ 按钮,在操作栏中锁定水平线按钮,分别捕捉圆的左右两端1/4点为直线两端点绘直线,单击 ➕ 按钮,再锁定垂直线按钮,鼠标在垂直方向适当位置给出两点绘制直线,在垂直线文本框中输入0(▯ 0.0 ▾),按Enter键确认,单击确定 ✔ 按钮,绘出通过坐标原点的垂直线。结果如图3-21(a)所示。

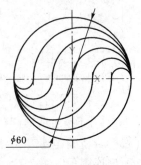

图3-20 实例

(4) 等分点 单击工具栏 ▦ 按钮,弹出【绘制等分点】操作栏,单击圆的水平中心线,在操作栏的N次数框中输入7(▦ 7 ▾),回车,单击确定 ✔ 按钮并退出命令。结果如图3-21(b)所示。

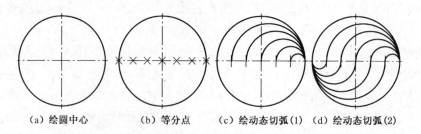

（a）绘圆中心　　　（b）等分点　　（c）绘动态切弧(1)　（d）绘动态切弧(2)

图 3-21　绘动态切弧

（5）绘制动态切弧　单击工具栏 ⬤ 按钮，弹出【切弧】操作栏，在操作栏中，锁定 ◗ 按钮，单击该圆，自动捕捉该圆右边 1/4 点处，移动鼠标从圆上方至右数第二个等分点处，捕捉右数第二个等分点，以此类推，绘出五个动态切弧，单击 ➕ 按钮。结果如图 3-21(c)所示。

（6）绘制圆下面的动态切弧　单击该圆，自动捕捉该圆左边 1/4 点处，移动鼠标从圆下方至左数第二个等分点处，捕捉左数第二个等分点，以此类推，绘出五个动态切弧，单击确定 ✓ 按钮，结果如图 3-21(d)所示。

3. 圆角和倒角

在工程设计中，设计人员往往需要在两条相交的图素之间设计出一段倒角圆弧或直线。

（1）圆角

选择【绘图】/【圆角】/【圆角图素】命令或单击工具栏 ⬜ 按钮，弹出【圆角】操作栏，如图3-22 所示。指定圆角半径及倒圆角方式，即可进行不同方式的圆角操作。

倒　倒　　　　　　　　　　修　不
角　角　　　　　　　　　　剪　修
半　方　　　　　　　　　　　　剪
径　式

图 3-22　【圆角】操作栏

（2）串连圆角

可将串连的几何图素一次性完成圆角操作。

选择【绘图】/【圆角】/【串连圆角】命令或单击工具栏 ⬛ 按钮，弹出【串连】对话框和【串连圆角】操作栏，如图 3-23、图 3-24 所示。选择合适的串连方式，指定圆角半径、圆角型式和倒角方向，即可进行串连圆角。图 3-25 是正、反向扫描串连法向圆角型式的结果。

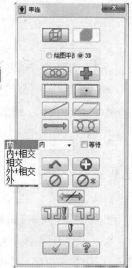

图 3-23　【串连】对话框

串　重　　　　串
连　新　　　　连
倒　串　　　　方
圆　连　　　　向
角

图 3-24　【串连圆角】操作栏

串连选项对话框中各选项含义如下：

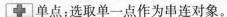 串连：这是默认的选项，通过选择线条链中的任意一条图素而构成串连，如果该线条的某一交点是由三个或三个以上的线条相交而成，此时系统不能判断该往哪个方向串连，此时，系统会在分支点处出现一个箭头符号，提示用户指明串连方向，用户可以根据需要选择合适的分支点附近的任意线条而确定串连方向。

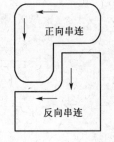

图3-25 正、反向扫描串连圆角

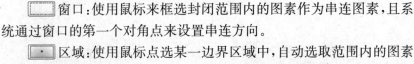 单点：选取单一点作为串连对象。

窗口：使用鼠标来框选封闭范围内的图素作为串连图素，且系统通过窗口的第一个对角点来设置串连方向。

区域：使用鼠标点选某一边界区域中，自动选取范围内的图素作为串连图素。

单体：用于选择单一图素作为串连图素。

多边形：与窗口选择串连的方法类似，它是用一个封闭多边形来选择串连图素。

向量：与向量相交的图素被选中构成串连。

部分串连：部分串连是指串连操作仅选取串连路径上的部分串连图素。

选取方式：用于设置窗口、区域或多边形选取，包括四种情况：内，即选取窗口、区域或多边形内的所有图素；内＋相交，即选取窗口、区域或多边形内及与窗口、区域或多边形相交的所有图素；相交，即仅选取与窗口、区域或多边形相交的所有图素；外＋相交，即选取窗口、区域或多边形外及与窗口、区域或多边形相交的所有图素；外，即仅选取窗口、区域或多边形外的所有图素。

选择上次：选取上次串连图素。

结束选择：结束一个串连，准备下一个串连。

撤销选择：取消上次串连的图素。

反向：更改串连的方向。

选项：设置串连的相关参数。

（3）倒角

选择【绘图】/【倒角】/【倒角图素】命令或单击工具栏 按钮，弹出【倒角】操作栏，如图3-26所示。在操作栏中指定了四种不同几何尺寸的设定方法，选择某一种，后面的倒角类型中都会有图形提示，见图2-27所示。用户可根据提示设置相关参数绘制倒角。

图3-26 【倒角】操作栏

（4）串连倒角

可将串连的几何图素一次性完成倒角操作。

选择【绘图】/【倒角】/【串连倒角】命令或单击工具栏 按钮，弹出【串连选项】对话框和

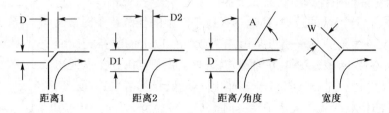

图 3-27　倒角类型

【串连倒角】操作栏，如图 3-23 与图 3-28 所示。

图 3-28　串连倒角操作

4. 图素的选取

对图形进行编辑操作必须选择图素，Mastercam 提供了多种选取图素的方法，被选中的图素将会高亮显示，下面介绍两种选择图素的常用方法。

（1）工具栏与鼠标结合选取

Mastercam X8 常使用【一般选择】操作栏选取图素，如图 3-29 所示。该操作栏有"标准选取"与"实体选取"两种模式，【激活标准】选择左边选项为标准选取，而【激活实体】选择右边选项为实体选取。

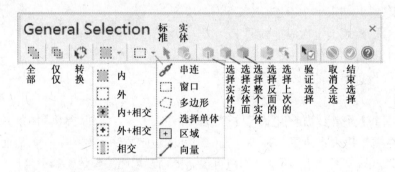

图 3-29　一般选择工具栏

在图 3-29 中，单击【选取】工具栏 ▦ ▾ 的下拉菜单，该列表中给出了五种窗口不同方式选取图素的方法。分别简述如下：

选择【内】命令，则选取窗口内的所有图素。

选择【外】命令，则只选取窗口外的图素。

选择【内＋相交】命令，则选取窗口内所有图素及与窗口边界相交的图素。

选择【外＋相交】命令，则选取窗口外所有图素及与窗口边界相交的图素。

选择【相交】命令，则只选取与窗口边界相交的图素。

▢ ▾ 单击右下拉菜单，如图 3-29 右边所示，下拉菜单中给出了串连、窗口选取、多边形、单体、范围和向量六种在绘图区内选择图素的方式。

【串连】　使用多个首尾相连的线条构成的链。对某些线条进行串连选择时,可以在【一般选取】工具栏中选择【串连】选项,然后选择该图素中的任意一条,系统会将所有相连的线条串连起来,在图形窗口被串连的图素以高亮的颜色显示出来,最后完成选取。

【窗口选取】　在选择图素时,用鼠标的左键在图形窗口单击一点并按住鼠标左键不放,拖拽形成一个封闭的矩形窗口区域,该区域包含需要选择的图素,则矩形窗口中包含的图素即被选中。

【多边形】　多边形选择与窗口选择类似,在选择图素时,用鼠标的左键在图形窗口指定几个点,形成一个封闭多边形选择区域,则在多边形选择范围内的图素即被选中,最后完成选择。

【单体】　在选择图素时,用鼠标的左键单击要选择的图素,则该图素就被选中,这在绘图时是用得最多的选择方式。

【范围】　范围选择与串联选择相类似,所不同的是范围选择必须为封闭区域,而且必须首尾相接,如果是相交的情况,就不能用范围方式进行选择,范围选择的方法是在封闭范围内的任意地方单击一点,包围该点的形成封闭范围的所有图素就被选中。

【向量】　选择此项,则可在图形窗口连续指定数点,系统将按所选点的顺序来建立向量,形成一个围栏(不一定封闭),只要与形成的围栏相交的图素全部被选中。

(2) 由图素属性与工具栏结合选取

在图 3-29 的操作栏中,还给出了根据图素属性、图素的群组等的设置来选取图素。单击该操作栏 ▨ 按钮,打开【全部】对话框,如图 3-30 左边所示。在对话框中设置好图素的选取条件后单击 ✓ 按钮,系统将自动选出所有符合指定条件的图素;单击 ▥ 按钮,打开【仅选择】对话框(图 2-30 右边),用户根据所选图素的要求设置条件后,单击对话框的确定 ✓ 按钮,仅能在鼠标选取的对象中选取符合条件的图素。

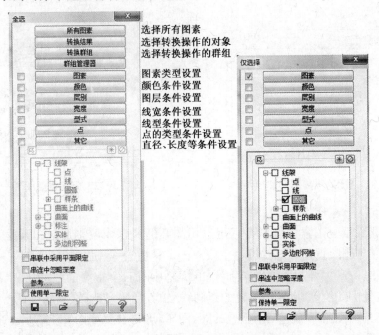

图 3-30　选取图素条件设置对话框

（3）实体的选取

在图 3-29 的操作栏中，还给出了实体的选择方法，用户可以根据需求选择不同的按钮去选取图素。具体选取实体图素的选项见该图操作栏中图标下的注释。

5. 图素的删除与还原

在绘制一个完整的图形时，除了利用绘图命令绘制各种图素以外，还需要使用各种编辑转换命令对图素进行修改完善。Mastercam X8 提供了较完善的编辑命令，其中删除和还原命令是所有绘图软件中使用最频繁的编辑命令之一。

（1）删除图素

选择【编辑】/【删除】/【删除图素】命令或单击工具栏 ☑ 按钮，依次选取需要删除的图素，选取结束后，回车即可删除所选的图素。

提示：先依次选取需要删除的图素，然后单击 ☑ 按钮，同样可以完成删除操作。

（2）删除重复项

重复图素是指某一个图素的位置完全与其他的图素重叠。该命令主要用于删除多余而操作者又不容易发现的一些重复图素（完全重叠的图素）。

选择【编辑】/【删除】/【删除重复项】命令或单击工具栏 ☒ 按钮，屏幕显示如图 3-31 所示的【删除重复图形】对话框，显示了图素中重复的信息，只要单击信息框中的【确定】按钮，即可完成删除重复图素的操作。

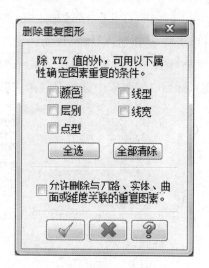

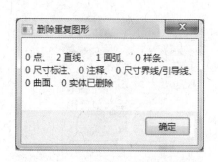

图 3-31 【删除重复图形】对话框　　　　图 3-32 删除重复图形—属性

（3）删除重复图素-高级

该命令与删除重复图素的区别是它可以用图素的属性来鉴别所选图素是否重复。选择【编辑】/【删除】/【删除重复项-高级】命令或单击工具栏 ☒ 按钮，弹出【删除重复图形-属性鉴别】对话框（图 3-32），怎样用属性来鉴别？如：屏幕中有三个重叠的圆，但圆 1 用黑色连续线绘制，圆 2 用红色虚线绘制，圆 3 用黑色的点画线绘制，当用户选择【删除重复图素-高级】命令时，屏幕提示："选择图素"，窗选三个重叠的圆，回车，屏幕显示如图 3-32 所示对话框，用户单击【全部清除】后，单击对话框中的确定 ☑ 按钮，屏幕弹出如图 3-31 所示的信息栏，在信息栏中,只有圆弧前面显示 2(表示有三个重叠的圆),其余信息前均为 0;若在图 3-32 所示对话框中选中颜色,则在图 3-31 所示的信息栏中,圆弧前面显示 1,其余信息前均为 0;若在图 3-32 所示对话框中勾选线型,则在图 3-31 所示的信息栏中,圆弧弧前面显示 0,其余信息前均为 0。

（4）恢复删除图素

当用户误删了不该删除的图素时,可用【恢复删除】命令将已删除的图素还原。恢复图素可以采用三种不同的方法。

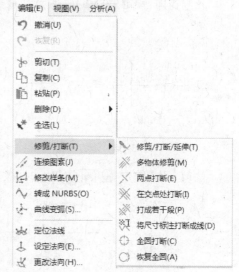

①【恢复删除图素】:每单击一次 按钮,系统恢复最近一次被删除的图素。

图 3-33 恢复删除指定数量的图素

②【恢复删除的图素数量】:单击 按钮,系统弹出如图 3-33 所示的对话框,在对话框中输入次数后,单击 按钮即可恢复最近删除的指定数量的图素。

③【恢复删除限定的图素】:单击 按钮,系统弹出限定图素属性的对话框（图 3-30 右边）,在用户设置恢复图素的属性后,即可恢复符合设定属性的图素。

6. 图素的修整

图素修整是将已绘制的几何图素按照指定要求进行修剪、打断和延伸等编辑操作。Mastercam X8 提供了丰富的编辑操作方式。

（1）修剪/打断

选择【编辑】/【修剪/打断】菜单命令,显示如图 3-34 所示的下一级子菜单。

选择【编辑】/【修剪/打断】/【修剪/打断/延伸】命令或单击工具栏 按钮,弹出如图 3-35 所示的操作栏,同时系统提示:"选择要修剪/延伸的图素"。此时选择需修剪或延伸图素的保留部分,然后选择需修剪或延伸的边界即可。

图 3-34 修剪/打断子菜单命令

图 3-35 修剪/延伸/打断操作栏

操作栏中各参数的含义如下:

修剪一物:锁定 按钮,选择被剪图素(注意:鼠标单击的部分为该图素所保留的部分),再选择修剪的部分。即选择线段 2 的下半部分,再选择线段 1,结果如图 3-36 所示。

修剪二物:锁定 按钮,选择第一条被剪线段(注意:鼠标单击的部分为该图素的保留部分),再选择第二条被剪线段。即选择线段 1 的左半部分,再选择线段 2 的下半部分,结果如图 3-37 所示。

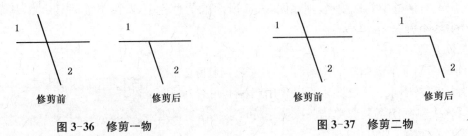

图 3-36　修剪一物　　　　　　　　　图 3-37　修剪二物

修剪三物:锁定 ⛏ 🔧 按钮,选择第一条被剪线段,再选择第二条被剪线段和第三条被剪线段,即选择线段 1 的上半部分,再选择线段 2 的上半部分,最后选择线段 3 的中间部分,结果如图 3-38 所示。

分割物体:锁定 ⛏ 🔧 按钮,选择被剪图素要删除的部分,即线段 3 的中间部分,结果如图 3-39 所示。

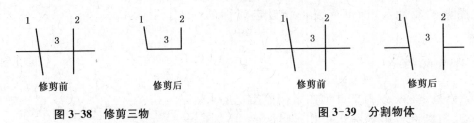

图 3-38　修剪三物　　　　　　　　　图 3-39　分割物体

修剪至点:锁定 🔲 🔧 按钮,选择被剪图素,再选择参考点,结果如图 3-40 所示。

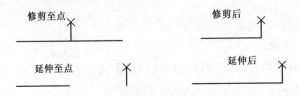

图 3-40　修剪至点

(2) 多物体修剪

选择【编辑】/【修剪/打断】/【多物体修剪】菜单命令,或单击 🔧 按钮,选择要修剪的线段,如图 3-41(a)所示的线段 1、2、3、4,按【Enter】键确定,然后选取修剪曲线 5,最后单击要保留的上端,结果如图 3-41(b)所示。

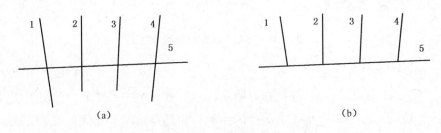

(a)　　　　　　　　　　　　　　　(b)

图 3-41　多物体修剪

四、任务实施

1. 构图环境与属性设置

2D、屏幕视图、构图平面—俯视图;线型—点画线,线宽—细,图素颜色—黑色。

2. 绘制中心线

单击工具栏 ╲ 按钮,在操作栏中锁定 ┠ 按钮,鼠标在水平方向适当位置给出两点,然后在垂直线文本框中输入 0(如 ↕ 0.0),回车,单击 ➕ 按钮绘出通过坐标原点的水平线;再锁定 ↕ 按钮,鼠标在垂直方向适当位置给出两点,在垂直线文本框中输入 0(↕ 0.0),回车,单击 ✓ 按钮确定并退出命令,绘制出通过坐标原点的中心线。

3. 绘制外形

单击次菜单【线型】右边的黑三角(━▼)弹出线型,选择实线。

绘制四个半径为 6,圆心分别为(−27.5,0)、(27.5,0)、(−20,−55)、(20,−55)的圆。单击工具栏 ⊕ 按钮,弹出【中心点画圆】操作栏,锁定半径按钮输入 6,输入圆心,单击 ✛ 按钮,在输入框输入坐标值(−27.5,0),回车,单击 ➕ 按钮,同样方法,给出其余三圆心的坐标值,即可绘出所需的圆。结果如图 3-42(a)所示。

单击 ⚲ 按钮,极坐标绘制两圆弧,设置半径分别为 20、25,起始角与结束角分别约为 −15°、200°、10°、170°,圆心为坐标原点,单击确定 ✓ 按钮退出命令。

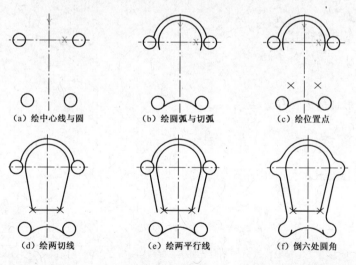

(a) 绘中心线与圆　　(b) 绘圆弧与切弧　　(c) 绘位置点

(d) 绘两切线　　(e) 绘两平行线　　(f) 倒六处圆角

图 3-42　外形加工

再绘制一个切弧,单击 ⚲ 按钮,弹出【切弧】操作栏,在操作栏中锁定 ⚲ 按钮,半径输入 22.5,单击两个圆(半径为 6)的下方位,在图形窗口出现六条可供选择的圆弧,单击需要保留的圆弧,单击确定 ✓ 按钮,结果如图 3-42(b)所示。

绘制两点,单击 ✛ 按钮,弹出绘制点的操作栏,在操作栏中单击 ✛ 按钮,在文本框中输入(−12,−35),回车,单击绘制点操作栏中的确定 ✓ 按钮。同样方法绘制坐标值为(12,−35)

的第二点。结果见图 3-42(c)。

绘制两切线，单击工具栏 ↖ 按钮，在操作栏中锁定 ⁄ 按钮，单击 R 为 20 圆弧左边捕捉切点后，鼠标向下移动捕捉左下方的绘制点，单击 ⊕ 按钮，再单击 R 为 20 圆弧右边捕捉切点后，鼠标向下移动捕捉右下方的绘制点，单击 ⁄ ⊕ 按钮，鼠标捕捉左、右两个绘制点绘出一条水平直线，单击确定 ✓ 按钮，结果如图 3-42(d)所示。

绘制平行线，单击工具栏 ↘ 按钮，弹出【平行线】操作栏，在操作栏的偏移距离文本框中输入 6(如 ⊢ 6.0)，单击左边切线，鼠标向左移动再点击一次，即可绘制出左边平行线。同理，绘制右边平行线。单击 ✓ 按钮确定并退出命令。

打断右边的两个圆(半径为 6)，单击工具栏 ⅔ 按钮，单击右上方的圆弧，捕捉该圆弧左边 1/4 点处单击即可，在此处打断。同样方法打断右下方在左边 1/4 点处的圆弧，单击确定 ✓ 按钮，结果见图 3-42(e)。

倒圆角，单击工具栏 ⌐ 按钮，设置倒圆角半径为 6，法向倒角并修剪，分别点取两条需要倒圆角的线，单击 ✓ 按钮确定，倒六处圆角，结果如图 3-42(f)所示。

修剪，单击工具栏 ✂ 按钮，锁定 ⋈ 与 ⊢⊢，单击需要修剪的线段即可，见图 3-1。

任务二　外形加工

切削参数设置；

共同参数设置；

外形铣削类型参数设置。

掌握各种外形铣削的操作方法。

一、任务描述

在数控铣床上按图 3-1 所示的图形及尺寸加工零件的外形，其结果见图 3-43 所示。

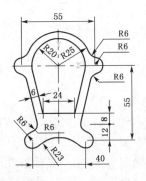

图 3-43　外形加工

二、任务分析

在数控加工阶段，由于零件的外形为简单二维平面，可以分两次进行数控加工。第一次，加工下一层外形，采用平底刀，但直径必须比最小的外形圆弧（凹弧）直径小些；第二次，加工上一层外形，也采用平底刀，直径可以选大。加工前，必须进行刀具设置、加工毛坯设置、外形铣削参数，进行模拟加工检查后，产生后置处理程序。最后完成任务。

三、知识链接

二维的铣削加工，一般是指在切削过程中，刀具在深度方向的位置一般不发生变化，刀具相对工件只在平面内运动，去完成铣削工作。

1. 切削参数

在【2D刀路-外形】对话框中，当机床、毛坯和刀具参数都设置好后，单击该对话框中的【切削参数】选项，系统切换到【切削参数】选项卡中，如图3-44所示。其各项参数含义如下：

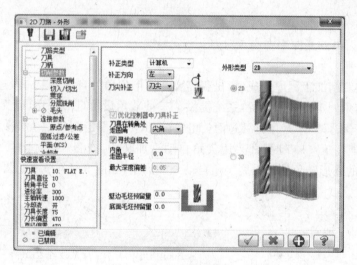

图 3-44 切削参数

（1）刀具补正

对话框中有"补正类型"和"补正方向"选项，用户可以通过下拉列表设置刀具补偿。

① 补正类型：Mastercam X8 提供了五种补正类型，如图3-45所示。

● 计算机补正 由 Mastercam 软件实现，计算刀具路径时，将刀具中心向指定方向移动一个补偿量（一般为刀具半径），产生的 NC 程序是补偿后坐标值，并且程序中不再含有补偿指令（G41\G42）。

● 控制器补偿 由 Mastercam 软件产生的 NC 程序是以要加工零件图形的尺寸为依据来计算坐标值，在程序适当位置要加入补偿指令（G41\G42）及补偿代号。机床执行程序时由控制器根据这个补偿量计算刀具中心轨迹。

图 3-45 补正类型

●磨损 系统同时采用计算机和控制器补偿方式,且补偿方向相同,并在 NC 程序中给出加入补偿量的轨迹坐标值,同时输出补偿指令 G41 或 G42。

●反向磨损 系统同时采用计算机和控制器补偿方式,且补偿方向相反,即计算机采用左补偿时,系统在 NC 程序中输出反向补偿指令 G42;计算机采用右补偿时,系统在 NC 程序中则输出补偿指令 G41。

●关 系统关闭补偿方式,刀具中心沿工件轮廓线铣削,当加工余量为 0 时,工具中心刚好与轮廓线重合。

② 补正方向 刀具的补正方向有左补偿与右补偿(图 3-46)。

③ 刀尖补正 以上补偿是指刀具在 XY 平面内的补偿方式,而刀尖补正则是指 Z 轴方向上的补偿位置。如图 3-47 所示。

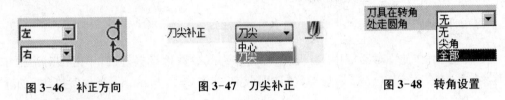

图 3-46 补正方向   图 3-47 刀尖补正   图 3-48 转角设置

●刀尖 以刀具端面中心点对刀。

●中心 以刀具曲面曲率中心点对刀。

(2) 转角设置

指在轮廓类铣削加工程序生成时,是否需要在图形尖角处自动加上一段过渡圆弧,外形铣削利用刀具在转角处走圆角来设置,系统提供了三种转角设置(图 3-48):【无】表示在所有转角处都以尖角直接过渡,不采用圆弧过渡,如图 3-49(a)全不走圆角;【尖角】表示在外形的尖角部位(即转角处夹角<135°时)才采用尖角自动添加圆角,如图 3-49(b)<135°走圆角;【全部】表示在所有的外形转角处都采用尖角自动添加圆角,如图 3-49(c)全走圆角。

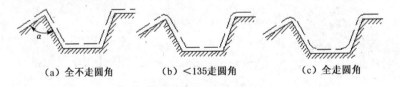

(a) 全不走圆角   (b) <135走圆角   (c) 全走圆角

图 3-49 转角设置效果

(3) 寻找相交性

选择此复选框后,系统启动寻找相交功能,即在生成切削轨迹前检验几何图形本身是否相交,若发生相交,则在交点以外的几何图形不产生切削轨迹。

(4) 预留量设置

在实际加工中,粗加工时,常常会碰到预留量的问题,其预留量包括 XY 方向和 Z 方向的,如图 3-50 所示。

●壁边毛坯预留量 XY 方向的预留大小,即在外形轮廓内/外侧预留的余量。

●底面毛坯预留量 Z 方向的预留大小,留给下一道工序的加工余量。

(5) 外形铣削类型

Mastercam X8 为 2D 外形铣削提供了 2D、2D 倒角、斜降、残料加工、摆线式等类型。如图

3-51 所示。

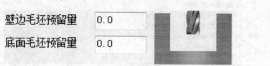

图 3-50 预留量设置

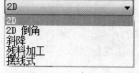

图 3-51 铣削类型

① 2D 默认选项,进行二维外形铣削加工时,整个刀具路径的铣削深度保持不变。

② 2D 倒角 外形铣削加工后,可用倒角铣刀继续进行工件周边的倒角加工。在选择 2D 倒角加工后,【切削参数】选项卡切换【外形类型】下面的对话参数,在该对话框中设置倒角宽度和尖部补偿量,如图 3-52 所示(将图 3-52 与图 3-44 比较,可知这两个对话框除了【外形类型】下面的对话参数不同外,其余均相同。今后遇到这种情况,为节省篇幅,在叙述不同的参数时,仅给出不同参数的图形)。

图 3-52 2D 倒角参数

③ 斜降 一般用来加工铣削深度较大的二维外形,选择该项后,【切削参数】选项卡切换【外形类型】下面的参数,这些参数用于设置斜插下刀的方式。如图 3-53 所示。

④ 残料加工 在数控加工中,如果工件的铣削加工量较大,为了提高生产效率往往采用大尺寸刀具及大进给量进行粗加工,从而导致各加工路径转角处留下较多的余量,这时采用残料加工得到最终外形。选择该加工后,【切削参数】选项卡切换【外形类型】下面的对话框,在该对话框中可设置残料计算的来源等相关参数,如图 3-54 所示。

⑤ 摆线式加工 在摆线加工中,刀具的切削运动不但相对工件平面的外形轮廓运动,而且在深度上的切削运动按用户设置的振幅、频率等做周期(直线或曲线)运动,选择该加工后,【切削参数】选项卡切换【外形类型】下面的参数,该参数可设置刀具在 Z 轴方向上运动的轨迹线。如图 3-55 所示。

图 3-53　斜降铣削下刀参数

图 3-54　残料加工参数

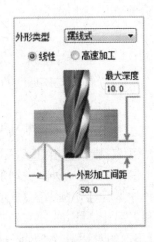

图 3-55　摆线式加工参数

2. Z 轴分层铣削

深度切削是指在 Z 轴的分层，并可将粗精加工分开，常用于切削深度较大一次无法切至最后的深度。单击【2D 刀路-外形】对话框中的【深度切削】选项，切换至图 3-56 所示的【深度切削】选项卡，可用于设置分层切削参数。主要参数的含义如下：

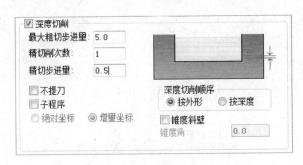

图 3-56　Z 轴分层切削参数

• 最大粗切步进量　用于设置两相邻切削路径层之间的最大 Z 方向距离（切深）。每次加工深度也称为切深或背吃刀量，是影响加工效率的主要因素之一。

• 精切削次数　用于设置切削深度方向上的精加工次数。

• 精切步进量　用于设置精加工时每层的切削深度，即 Z 方向精加工时两相邻切削路径在 Z 方向的距离。

• 不提刀　选中此复选框，每层切削完后不提刀。

• 使用副程式　选中此复选框，在分层切削时调用子程序，以缩短 NC 程序的长度。

• 深度切削顺序　用于设置深度铣削次序，包括【按轮廓】和【按深度】两个单选按钮。当选择【按轮廓】单选按钮时，刀具先在一个外形边界铣削设定的深度后，再进行下个外形边界的铣削，这种方式的抬刀次数和转换次数较少，在一般加工时优先使用；当选择【按深度】单选按钮时，刀具先在一个深度上铣削所有的外形边界，再进行下一个深度的铣削。

• 锥度斜壁　若选中该复选框，则要求输入锥度角，分层铣削时将按照此角度从工件表面至最后切削深度形成锥度。

3. 进退刀设置

轮廓铣削一般都要求加工表面光滑,如果加工时刀具在表面某处停留切削的时间过长(如进刀、退刀、下刀和提刀时),就会在此处留下刀痕。系统的进/退刀功能可以在刀具切入和切出工件表面时加进刀/退刀引线,使之与轮廓线平滑连接,来防止过切刀痕的产生。

单击【2D刀路-外形】对话框中的【切入/切出】选项,切换至图3-57所示的【切入/切出】选项卡,用于进退/刀具路径的设置,其主要参数的含义如下:

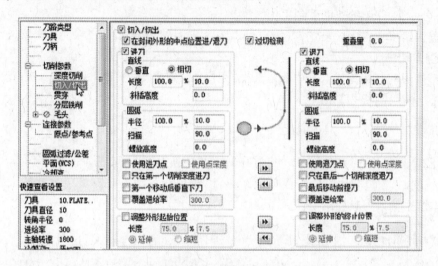

图 3-57　进／退刀参数

● 在封闭外形的中点位置进/退刀　选中该复选框,将在选择几何图素的中点处进行进/退刀;否则在选择几何图素端点处进/退刀。

● 过切检测　选中该复选框,将启动进/退刀时的过切检查,确保进/退刀切削时不铣削轮廓外形的内部材料。

● 重叠量　在退刀前刀具仍沿着刀具路径的终点向前切削一段距离,此距离即为退刀的重叠量。退刀重叠量可以减少甚至消除进刀痕迹。

● 进刀/退刀　选择该复选框,将启动导入导出功能,进刀/退刀的路径有直线或圆弧两种。

【直线】　直线进/退刀时,系统提供了两种引导方式:【垂直】表示为进/退刀具引导直线与被加工表面垂直,且在进/退刀处产生刀痕,可用于粗加工;【相切】表示所增加的引导直线刀路与被加工表面外形相切。

【长度】　该文本框用于定义引导直线的长度,可用刀具直径的百分比或刀具路径的长度来表示。

【斜插高度】　用于定义所增加的直线进/退刀路的起点与终点在Z轴方向的高度。

【圆弧】　除了加入直线的导入/导出刀具路径外,还可以加入圆弧导入/导出的刀具路径,它是以一段圆弧作为引导线与加工轮廓相切的进/退刀方式,常用于精加工中。

圆弧进/退刀路设置需三项参数:【半径】用于设定引导进/退刀路的圆弧半径值,该值为0时,进/退刀量将忽略不计;【扫描】用于设定引导进/退刀路圆弧所包含的圆心角度,该值越大,引导进/退刀路的圆弧就越长;【螺旋高度】用于设定圆弧进/退刀路的起点与终点在 Z 轴方向的高度。

- 使用进刀点　选择该复选框,进刀的起始点可由操作者在图中指定。一般以串联几何图素时所选图素的某点作为下刀点。

- 使用点深度　选中该复选框,使用所选点的深度作为下刀或提刀深度。

- 只在第一个切削深度进刀　选中该复选框,当采用深度分层切削功能时,只在第一个切削深度进刀路径,其他层不采用进刀路径。

- 第一个移动后垂直下刀　选中该复选框,刀具在参考高度时,刀具以 G00 的速度运动到下刀位置,然后以 G01 的速度下到工作深度。

- 覆盖进给率　选中该复选框,用户可以输入进刀的切削速率;否则,系统按进给率中设置的速率进刀切削。

- 调整外形的起始位置　选中该复选框,用户可以在【长度】文本框中输入进/退刀路在外形起点的【延伸】或【缩短】量。

4. 贯穿

单击【2D 刀路-外形】对话框中的【贯穿】选项,切换至图 3-58 所示的【贯穿】选项卡,贯穿用于外形铣削时,刀具超出工件底面一定距离,以避免残料的存在。贯穿参数的设置:【贯穿量】在文本框中输入刀具超出工件底面的距离即可。

5. 分层铣削

外形分层是指在 XY 方向分层粗铣和精铣,主要用于外形切削余量较大,刀具无法一次加工到指定外形尺寸的情形。

单击【2D 刀路-外形】对话框中的【分层铣削】选项,切换至图 3-59 所示的【分层铣削】选项卡,其主要参数如下:

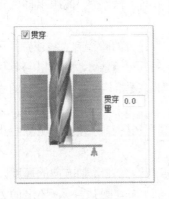

图 3-58　贯穿

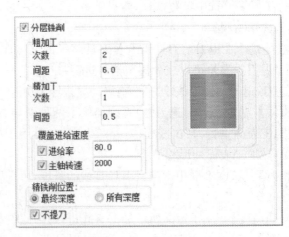

图 3-59　【分层铣削】对话框

在【分层铣削】对话框中,选中该单选框,用于设置分层切削参数。

- 粗加工　用于确定粗加工次数和切削间距。

● 精加工　用于确定精加工次数和切削间距。

● 精铣削位置　该栏用于设定外形精铣的时机,其中有两个选项:其一【最终深度】,选择该单选按钮,系统只在外形分层铣削到最后一层时执行精铣加工;其二【所有深度】,选择该单选按钮,系统在每层铣削后执行精铣加工。

● 不提刀　用以设定是否在每一层铣削完后都进行提刀动作,然后再下刀。

6. 毛头

【毛头】　用于设置安装夹紧工件的压板。选择该选项,设置相关参数后,在铣削加工中,刀具路径将跳过工件上安装压板的位置。单击【2D 刀路-外形】对话框中的【毛头】选项,切换至【毛头】选项卡,如图 3-60 所示。

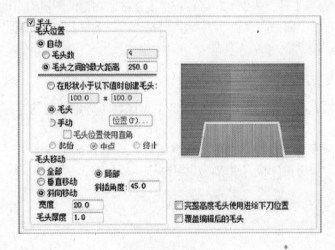

图 3-60　毛头

7. 连接参数

单击【2D 刀路-外形】对话框中的【连接参数】选项,切换至如图 3-61 所示的【连接参数】选项卡,该选项卡包含了五个高度设置:

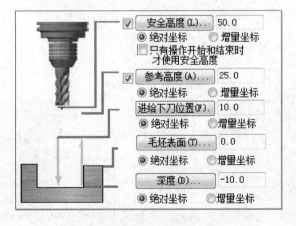

图 3-61　连接参数

【安全高度】 也称为提刀高度,指在此高度上刀具可以在任何位置平移而不会与工件或夹具发生碰撞。在开始进刀前,刀具快速下移到此高度,加工完成后刀具退至此高度。在默认状态下不选该项,选中该按钮左边的复选框,可在文本框中输入一个高度值,或单击该按钮在返回图形窗口的图形上选择一点,以该点高度值作为安全高度值。

【参考高度】 是为开始下一个刀具路径前刀具回退的位置。选中该按钮左边的复选框,可在文本框中输入一个高度值,或单击该按钮在返回图形窗口的图形上选择一点,以该点高度值作为参考高度值。

【进给下刀位置】 是指刀具由快速进给转为切削进给的高度位置。选中该按钮左边的复选框,可在文本框中输入一个高度值,或单击该按钮在返回图形窗口的图形上选择一点,以该点高度值作为进给下刀位置。

【毛坯表面】 是指工件上表面的位置。可单击该按钮在返回图形窗口的图形上选择一点,以该点高度值作为毛坯表面的高度值,选中该按钮左边的复选框,可在文本框中输入一个值。

【深度】 是指刀具最后的加工深度。

8. 原点、参考点

数控机床在开机后一般都要做回零操作,即使机床各坐标轴位置清零,并记忆这个初始化位置。

单击【2D 刀路-外形】对话框中的【原点/参考点】选项,切换至图 3-62 所示的【原点/参考点】选项卡,在其中可设置机床换刀点或 NC 程序结束时刀具返回参考点所经过的中间点位置。

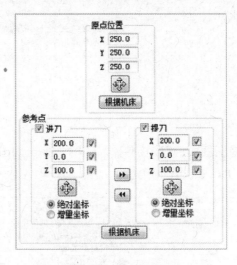

图 3-62 原点/参考点

参考点栏目用于设置加工中的进刀点和退刀点位置。在机械加工中,刀具先从机械原点移动到进刀点的坐标位置后,再开始第一条刀具路径的加工;加工完成后,先移动到提刀点的位置,再返回到机械原点。

9. 圆弧过滤/公差

过滤设置能在满足加工精度要求的前提下删除切削轨迹中某些不必要的点,以缩短 NC 加工程序的长度,提高加工效率。选择【圆弧过滤/公差】选项,打开【圆弧过滤/公差】选项卡,如图 3-63 所示。

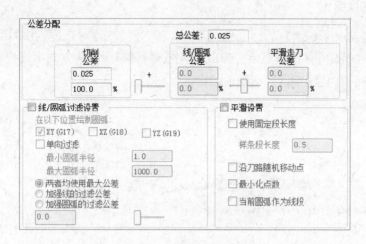

图 3-63 圆弧过滤／公差

四、任务实施

1. 选择加工系统

选择【机床类型】/【铣床】/【默认】命令，进入铣削加工模块。

2. 设置加工毛坯

在操作管理的【刀路】中选择【机床群组-1】/【属性】/【毛坯设置】命令，进入【机床群组属性】对话框（图3-64），在该对话框的【毛坯设置】选项卡中，单击 边界框(B) 按钮，弹出如图3-65所示的【边界框】对话框，设置见图中，单击对话框中确定 ✓ 按钮。返回【机床群组属性】对话框，设置如图3-64所示，单击对话框中确定 ✓ 按钮，结果如图3-67所示。

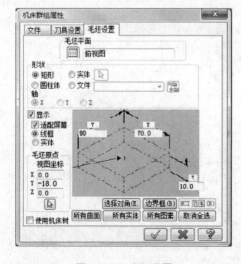

图 3-64 毛坯设置

图 3-65 边界框

3. 启动外形加工

选择【刀路】/【外形铣削】命令后，弹出【输入新 NC 名称】对话框，在对话框中输入名称（图 3-66）后，单击确定 ✓ 按钮退出。弹出【串连】对话框，用默认方式串连要加工的外形，如图 3-67 所示，最后单击【串连】对话框中的确定 ✓ 按钮。

图 3-66　输入新 NC 名称

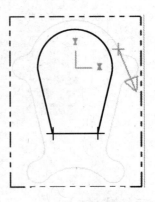

图 3-67　串连外形

4. 设置刀具参数

弹出【2D 刀路-外形】对话框，在该对话框中单击【刀具】选项，系统切换至【刀具】选项卡，如图 3-68 所示。在【刀具】选项卡的空白区单击鼠标右键，弹出快捷菜单，在快捷菜单中选择【刀具管理器】命令，弹出如图 3-69 所示的【刀具管理器】对话框。在该对话框中选择【启用过滤】，并单击 过滤 按钮，弹出如图 3-70 所示的【刀具列表过滤】对话框，设置过滤条件（见图中），单击确定 ✓ 按钮退出【刀具列表过滤】对话框，返回到【刀具管理器】中。而在【刀具管理器】对话框（库）列表中显示出所选刀具（见图 3-69），选中该刀具，单击 ↑ 按钮或鼠标左键双击该刀具，将其从下栏（库）传至上栏（零件）中，单击确定 ✓ 按钮退出，返回【2D 刀路—外形】对话框中，刀具及其参数设置见图 3-68 所示。

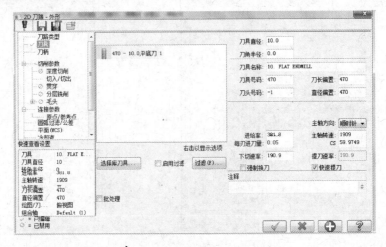

图 3-68　【刀具】选项对话框

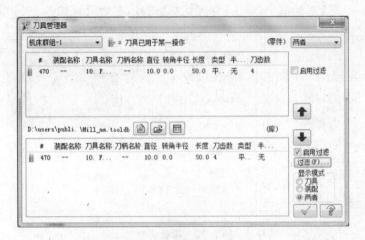

图 3-69　【刀具管理器】对话框

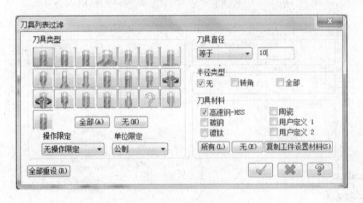

图 3-70　【刀具列表过滤】对话框

5. 设置加工参数

在【2D 刀路-外形】对话框中,单击【切削参数】选项,参数设置如图 3-71 所示。

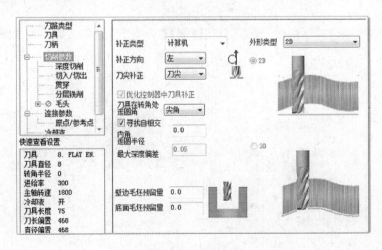

图 3-71　切削参数

在【2D 刀路-外形】对话框中，单击【深度切削】选项，参数设置如图 3-72 所示。

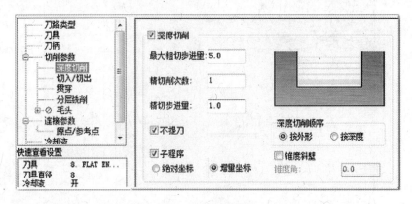

图 3-72　深度切削

在【2D 刀路-外形】对话框中，单击【切入/切出】选项，参数设置如图 3-73 所示。

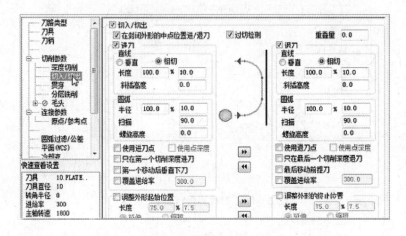

图 3-73　切入／切出

在【2D 刀路-外形】对话框中，单击【贯穿】选项，参数设置：选择【贯穿】，并在【贯穿量】文本框中输入 1。

在【2D 刀路-外形】对话框中，单击【分层铣削】选项，分层铣削参数设置如图 3-74 所示。

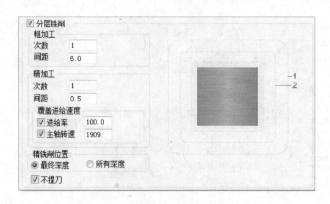

图 3-74　分层铣削

在【2D 刀路-外形】对话框中,单击【连接参数】选项,参数设置:在安全高度文本框输入50、参考高度文本框输入25、进给下刀位置文本框输入10、毛坯表面文本框输入0、深度文本框输入-10;均选择绝对坐标系(如图3-61)。

在【2D 刀路-外形】对话框中,单击【原点/参考点】选项,参数设置如图3-62所示(在后续的铣削加工中【原点/参考点】的设置不再叙述时,就默认为如图3-62的设置)。

在【2D 刀路-外形】对话框中,单击【冷却液】选项,参数设置如图3-75所示(在后续的铣削加工中【冷却液】的设置不再叙述时,就默认为如图3-75的设置)。

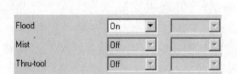

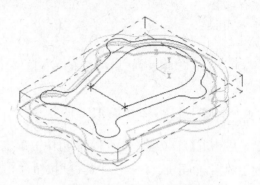

图 3-75　冷却液设置　　　　　　　图 3-76　外形加工刀具路径

最后单击【2D 刀路-外形】对话框中的确定 ☑ 按钮退出。产生外形铣削加工刀具路径,为便于观察,单击工具栏视角中的 ⊞ 按钮,如图3-76所示。

6. 启动外形 2 加工

为便于观察,单击操作管理【刀路】中的 ≋ 按钮,关闭刀具路径的显示。

选择【刀路】/【外形铣削】命令后,弹出【串连】对话框,用默认方式串连外形如图3-77所示,最后单击【串连】对话框中确定 ☑ 按钮。

7. 设置刀具参数

弹出【2D 刀路-外形】对话框,在该对话框中单击【刀具】选项,系统切换至【刀具】选项卡,如图3-68所示。在【2D 刀路-外形】对话框的【刀具】选项卡中,选用前面外形铣削用过的铣刀,其参数不变。

单击【2D 刀路-外形】对话框中的【切削参数】选项,参数设置前面相同,再单击该对话框中【深度切削】选项,将该选项设为不选状态。

单击【2D 刀路-外形】对话框中的【贯穿】选项,将该项设为不选状态。

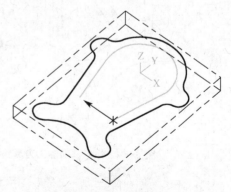

图 3-77　串连外形

在【2D 刀路-外形】对话框中,单击【分层切削】选项,参数设置如图3-78所示。

在【2D 刀路-外形】对话框中,单击【连接参数】选项,在该选项卡中将铣削深度改为-5,如图3-79所示(可参照图3-61)。

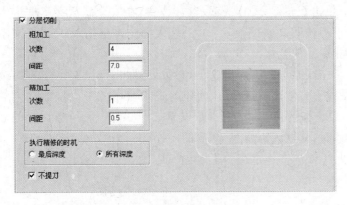

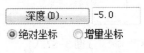

图 3-78　分层切削参数设置　　　　　　图 3-79　连接参数

8. 生成刀具路径并模拟

最后单击【2D 刀路-外形】对话框中的确定 ✅ 按钮退出。产生外形铣削加工刀具路径，为便于观察，单击工具栏视图中的 ⬚ 按钮，如图 3-80 所示。

9. 模拟加工

选择操作管理中的【刀路】，单击【选择所有的操作】✖️，再单击【验证选定操作】▶️ 按钮，弹出【Mastercam 模拟器】对话框，在对话框中，单击【播放】▶️ 按钮，执行实体模拟加工，结果如图 3-81 所示。

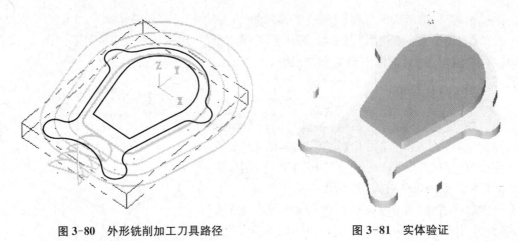

图 3-80　外形铣削加工刀具路径　　　　　图 3-81　实体验证

习　题

CAD 部分

按照图 3-82～图 3-91 所示的尺寸绘制二维图形。

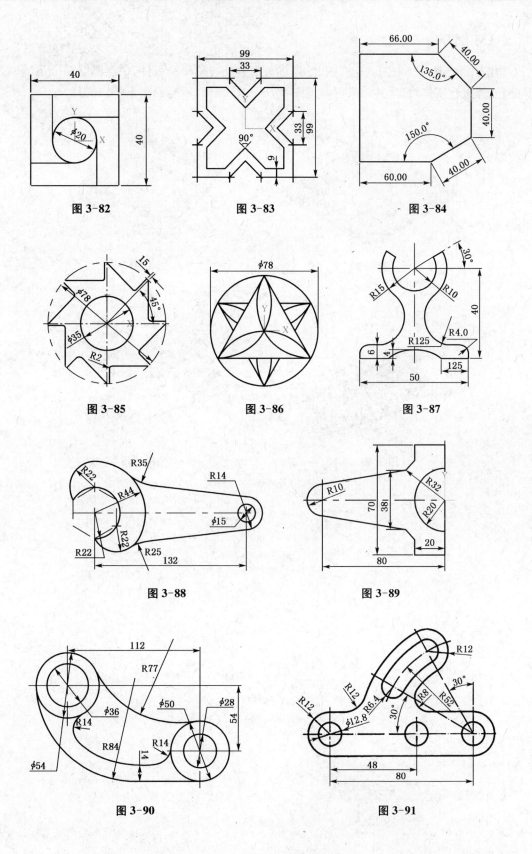

图 3-82　　　　　　　图 3-83　　　　　　　图 3-84

图 3-85　　　　　　　图 3-86　　　　　　　图 3-87

图 3-88　　　　　　　　　　　　图 3-89

图 3-90　　　　　　　　　　　　图 3-91

CAM 部分

将图 3-83、图 3-87、图 3-88、图 3-89 的外形铣削成阶梯的板件,每层厚度 5 mm;编制刀具路径,并进行实体验证(其结果可参见图 3-92~图 3-95,所有的孔不需加工)。

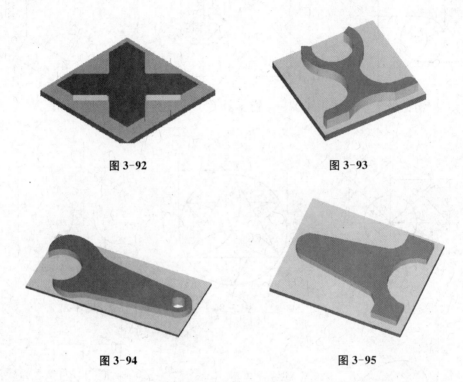

图 3-92   图 3-93

图 3-94   图 3-95

挖槽铣削加工

任务一　中等复杂图形的创建

矩形、多边形、椭圆、曲线的绘制以及边界框的应用；

转换—平移、镜像、旋转、比例缩放、偏置与偏置外形及矩形阵列。

能快速绘制出中等复杂图形。

一、任务描述

前面介绍了一些常用的绘图指令,有些图形利用转换(平移、镜像、旋转、比例缩放、偏置与偏置外形等)可以使绘图变得更方便,绘图的速度也能大大提高。按图4-1所示尺寸绘制二维图形。

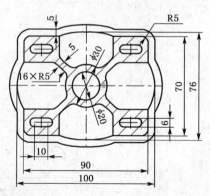

图4-1　绘制二维图形

二、任务分析

要完成该零件图的绘制,可以用椭圆、特殊矩形、偏置与偏置外形、镜像和剖面线等命令绘制。

三、知识链接

1. 矩形

（1）标准矩形

选择菜单命令【绘图】/【矩形】或单击工具栏中的 □ 按钮，出现如图 4-2 所示的绘制矩形操作栏。设置操作栏中的相关参数即可绘制矩形。

图 4-2　绘制矩形操作栏

该命令提供了三种绘制矩形的方法：

① 指定矩形的两个对角点位置（或坐标值）。

② 指定矩形的一个角及矩形的长与宽。

③ 指定矩形中心及矩形的长与宽。

（2）变形矩形

Mastercam 除了绘制标准矩形外，还可以对矩形的形状进行编辑。

【绘图】/【绘制矩形】或单击工具栏中的 按钮，弹出如图 4-3 所示的【矩形选项】对话框。设置对话框中相关参数即可绘制矩形。

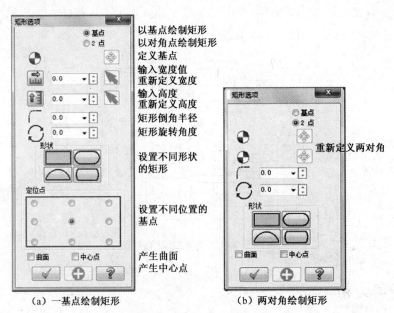

（a）一基点绘制矩形　　（b）两对角绘制矩形

图 4-3　【矩形选项】对话框

实例1　通过对"矩形形状选项"对话框的设置后,绘制图4-4所示的变形矩形。

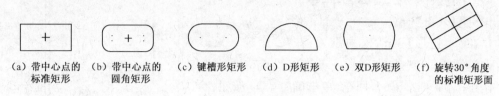

(a) 带中心点的　　(b) 带中心点的　　(c) 键槽形矩形　　(d) D形矩形　　(e) 双D形矩形　　(f) 旋转30°角度
　　标准矩形　　　　圆角矩形　　　　　　　　　　　　　　　　　　　　　　　　　　　　　　的标准矩形面

图4-4　变形矩形

① 选择菜单命令【绘图】/【绘制矩形(E)】,弹出【矩形选项】对话框,在对话框中设置:一点为基准、矩形宽度60、高度30、倒圆角半径0、矩形旋转角0、形状为标准、基准点为中心、选择中心点、不勾选曲面。系统提示:"选取基准点位置",输入基准点,单击 ➕ 按钮,在文本框中输入(−175,0),回车,单击确定 ➕ 按钮绘出矩形1,如图4-4(a)。

② 在【矩形选项】对话框中设置:将矩形1中的倒圆角半径修改为8,其余不变。输入基准点:单击 ➕ 按钮,在文本框中输入(−105,0),回车,单击确定 ➕ 按钮绘出矩形2,如图4-4(b)。

③ 在【矩形选项】对话框中设置:将矩形1中的形状栏目改成右上角(键槽形)所示,中心点不勾选,其余不变。基准点输入:单击 ➕ 按钮,在文本框中输入(−35,0),回车,单击确定 ➕ 按钮绘出矩形3,如图4-4(c)。

④ 在【矩形选项】对话框中设置:将矩形1中的形状栏目改成左下角(D形)所示,中心点不勾选,其余不变。基准点输入:单击 ➕ 按钮,在文本框中输入(35,0),回车,单击确定 ➕ 按钮绘出矩形4,如图4-4(d)。

⑤ 在【矩形选项】对话框中设置:将矩形1中的形状栏目改成右下角(双D形)所示,中心点不勾选,其余不变。基准点输入:单击 ➕ 按钮,在文本框中输入(105,0),回车,单击确定 ➕ 按钮绘出矩形5,如图4-4(e)。

⑥ 在【矩形选项】对话框中设置:将矩形1中的矩形旋转角改为30°,选中曲面,中心点不勾选,其余不变。基准点输入:单击 ➕ 按钮,在文本框中输入(175,0),回车,单击确定 ✔ 按钮绘出矩形6,如图4-4(f)。

2. 多边形

选择主菜单【绘图】/【多边形】命令,或单击工具栏的 ⬡ 按钮,显示【多边形】对话框,如图4-5所示。同时系统提示:"选择基准点位置",当完成相关参数设置后,选择基准点,便能创建出不同形式的多边形结构。

实例2　通过对【多边形】对话框的设置,绘制图4-6所示的不同五边形。

① 选择菜单命令【绘图】/【多边形】,弹出【多边形】对话框,在对话框边数 ⌗ 的文本框中输入5,半径 ◎ 文本框中输入20,选择【转角】,输入基准点:单击 ➕ 按钮,在文本框中输入(−112.5,0),回车,单击确定 ➕ 按钮,绘出多边形(图4-6(a))。

② 在【多边形】对话框中设置:点击【平面】,半径文本框输入16.18,其余不变,输入基准点:单击 ➕ 按钮,在文本框中输入(−67.5,0),回车,单击确定 ➕ 按钮,绘制出多边形(图4-6(b))。

③ 在【多边形】对话框中设置:点击【多边形】对话框左上角的 ▼ 按钮,出现下拉部分,在

「文本框中输入 5,其余不变,输入基准点:单击 按钮,在文本框中输入(−22.5,0),回车,单击确定 按钮,绘制出多边形(图 4-6(c))。

④ 在【多边形】对话框中设置:在 中输入旋转60°。取消倒圆角,其余不变,输入基准点:单击 按钮,在文本框中输入(22.5,0),回车,单击确定 按钮,绘制出多边形(图 4-6(d))。

⑤ 在【多边形】对话框中设置:倒圆角与旋转角文本框中输入 0。选中曲面,其余不变,基准点输入:单击 按钮,在文本框中输入(67.5,0),回车,单击确定 按钮,绘制出多边形(图 4-6(e))。

⑥ 在【多边形】对话框中设置:取消曲面选择。选择中心点,其余不变,输入基准点:单击 按钮,在文本框中输入(112.5,0),回车,单击确定 按钮,绘制出多边形(图 4-6(f))。

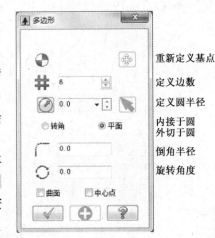

重新定义基点
定义边数
定义圆半径
内接于圆
外切于圆
倒角半径
旋转角度

图 4-5 多边形设置对话框

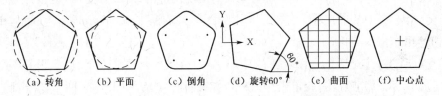

(a) 转角　　(b) 平面　　(c) 倒角　　(d) 旋转60°　　(e) 曲面　　(f) 中心点

图 4-6 绘制不同条件的五边形

3. 椭圆

选择主菜单【绘图】/【椭圆】命令,或单击工具栏的 按钮,显示图 4-7 所示的对话框,同时系统提示:"选择基点位置",在设置相关参数后,选择基准点,即可创建出不同形式的椭圆。

实例 3 通过对【椭圆】对话框的设置,绘制图 4-8 所示的椭圆。

① 选择菜单命令【绘图】/【绘制椭圆】,弹出【椭圆】对话框,点击【椭圆】对话框中左边的 按钮出现下部分,点击 文本框输入 20,击点 文本框输入 10。输入基准点位置:单击 按钮,在文本框中输入(−90,0),回车,单击确定 按钮,绘制出椭圆(图 4-8(a))。

② 修改【椭圆】对话框设置,在旋转角度 文本中输入 30°,其余不变,输入基准点位置,单击 按钮后,在文本中输入(−45,0),回车,单击确定 按钮,绘制出椭圆(图 4-8(b))。

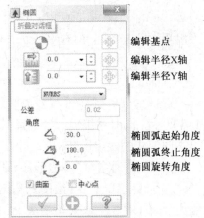

编辑基点
编辑半径X轴
编辑半径Y轴

椭圆弧起始角度
椭圆弧终止角度
椭圆旋转角度

图 4-7 椭圆选项对话框

③ 修改【椭圆】对话框设置,旋转角度文本框中改为 0,在角度栏,起始角度文本中输入 30°,终止角度输入 270°,其余不变,捕捉坐标原点为椭圆基准点,单击确定 按钮,绘制出

椭圆(图 4-8(c))。

④ 修改【椭圆】对话框设置,在起始角度文本中 ⊿ 0.0 输入 0°,终止角度 ⊿ 360.0 输入 360°,选择左下角的曲面,其余不变,输入基准点位置,单击 ✚ 按钮,在文本框中输入(45,0),回车,单击确定 ➕ 按钮,绘制出椭圆(图 4-8(d))。

⑤ 修改【椭圆】对话框设置,取消曲面的选择,勾选曲面右边的中心点,其余不变,输入基准点位置:单击 ✚ 按钮,在文本框中输入(90,0),回车,单击确定 ✓ 按钮,绘制出椭圆(图4-8(e))。

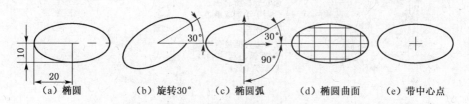

| (a) 椭圆 | (b) 旋转30° | (c) 椭圆弧 | (d) 椭圆曲面 | (e) 带中心点 |

图 4-8　绘制不同条件的椭圆

4. 样条

样条绘制包括手动绘制样条、自动绘制样条和样条曲线、熔接样条曲线等。通过各类曲线的绘制和编辑可以创建不同的曲线结构。在 Mastercam 系统中,曲线采用参数式与 NURBS 曲线两种方式来表达,其中 NURBS 曲线相对比较容易编辑修改。

(1) 手动绘制样条

该命令用于根据给定点绘制任意形状的样条曲线。

选择主菜单【绘图】/【样条】/【手动绘制样条】命令,或单击工具栏的 ⤿ 按钮,弹出【样条】操作栏,同时提示:"选择点。完成后按〈Enter〉。"按提示要求选择或指定一系列坐标点,就会生成所需曲线。如图 4-9 所示。

图 4-9　手动画曲线

(2) 自动绘制样条

选择主菜单【绘图】/【样条】/【自动绘制样条】命令,或单击工具栏的 按钮,弹出【自动绘制样条】操作栏,系统提示:"选择第一点"按提示自动捕捉图形窗口中第 1 个点,系统又提示:"选择第二点",在选择第 2 个点后,再提示:"选择最后一个点",当选择完最后一个点后,系统根据这三点的方位自动选取中间其他点,绘制出一条曲线。如图 4-10 所示。

图 4-10　自动生成曲线

5. 画边界框

该命令可用于设置毛坯时,需得到毛坯的最小尺寸值,以便于提高加工效率。

选择主菜单【绘图】/【边界框】命令,或单击工具栏的 ▨ 按钮,显示图 4-11 所示的【边界框】对话框,设置相关参数,单击确定 ✓ 按钮,即可在图形窗口自动产生一个包容所选图素的边界框。【边界框】的主要参数如图 4-11。

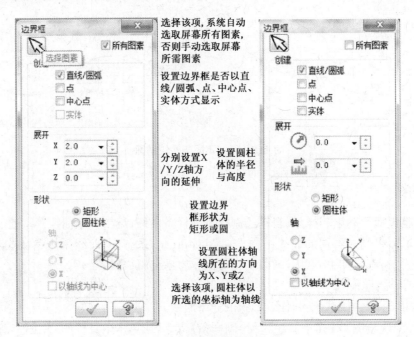

图 4-11 边界框选项对话框

6. 图素转换

(1) 平移

该命令主要用于将屏幕上的图形在不改变形状的情况下进行平移,在平移的同时还可以进行图形的复制,以获得多个相同的图形,并且还可以采用"连接"的方式将它们串联在一起。选择菜单命令【转换】/【平移】,或者单击【转换】工具栏中的 ▨ 按钮,选择要进行平移的图形,按 Enter 键,屏幕上出现如图 4-12 所示的【平移】对话框。

在对话框中,当平移次数大于 1 时,若选择【两点间的距离】单选项,平移文本框中设定的是相邻图元间的距离;若选择【总体距离】单选项,平移文本框中设定的是总的平移距离,平移的方式可以采用直角增量坐标、两点方式或者极坐标方式来指定。

(2) 旋转

该命令主要用于将一个图形绕某个点旋转某个角度。选择菜单命令【转换】/【旋转】,或者单击【转换】工具栏中的 ▨ 按钮,再选择要进行旋转操作的图形,按 Enter 键,屏幕上出现如图 4-13 所示的【旋转】对话框。

在该对话框中,当旋转次数大于 1 时,若选择【单次旋转角度】单选项,旋转角度文本框中设定的是相邻图形元素间的角度;若选择【总旋转角度】单选项,旋转角度文本框中设定的是总的扫描角度。图素绕基点的旋转方式有平移与旋转两种。如图 4-14 所示。

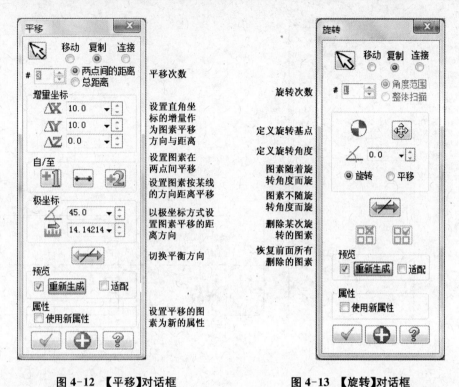

图 4-12 【平移】对话框　　　　　　图 4-13 【旋转】对话框

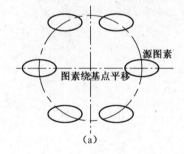

(a)

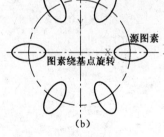

(b)

图 4-14 图素旋转方式

（3）镜像

镜像命令是用于将选中的图形元素沿指定的对称轴生成对称图形元素。

选择菜单命令【转换】/【镜像】,或单击工具栏中的 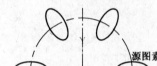 按钮,选择要进行镜像操作的图素,按 Enter 键,显示如图 4-15 所示的【镜像】对话框。在指定镜像轴后,单击确定 按钮,即可完成图素的镜像。对称轴可以是指定的直线、坐标轴与两个点。如图 4-16 所示。

（4）比例缩放

比例缩放是将选取的对象按等比例或不等比例进行缩放的操作。若为不等比例缩放时可分别设置 X、Y、Z 轴方向上的比例因子。

选择菜单命令【转换】/【缩放】,或者单击【转换】工具栏中的 按钮,选择要进行比例缩放的图形,按 Enter 键,屏幕上出现如图 4-17 所示的【缩放】对话框。在图 4-18 中是等比例缩放与不等比例缩放的结果。

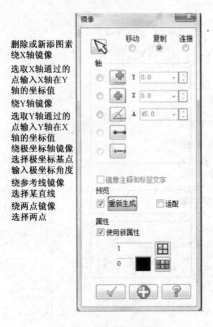

图 4-15 【镜像】对话框

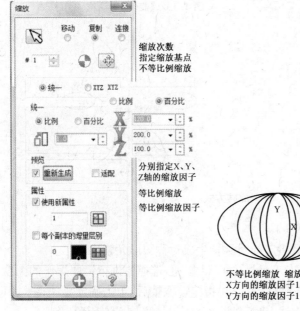

图 4-16 镜像

图 4-17 【缩放】对话框

不等比例缩放 缩放次数4
X方向的缩放因子1.5
Y方向的缩放因子1

源图素 等比例缩放 缩放次数3
　　　　缩放因子0.7 缩放因子0.7

图 4-18 比例缩放

（5）偏置

该命令是指按照给定的距离和方向移动或复制一个几何对象,该几何对象只能是直线、圆弧或曲线。

选择菜单命令【转换】/【偏置】，或者单击【转换】工具栏中的 ▯ 按钮，出现如图 4-19 所示的
【偏置】对话框，同时系统提示"选取要偏置的直线、圆弧、样条或曲线"。如：复制，偏置次数(3)，
偏移距离(5)，选取需要补正的原图素并指定方向后，单击 ✓ 按钮确定，结果如图 4-20 所示。

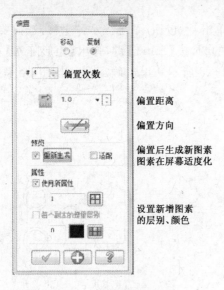

图 4-19　【偏置】对话框　　　　　　　　　　图 4-20　图素的位置

（6）偏置外形

该命令可将选定的一个或多个曲线链按指定次数、方向偏移指定距离和深度后，生成新图
素。该图素可以是单纯的移动，也可以是复制后再移动。

选择【转换】/【偏置外形】菜单命令，或单击 ▯ 按钮，打开【串连】对话框，在串连选取需要
偏置的曲线链后，按【Enter】键，弹出【偏置外形】对话框，如图 4-21 所示，在设置参数后，单击
✓ 按钮确定，结果如图 4-22 所示。

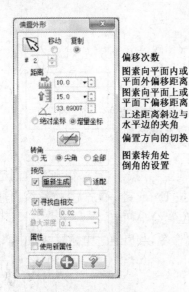

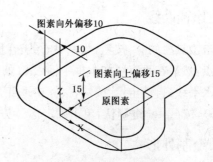

图 4-21　【偏置外形】对话框　　　　　　　　图 4-22　图素按参数偏置

7. 阵列

该命令可将选定的一个图素在当前构图平面,同时沿两个方向按照指定次数和间距进行复制,生成规则阵列的新图形。

选择【转换】/【矩形阵列】菜单命令,或单击 ▦ 按钮,系统提示:"平移:选择要平移的图素"。在选择如图 4-24 所示圆心为坐标原点的圆,按【Enter】键,弹出【矩形阵列】对话框,设置阵列次数、间距、方向夹角等参数后(如图 4-23 所示),单击确定 ✓ 按钮,结果如图 4-24 所示。

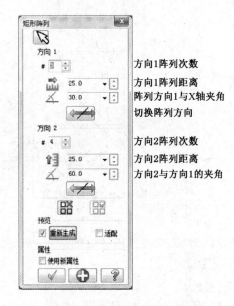

图 4-23 【矩形阵列】对话框

方向1阵列次数
方向1阵列距离
阵列方向1与X轴夹角
切换阵列方向

方向2阵列次数
方向2阵列距离
方向2与方向1的夹角

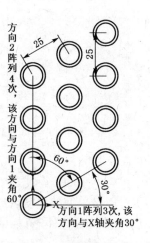

图 4-24 图素矩形阵列

四、任务实施

新建文件并保存,单击 ▯ 按钮,将文件保存为"wa duo ceng cao"。

1. 构图环境与属性设置

2D、屏幕视图与构图平面—俯视图、Z 为 0;线型—点画线,线宽—细,图素颜色—黑色。

2. 作辅助线

单击工具栏的 ╲ 按钮,绘制中心线:在操作栏中锁定 ⟷ 按钮,鼠标在水平方向适当位置给出两点,然后在垂直线文本框中输入 0(如 ↕ 0.0)按 Enter 键,单击 ⊕ 按钮绘出通过坐标原点的水平线;再锁定 ↕ 按钮,鼠标在垂直方向适当位置给出两点,在垂直线文本框中输入 0(↕ 0.0),按 Enter 键确认,单击确定 ✓ 按钮并退出命令,绘出通过坐标原点的中心线。

3. 绘制外形

单击次菜单【线型】右边的黑三角(━ ▾),弹出【线型】,选择实线。

绘制椭圆:单击工具栏 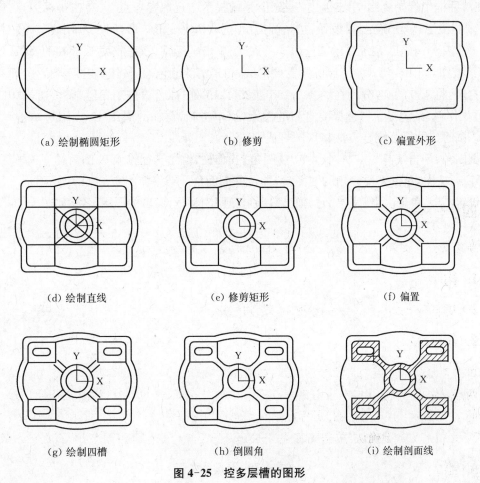 按钮,弹出【椭圆】对话框,在对话框中,长轴半径50,短轴半径38,捕捉坐标系原点为基准点,单击确定 按钮退出命令。

绘制矩形:单击工具栏 按钮,弹出【矩形选项】对话框,在对话框中设置:选择基点方式绘制矩形,其余参数:宽90、高70、倒角半径5、矩形旋转0°、【形状】正规及【定位点】为中心等。捕捉坐标原点为基准点,单击确定 按钮,结果如图4-25(a)所示。

修剪:单击工具栏 按钮,锁定分割 与修剪 按钮,点击需修剪的线段,结果如图4-25(b)所示。

偏置外形:单击工具栏 按钮,在弹出的【串连】对话框中,以默认方式串连需要偏置外形的图素,单击确定 按钮退出图素选取,并弹出【偏置外形】对话框,设置参数:复制、次数1、距离5(直角坐标增量值)、图形转角形式为尖角,单击 按钮确定,结果如图4-25(c)所示。

绘制圆:单击工具栏 按钮,弹出【圆心点画圆】操作栏,捕捉坐标原点为圆心,直径输入20,回车,单击 按钮,再捕捉坐标原点为圆心,直径输入30,单击确定 按钮退出绘制圆的命令。

(a) 绘制椭圆矩形　　　　　　　(b) 修剪　　　　　　　(c) 偏置外形

(d) 绘制直线　　　　　　　(e) 修剪矩形　　　　　　　(f) 偏置

(g) 绘制四槽　　　　　　　(h) 倒圆角　　　　　　　(i) 绘制剖面线

图4-25　控多层槽的图形

绘制直线:单击工具栏 按钮,以自动捕捉两点方式绘制出所需直线,结果如

图 4-25(d)所示。单击确定 ✔ 按钮。

修剪：单击工具栏 ✂️ 按钮，锁定分割 ┿ 与修剪 ✂️ 按钮，单击需修剪的线段，结果如图 4-25(e)所示。

偏置：单击工具栏 ┠ 按钮，弹出【偏置】对话框，在对话框中设置：复制、次数 1、偏距 2.5，然后单击需要偏置的图素，再在偏移方向处点击一下，以此类推，将需要偏移的图素均偏移后单击确定 ✔ 按钮。删除不要的线段，如图 4-25(f)所示。

绘制变形矩形：先绘制左上角的变形矩形，变形矩形的基准点为小矩形的中心。单击工具栏 ✐ 按钮，在操作栏中锁定水平线 ┿ 按钮，捕捉右边垂直线中点，鼠标左移到适当位置单击鼠标左键，单击确定 ➕ 按钮，锁定垂直线 ┃ 按钮，再捕捉水平线中点，鼠标上移到适当位置单击鼠标左键，单击确定 ✔ 按钮，这两条线的交点即为变形矩形的中心。

单击工具栏 ▦ 按钮，弹出【矩形选项】对话框，在对话框中设置：选择基点方式绘制矩形；其余参数：宽 16，高 6，倒角半径 0，矩形旋转 0°，形状栏锁定中右上角。基准点捕捉两线交点，单击确定 ✔ 按钮，绘制出左上角的变形矩形。

镜像绘制四个变形矩形：串连左上角的变形矩形，单击工具栏 ⦙⦙ 按钮，弹出【镜像】对话框，在对话框中选择复制，单击 ➕ YⓄ 按钮，系统提示："选取参考点"。单击坐标原点，完成关于 X 轴的镜像；单击确定 ➕ 按钮，按系统提示，选取两个变形矩形，回车，弹出【镜像】对话框，单击 ➕ X 0.0 按钮，系统提示："选取参考点"。单击坐标原点，完成关于 Y 轴的镜像；单击确定 ✔ 按钮，如图 4-25(g)。删除不需要的线，单击清除颜色 ▦ 按钮，使图素颜色全部变黑。

打断：将 φ30 的圆，分别在约 45°、135°、225°、315° 处打断，单击工具栏 ⨕ 按钮，弹出【两点打断】操作栏，系统提示："选择要打断的图素"。单击圆，再在圆周约 45° 点附近单击一下，即可将该圆打成两段。同样方法将该圆打成四段。

倒圆角：单击工具栏 ⌐ 按钮，弹出【圆角】操作栏，倒角半径输入 5，倒角类型选择法向，锁定删除 ⌐ 按钮，单击需要倒角的两图素，即可完成倒角。结果如图 4-25(h)所示。

设置图层：单击次菜单【层别】，弹出【层别管理】对话框，设置的图层、名称如图 4-26 所示。

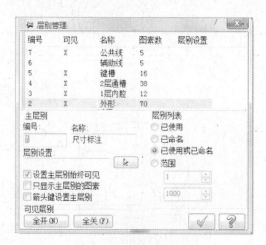

图 4-26　层别设置

线型分层放置：串连选择变形矩形（四个键槽）的所有线段，用鼠标右键单击次菜单中的层别,弹出【更改层别】对话框,在对话框中设置:【操作】栏,选择移动,【层别编号】栏,不选【使用主层别】,这时【层别编号】被激活,单击 S选择 按钮,打开【层别】对话框,选中图素要放置的图层,单击【层别】对话框中确定 ✓ 按钮,退出【层别】对话框,返回【更改层别】对话框,对话框中显示层别的编号 S 选择(S) 。用同样方法设置其余图素的图层。

绘制剖面线:单击次菜单中的【层别】,弹出【层别管理】对话框,单击编号 6 的突显框,将编号 7 关闭,单击【层别管理】对话框中确定 ✓ 按钮。选择【绘制】/【标注】/【剖面线】,弹出【剖面线】对话框,在对话框中设置:图案栏—铁,参数栏中,间距为 7,角度为 45°,单击确定 ✓ 按钮退出,弹出【串连】对话框,单击区域(+),点击需要绘制剖切线的区域后,单击确定 ✓ 按钮,绘制出剖切线。如图 4-25(i)所示。最后单击次菜单【层别】,在弹出的【层别管理器】中将所有图层打开即可。

任务二　二维挖槽加工

►知识要求

挖槽加工参数设置;

挖槽的粗精加工参数;

刀具路径的编辑。

►技能要求

能利用不同类型的挖槽功能,在数控铣床上完成中等复杂零件挖槽操作。

一、任务描述

前面完成了图 4-1 零件的绘制,这时可以在数控铣床上利用挖槽铣削加工将该零件加工成为如图 4-27 所示的形状。

二、任务分析

完成该零件的加工,必须学习挖槽铣削加工,在挖槽加工中又必须按挖槽形式来选择不同的加工方法,以便正确设置挖槽加工参数,保证加工质量。而对于一些较复杂的图形和对称零件的加工,可以利用刀具路径的编辑功能来简化 NC 程序。该零件可以利用路径的平移、镜像(或旋转)功能来加工。

图 4-27　挖多层槽

三、知识链接

1. 挖槽加工参数

二维挖槽加工主要用来切除封闭内腔或开放外形所包围的材料(槽形),而这个内腔还可以存在岛屿,但岛屿与槽形应在同一构图平面内。生成二维挖槽加工刀具路径的步骤和参数与外形铣削加工基本相同,主要设置"刀具参数""2D挖槽参数""粗切/精修的参数"三类。

（1）刀具参数

选择【刀路】/【挖槽】菜单命令,或单击工具栏 ▣ 按钮,弹出【串连】对话框,串连需加工的内形,单击【串连】对话框中的确定 ✓ 按钮,弹出【2D刀路-挖槽】对话框(图4-28)。单击该对话框中的【刀具】选项,系统切换至【刀具】选项卡,该选项卡中的参数与外形铣削参数基本相同。

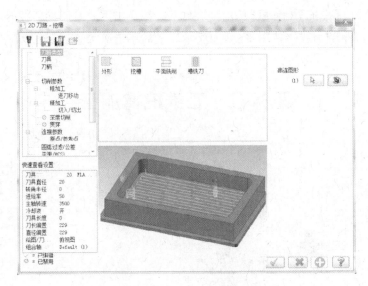

图4-28 【2D刀路-挖槽】对话框

（2）切削参数(挖槽参数)

在【2D刀路-挖槽】对话框,单击【切削参数】选项,系统切换至【切削参数】选项卡,如图4-29所示。将该选项卡中与外形铣削【切削参数】选项卡中不同的主要参数介绍如下:

① 加工方向　指刀具的旋转方向与切削进给运动方向之间的相对运动关系。分为顺铣和逆铣两种。

【顺铣】　刀具旋转方向与切削进给运动方向相同。

【逆铣】　刀具旋转方向与切削进给运动方向相反。

② 创建附加精加工操作　在生成挖槽加工刀具路径时,同时生成一个精加工刀具路径,可以一次选择加工对象完成粗精加工的两个刀具路径的编制。在操作管理器中可以看到粗精加工两个操作。

（3）挖槽类型

在【挖槽类型】下拉列表中有标准、平面铣、使用岛屿深度、残料加工和开放式挖槽五种,如图4-29所示。

① 标准　只针对选择平面槽形内部的材料进行加工,且二维轮廓的加工必须是封闭的,不能是开放的。

② 平面铣　这种平面铣类似于平面铣削模块的功能,在加工过程中只保证加工出所选表面,而不考虑是否会对边界外或岛屿的材料进行铣削。在【切削参数】选项卡的【挖槽类型】中

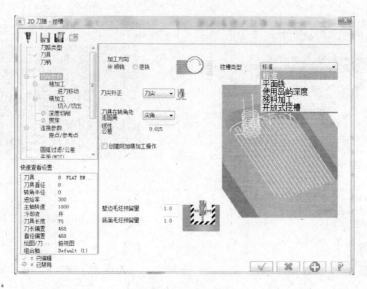

图 4-29 切削参数

选择【平面铣】后,在【切削参数】选项卡的【挖槽类型】下方显示如图 4-30 所示的参数,各参数意义如下:

● 重叠量 用于设置刀具路径的延伸量,即指第一刀与最后一刀超出工件加工表面的距离,以刀具直径的百分比表示。

● 进刀引线长度 进刀时,进刀点到加工表面的距离,即提前进入切削的距离。

● 退刀引线距离 退刀时,加工表面到退刀点的距离,即延长切削的距离。

③ 使用岛屿深度 当岛屿的深度与其周边的槽深不一致时,必须采用该类型的加工方式,在【切削参数】选项卡的【挖槽类型】中选择【使用岛屿深度】,该选项卡【挖槽类型】参数基本与【平面铣】参数(图 4-30)相同。不同的是【岛屿上方预留量】参数设置被激活,这时用户只需在【岛屿上方的预留量】文本中输入数值,来设置岛屿深度。

④ 残料加工 一般用于铣削上一次挖槽加工后留下的残余材料。在【切削参数】选项卡的【挖槽类型】中选择【残料加工】后,该选项卡切换【挖槽类型】参数,如图 4-31 所示。

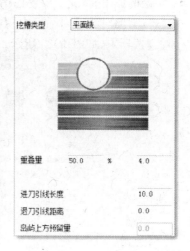

图 4-30 挖槽类型

⑤ 开放式挖槽 由于标准挖槽要求串联必须封闭,因而对于一些开放的串联就无法进行标准挖槽。开放式挖槽是专门针对串联不封闭的零件进行加工。

在【切削参数】选项卡的【挖槽类型】中选择【开放式挖槽】后,该选项卡切换【挖槽类型】参数,如图 4-32 所示。其中主要参数如下:

● 重叠 指刀具路径超出边界的距离,用刀具直径的百分比表示。

● 使用开放式挖槽切削方法 选中该复选框,刀具路径从开放轮廓端点进刀,切削方式由系统给定。

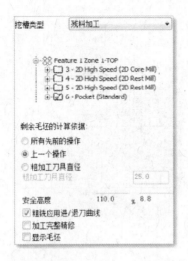

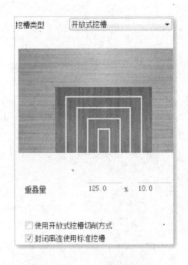

图 4-31 残料加工参数   图 4-32 开放式挖槽参数

- 封闭串连使用标准挖槽 选中该复选框,系统自动封闭开口,作为标准挖槽加工。

2. 挖槽的粗/精加工参数

挖槽加工时,除了设置挖槽的切削参数及挖槽类型外,还要设置挖槽的粗/精加工参数。在【2D 刀路-挖槽】对话框中,【挖槽类型】选择【标准】后,单击【粗加工】选项,系统切换至【粗加工】选项卡,如图 4-33 所示。该选项卡中需要设置的参数如下:

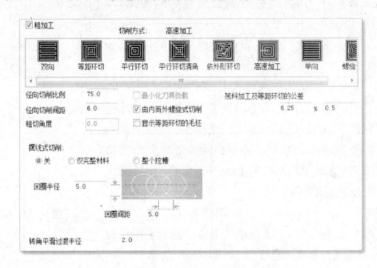

图 4-33 粗加工参数

(1) 粗加工

① 切削方式 系统提供了八种粗加工方式:

- 双向 产生一组来回的直线刀具路径,所构建的刀具路径将以相互平行且连续不提刀的方式产生,该走刀方式经济、省时,适合面铣粗加工。

- 等距环切 产生一组以等距离环绕方式的刀具路径,该方式的线性移动小,能较干净地切出余量。

● 平行环切　以平行螺旋方式产生一组刀具路径，该方式进刀方向一致，切削平稳，但余量难以清除干净。

● 平行环切清角　以【平行环切】相同的方法加工内腔，在内腔转角处增加小的清除加工路径，但对内腔转角处余量较大时，还是不能保证将所有余量都加工干净。

● 依外形环切　依外形螺旋环绕方式产生一组刀具路径，在边界和岛屿之间逐渐过滤进行插补的方法加工内腔，该切削方式只能用于有一个岛屿存在的内腔加工。

● 高速切削　与【平行环切】的刀具路径相同，但环间过渡时采用一种平滑过渡的方法，且在转角处也以圆角过渡，保证整个刀具路径平稳而高速。

● 单向　以相互平行方式产生一组往复直线的刀具路径，并在每段刀具路径的终点，刀具提至安全高度后，再快速移动到下一个刀具路径的起点，进行下一个切削路径。

● 螺旋切削　以圆形螺旋方式产生刀具路径，用所有正切圆弧进行粗加工内腔。该方式切削运动平稳、产生的 NC 程序较短，且加工表面残留余量少。

② 径向切削比例　双向或单向粗加工时，在 XY 平面方向上两条刀具路径之间的距离以刀具直径的百分比表示。一般取 $60\% \sim 70\%$。

③ 径向切削间距　用于输入切削间距值，与上述参数是互动关系，输入其中的一个参数，另一个参数自动更新。

④ 粗切角度　用于设置粗加工刀具路径的进刀角度，以 X 轴的正方向夹角表示。

⑤ 最小化刀具负载　选择该复选框，能优化挖槽刀具路径，达到最佳铣削顺序。

⑥ 由内而外螺旋式切削　当用户选择的切削方式是旋转环绕的方式之一时，选中该复选框，系统由内到外逐圈切削，否则，从外到内逐圈切削。

⑦ 高速切削　当用户选择的切削方式是高速切削时，在【高速切削】栏中设置相关参数即可。

（2）进刀移动

在【2D 刀路-挖槽】对话框，单击【进刀移动】选项，系统切换至该选项卡，如图 4-34 所示。在该选项卡中，提供了两种进刀模式来设置挖槽加工时的 Z 向下刀方式（主要针对平底刀而设置的）。下面介绍每种下刀模式中的参数。

① 螺旋形　选择该单选按钮，如图 4-34 所示。其参数：

● 最小半径　用于输入螺旋下刀的最小半径，可以输入刀具直径的百分比或直接输入半径值。

● 最大半径　用于输入螺旋下刀的最大半径，一般螺旋半径越大，进刀路径越长。

● Z 安全高度　设置螺旋下刀的起点高度，此值越大，螺旋进刀的总深度越大。

● XY 预留量　计算刀具沿工件内壁下刀时，在 XY 方向上的预留量。

● 下刀角度　设置螺旋下刀时的角度，螺旋线的螺旋角，该值越大，螺旋圈数越少，下刀的刀具路径越短。

● 输出圆弧移动　选择该复选框，刀具以螺旋圆弧运动；否则刀具以直线方式一段一段地运动。

● 公差　用于设置以直线运动的刀具路径拟合圆弧螺旋下刀运动的刀具路径写入 NCI 文件时公差。

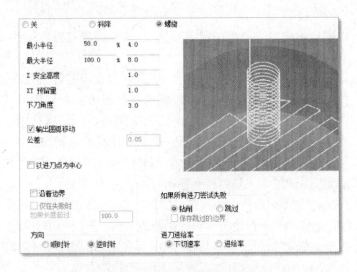

图 4-34   进刀移动的螺旋下刀

- **以进刀点为中心**   选择该复选框,将使用在选择挖槽轮廓前所选择的点作为螺旋下刀的中心(即可以任意确定螺旋下刀点)。
- **方向**   设置螺旋下刀的螺旋方向,有顺时针与逆时针两个旋向。
- **沿着边界**   选中该复选框,系统将靠着粗加工边界斜线下刀。
- **仅在失败时**   选中该复选框,只有无法螺旋下刀时,系统才靠着粗加工边界斜线下刀。
- **如果长度超过**   当粗加工边界的长度小于此文本框输入的长度时,系统将无法靠着粗加工边界斜线下刀。
- **如果所有进刀尝试失败**   用于设置当所有螺旋下刀尝试失败后,系统采用直线下刀或中断程序,还可以选择保留程序中断后的边界为几何图形。
- **进刀进给率**   设置螺旋下刀的速率为深度方向的下刀速率或平面进给速率。

② **斜降**   选择【斜降】单选框,【2D 刀路-挖槽】选项卡切换至如图 4-35 所示,其相关参数含义如下:

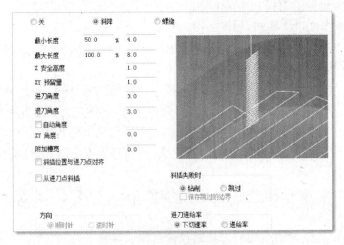

图 4-35   进刀移动的斜降下刀

● 最小长度　设置斜线下刀的最小长度,可输入刀具直径的百分比或直接输入长度值。

● 最大长度　设置斜线下刀的最大长度,可输入刀具直径的百分比或直接输入长度值。

● Z安全高度　设置斜线下刀时刀具离工件表面的高度。

● XY预留量　用于计算刀具沿工件内壁下刀时,在XY方向上的预留量。

● 进刀角度　设置刀具斜线下刀的插入角度,即刀具斜插线与XY平面的夹角。

● 退刀角度　设置刀具斜线切出时的升角,进/退刀角度越大,斜线下刀的段数越少,刀具路径越短。

● 自动角度　系统自动计算斜插下刀在XY平面上的进刀角度。

● XY角度　未选择【自动计算角度与最长边平行】复选框时,斜线下刀刀具与XY平面的相对角度由此文本框输入的角度决定。

● 附加槽宽　可以在斜线下刀时产生一个槽形结构,而槽形结构的宽度由此文本框输入。

● 斜插位置与进刀点对齐　选择该复选框,可将下刀点设置在挖槽路径的起点。

● 从进刀点斜插　选择该复选框,表示将刀具路径的进刀点设为斜线下刀路径的起点。

(3) 精加工

在【2D刀路-挖槽】对话框,单击【精加工】选项,系统切换至该选项卡,如图4-36所示。在精加工选项卡中需要设置的参数如下:

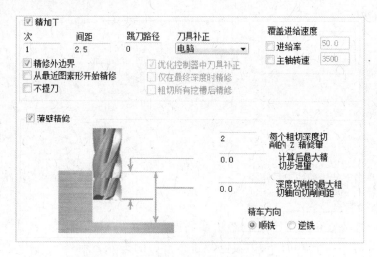

图4-36　精加工

● 次　用于输入精加工次数。

● 间距　精加工的切削间距。

● 跳刀路径　精加工中的抬刀次数。

● 刀具补正　选择精加工的刀具补偿方法。

● 精修外边界　选择该复选框,将对挖槽边界和岛屿进行精加工,否则只对岛屿进行精加工。

● 从最近图素开始精修　选择该复选框,精加工将从封闭几何图形的粗加工刀具路径的终点开始。

● 不提刀　设定是否在每一层铣削完后都进行提刀动作,然后再下刀。

● 优化控制器中刀具补正　当精加工采用控制器补偿方式时,选中该复选框,可以消除小于或等于刀具半径的圆弧精加工路径。

● 仅在最终深度时精修　当粗加工采用深度分层铣削时,选中该复选框,所有深度方向的粗加工完毕后再进行精加工,并且是一次性精加工。

● 粗切所有挖槽后精修　当粗加工采用深度分层铣削时,选中该复选框,粗加工完毕后再逐层进行精加工,否则粗加工一层后马上精加工一层。

● 进给率　选择该复选框,设置精加工的进给率,否则选择粗加工的进给率。

● 主轴转速　选择该复选框,设置精加工的主轴旋转速度,否则与粗加工相同。

（4）切入/切出

在【2D 刀路-挖槽】对话框,单击【切入/切出】选项,系统切换至该选项卡,该选项卡的参数与外形铣削的【切入/切出】基本相同,不再赘述。

3. 刀具路径的编辑

Mastercam 允许用户像操作图素一样对刀具路径进行编辑。刀具路径的编辑主要包括两个方面:修剪和转换。通过修剪可以删除刀具路径中不需要的部分内容。转换可对刀具路径进行平移、镜像和旋转,以生成新的刀具路径。

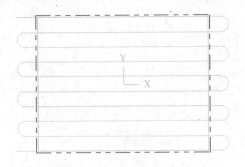

图 4-37　待修剪的刀具路径

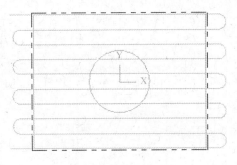

图 4-38　绘制修剪边界

（1）刀具路径修剪

刀具路径修剪功能允许用户对已经生成的刀具路径进行裁剪,可以使刀具路径避开一些空间。对刀具路径进行修剪的边界必须是封闭的。

实例 1　刀具路径修剪。

① 选择菜单栏中的【文件】/【打开】命令,打开"刀具路径修剪.MCX"文件。待修剪的刀具路径如图 4-37 所示。

② 在图形中心绘制一个圆作为修剪边界,如图 4-38 所示。为了观察方便,可将刀具路径隐藏起来。边界图形可以是任何形状和尺寸的,并可以和刀具路径不在同一个平面上。

③ 选择【刀路】/【修剪】命令(见图 4-39),打开【串接】选择对话框选择刚才绘制的圆,单击【串连】对话框中确定 ✔ 按钮退出串连。

④ 此时系统提示"输入要保留的侧上一点",若要将圆内的刀具路径删除,则移动光标单击圆边界外的任何一点。

图 4-39　路径修剪菜单命令

⑤ 系统打开如图 4-40 所示的【已修剪】参数对话框，在对话框【修剪操作】的列表中选中需修剪的路径(平面加工)。单击对话框中确定 ✓ 按钮。

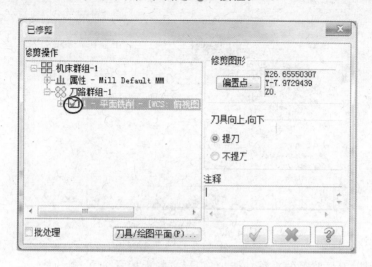

图 4-40　【已修剪】参数对话框

⑥ 观察刀具路径修剪后的变化如图 4-41 所示。同时，在刀具路径管理区中也显示了新的操作，如图 4-42 所示。

图 4-41　修剪后的刀具路径

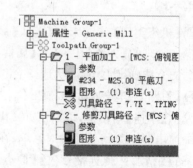

图 4-42　路径管理中显示修剪操作

(2) 刀具路径变换

刀具路径变换是指对已有的刀具路径进行平移、镜像和旋转，从而生成新的操作。当零件加工中有重复刀具路径且有一定的规律，能实现路径进行平移、镜像和旋转，则利用刀具路径变换可以简化编程，减少编程的工作量。

选择【刀路】/【路径转换】命令，打开【转换操作参数】对话框(见图 4-43)。

在该对话框中，选择变换的类型将打开相应的选项卡。刀具路径的转换和图形的转换形式基本上是相同的。刀具路径转换方式主要有刀具平面和坐标两种。刀具平面方式是指以刀具面的变化来实现刀具路径的转换；坐标方式是指以坐标的变化形式来实现刀具路径的转换。

① 路径的平移　将一个已存在的刀具路径，按照所定义的平移向量重复生成多个刀具路径。

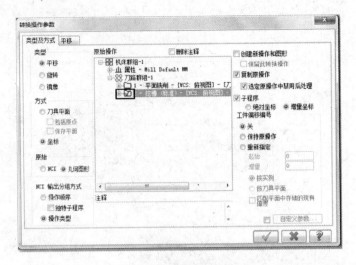

图 4-43　路径转换操作参数

实例 2　利用刀具路径的平移功能,在矩形方料上挖六个 X 槽。

准备工作

打开待加工的图纸,见图 4-44,关闭尺寸层。

挖一个槽

选择【机床类型】/【铣床】/【默认】命令,进入铣削加工模块。

在操作管理的【刀路】中,选择【属性】/【毛坯设置】命令,进入【机床群组属性】对话框,采用边界框的方法确定毛坯,形状选择立方体,尺寸 190×130×10。

选择【刀路】/【挖槽】命令,弹出【输入新 NC 名称】对话框,单击该对话框的确定 ✓ 按钮退出。弹出【串连】对话框,以默认方式串连图素,单击【串连】对话框中确定 ✓ 按钮。

系统弹出【2D 刀路-挖槽】对话框,在该对话框中,依次选择【刀具】【切削参数】【粗加工】【进刀移动】【精加工】【连接参数】【原点/参考点】等选项,分别在各个选项卡中设置好参数,单击【2D 刀路-挖槽】对话框中的确定 ✓ 按钮,生成一个挖槽加工的刀具路径,如图 4-45 所示。

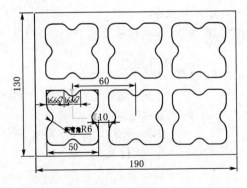

图 4-44　实例 2

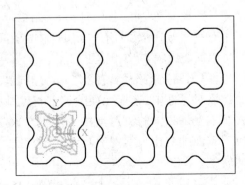

图 4-45　一个挖槽加工的刀具路径

刀具路径平移

选择【刀路】/【路径转换】命令,打开【转换操作参数】对话框。在该对话框【类型及方式】选项卡中设置:【类型】选择平移,【方式】选择坐标,在【原始操作】列表中选择待平移的刀具路径,其余参数设置参照图 4-43 所示。

单击【转换操作参数】对话框中的【平移】选项,打开【平移】选项卡,在该选项卡的参数设置:【平移方式】选择矩形,【实例】在 X 文本框输入 3,Y 文本框输入 2,选中【两点间的距离】;在【矩形】的 X 文本框输入 60,Y 文本框输入 60;在【图案原点偏移(世界坐标)】栏中,所有 X、Y、Z 的文本框均为 0(即图案原点与坐标系原点重合),其余参数设置见图 4-46 所示。最后单击【转换操作参数】对话框中确定 ✓ 按钮,生成平移的刀具路径,如图 4-47 所示。

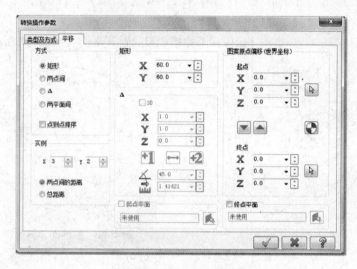

图 4-46　平移方式参数设置

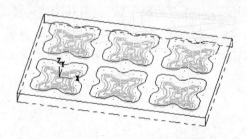

图 4-47　平移的刀具路径

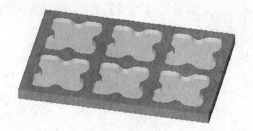

图 4-48　实体验证

模拟加工

在操作管理的【刀路】中,单击【选择所有的操作】 ,再单击【验证选定操作】的 按钮,弹出【Mastercam 模拟器】操作框,在操作框中,单击 ▶ 按钮,执行实体模拟加工,结果如图 4-48 所示。

② 刀具路径旋转　对于一些环形对称零件,可以利用刀具路径旋转功能来编制环形对称图形的刀具路径和 NC 程序。

实例 3　利用刀具路径的旋转功能，在圆形材料上挖五个半圆槽。

准备工作

打开待加工的图纸，见图 4-49 关闭尺寸层。

挖一个槽

选择【机床类型】/【铣床】/【默认】命令，进入铣削加工模块。

在操作管理的【刀路】中，选择【属性】/【毛坯设置】命令，进入【机床群组属性】对话框，采用边界框的方法确定工件，形状为圆柱体，尺寸 φ110×10。

选择【刀路】/【挖槽】命令后，弹出【输入新 NC 名称】对话框，单击该对话框的确定 ✓ 按钮，弹出【串连】对话框，以默认方式串连图素，单击【串连】对话框中确定 ✓ 按钮。

系统弹出【2D 刀路-挖槽】对话框，在该对话框中，依次选择【刀具】【切削参数】【粗加工】【进刀移动】【精加工】【连接参数】【原点/参考点】等选项，分别在各个选项卡中设置好参数，单击【2D 刀路—挖槽】对话框中确定 ✓ 按钮。生成一个挖槽加工的刀具路径，如图 4-50 所示。

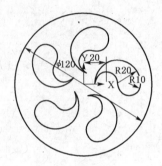

图 4-49　实例 3　　　　　　　　图 4-50　挖槽的刀具路径

刀具路径旋转

选择【刀路】/【路径转换】命令，打开【转换操作参数】对话框。在该对话框【类型及方式】选项卡中参数设置：【类型】选择旋转，【方式】选择坐标，在【原始操作】列表中选择待旋转的刀具路径，其余参数见图 4-51 所示。

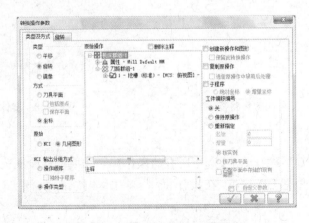

图 4-51　转换操作参数—旋转类型

单击【转换操作参数】对话框中的【旋转】选项,打开【旋转】选项卡,在该选项卡参数设置:【实例】的【♯】文本框中输入 5,选择整体扫描,旋转中心选择坐标系原点,旋转范围角度文本框中输入 0°~360°,其余参数见图 4-52 所示。最后单击【转换操作参数】对话框中确定 ✓ 按钮,生成旋转的刀具路径,如图 4-53 所示。

图 4-52　转换操作参数—旋转参数

模拟加工

在操作管理的【刀路】中,单击【选择所有操作】 ,再单击【验证选定操作】的 按钮,弹出【Mastercam 模拟器】操作框,在操作框中,单击 按钮,执行实体模拟加工,结果如图 4-54 所示。

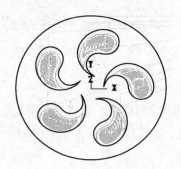

图 4-53　旋转的刀具路径

图 4-54　实体验证

实例 4　利用刀具路径的镜像功能,加工夹具体底座上的耳槽。图形如图 4-55 所示。这个零件的外形已加工成如图 4-56 所示。

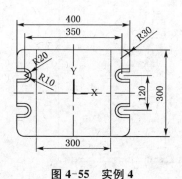

图 4-55　实例 4

图 4-56　外形已加工零件

准备工作

打开待加工夹具体底座上的耳槽文件，先加工一边的耳座，再利用刀具路径的镜像功能将刀具路径镜像到另一边。

加工左边的耳槽

加工夹具体底座上左边的耳槽，选择【刀路】/【挖槽】命令，弹出【输入新 NC 名称】对话框，单击该对话框确定 ✔ 按钮。弹出【串连】对话框，以部分串连方式串连图素后，单击【串连】对话框中确定 ✔ 按钮。

系统弹出【2D 刀路-挖槽】对话框，在该对话框中，依次选择【刀具】【切削参数】【粗加工】【进刀移动】【精加工】【连接参数】【原点/参考点】等选项，分别在各个选项卡中设置好参数，单击【2D 刀路-挖槽】对话框中确定 ✔ 按钮。生成一个加工上层大槽的刀具路径，如图 4-57 所示。

按上述方法，生成一个加工下层小槽的刀具路径，如图 4-58 所示。

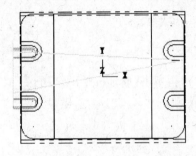

图 4-57　上层大槽的刀具路径

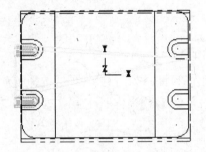

图 4-58　下层小槽的刀具路径

镜像加工

选择【刀路】/【路径转换】命令，打开【转换操作参数】对话框。在该对话框【类型及方式】选项卡中参数设置：【类型】选择镜像，【方式】选择坐标，在【原始操作】列表中选择待镜像的刀具路径，其余参数见图 4-59 所示。

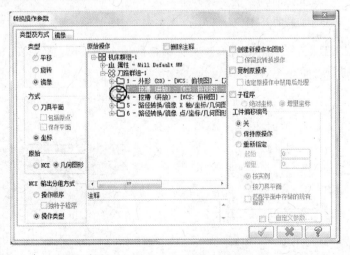

图 4-59　转换操作参数-镜像类型

单击【转换操作参数】对话框中的【镜像】选项,切换至【镜像】选项卡,该选项卡的参数设置:【方式】选中 X 轴,【镜像平面】设为俯视图,其余参数见图 4-60 所示。单击【转换操作参数】对话框中的确定 ✔ 按钮。结果如图 4-61 所示。

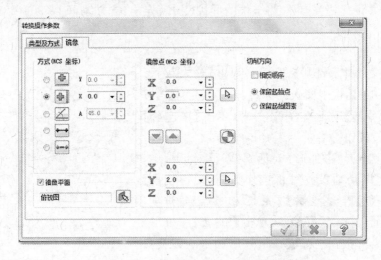

图 4-60 转换操作参数—镜像参数

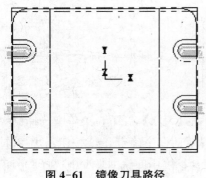

图 4-61 镜像刀具路径

图 4-62 实体验证

模拟加工

选择【操作管理】/【刀路】,单击【选择所有操作】 按钮,再单击【验证选定操作】 按钮,弹出【Mastercam 模拟器】操作框,在操作框中,单击 ▶ 按钮,执行实体模拟加工,结果如图 4-62 所示。

四、任务实施

打开文件,单击工具栏 按钮,在【打开】对话框中,按存盘路径找到文件名为"wa duo ceng cao"的文件,单击【打开】对话框中的 打开(O) 按钮打开该文件。

1. 选择加工系统

选择【机床类型】/【铣床】/【默认】菜单命令,进入铣削加工模块。

2. 设置加工工件

在操作管理的【刀路】中,选择【属性】/【毛坯设置】命令,进入【机床群组属性】选择对话框,利用边界框并设置相关参数,将工件的形状尺寸确定出:立方体 114×90×20。

3. 启动外形加工

选择【刀路】/【外形铣削】命令后,弹出【输入新 NC 名称】对话框,在对话框中输入名称后,单击确定 ✓ 按钮退出。弹出【串连】对话框,串连外形,单击【串连】对话框中确定 ✓ 按钮。

系统弹出【2D 刀路-外形】对话框,在该对话框中,依次选择【刀具】【切削参数】【深度切削】【切入/切出】【贯穿】【分层铣削】【连接参数】【原点/参考点】等选项,分别在各个选项卡中设置好参数,单击【2D 刀路-外形】对话框中确定 ✓ 按钮。生成一个外形加工的刀具路径,为便于观察,单击工具栏中的 ⊗ 按钮,如图 4-63 所示。

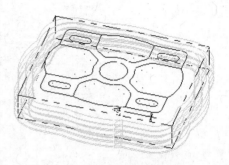

图 4-63 外形加工的刀具路径

4. 挖槽加工

(1) 构图环境

单击次菜单中的【层别】,弹出【层别管理】对话框,在对话框中,选择【编号】2、3、7 为可见,其余层别的编号均不显示(参照图 4-26)。

(2) 铣削平面

在挖槽前,将工件的上平面光一刀。点击主菜单的【刀路】,在下拉菜单中选择【挖槽】,弹出【串联】对话框,用默认方式串联外形,单击【串连】对话框中确定 ✓ 按钮退出串连。系统弹出【2D 刀路-挖槽】对话框(见图 4-28 所示),在对话框的中间铣削类型中选择【平面铣削】,再单击【刀具】选项,系统切换至【刀具】选项卡,在【2D 刀路-挖槽】对话框的【刀具】选项卡中,选取一把 φ75 的端铣刀,其余参数设置如图 4-64 所示。

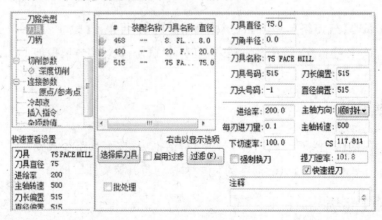

图 4-64 刀具参数

在【2D 刀路-挖槽】对话框中,单击【切削参数】选项,系统切换至【切削参数】选项卡,其参数设置:【挖槽加工方式】选择【平面铣】,其余参数设置如图 4-65 所示。

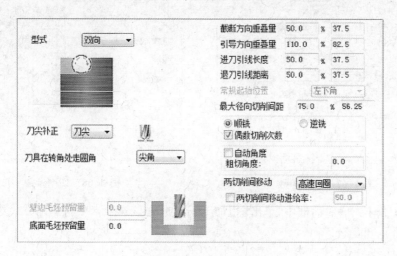

图 4-65 切削参数

在【2D 刀路-挖槽】对话框中,单击【深度切削】选项,系统切换至该选项卡,在选项卡中关闭【深度切削】选项。

在【2D 刀路-挖槽】对话框中,单击【连接参数】选项,在该选项卡中将铣削深度改为—0.5,其余参数设置同外形铣削。

最后单击【2D 刀路-挖槽】对话框中的确定 ✓ 按钮,产生如图 4-66(a)所示的刀具路径。实体验证,其结果见图 4-66(b)所示。

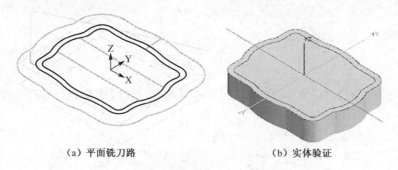

(a) 平面铣刀路   (b) 实体验证

图 4-66 外形与平面加工

(3) 挖浅槽

点击主菜单的【刀路】/【挖槽】,弹出【串联】对话框,用默认方式串联内形,单击【串连】对话框中确定 ✓ 按钮退出串连。

系统弹出【2D 刀路-挖槽】对话框(图 4-28),在该对话框中单击【刀具】选项,系统切换至【刀具】选项卡,在【2D 刀路-挖槽】对话框的【刀具】选项卡中,选取一把 φ8 的平底刀,其余参数设置如图 4-67 所示。

在【2D 刀路-挖槽】对话框中,单击【切削参数】选项,系统切换至【切削参数】选项卡,在选项卡中的参数设置,【挖槽加工方式】选择【标准】,其余见图 4-68。

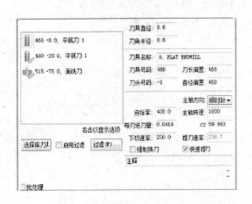

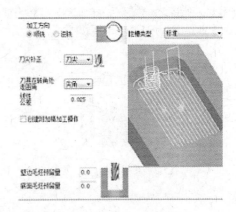

图 4-67　刀具参数　　　　　　　　　　　　　　图 4-68　切削参数

在【2D 刀路-挖槽】对话框中,单击【粗加工】选项,在该选项卡中将切削方式选为【等距环切】,参数如图 4-69。

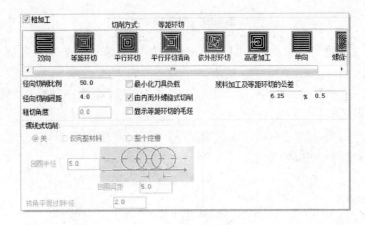

图 4-69　粗加工参数

在【2D 刀路-挖槽】对话框中,单击【进刀移动】选项,选择【螺旋】进刀方式,参数设置如图 4-70。

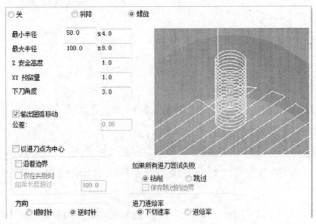

图 4-70　进刀移动

在【2D 刀路-挖槽】对话框中,单击【精加工】选项,参数设置如图 4-71。

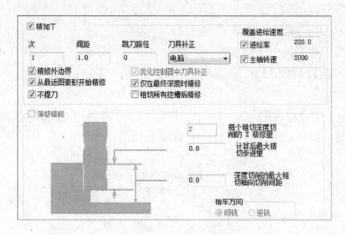

图 4-71 精加工参数

在【2D 刀路-挖槽】对话框中,单击【深度切削】选项,参数如图 4-72。

在【2D 刀路-挖槽】对话框中,单击【连接参数】选项,在该选项卡中将铣削深度改为－10,如图 4-73 所示。

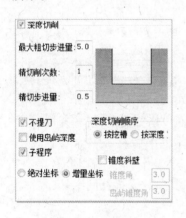

图 4-72 深度切削

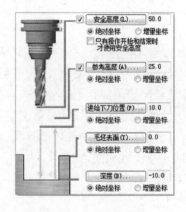

图 4-73 连接参数

最后单击【2D 刀路-挖槽】对话框中确定 ✔ 按钮退出。产生挖槽铣削加工刀具路径,结果见图 4-74。实体验证,其结果见图 4-75 所示。

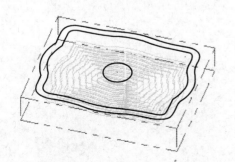

图 4-74 挖槽加工的刀具路径

图 4-75 实体验证

（4）挖四个通槽

在次菜单中,单击【层别】,在打开的【层别管理器】中,设置编号 4 为当前层,选择【编号】2、4、7 为可见,其余层别的编号均不显示(参照图 4-26)。

在操作管理的【刀路】中,选中上述挖槽刀路,单击 ≈ 按钮,关闭挖槽的刀具路径。

单击主菜单【刀路】/【挖槽】命令,弹出【串联】对话框,串联图形,如图 4-76 所示,单击确定 ✔ 按钮退出串联。

弹出【2D 刀路-挖槽】对话框,在该对话框中单击【刀具】选项,系统切换至【刀具】选项卡,在该选项卡中,选取一把 φ5 的平底刀,其余参数设置如图 4-77 所示。

图 4-76　串连图素　　　　　　　　　图 4-77　刀具参数

在【2D 刀路-挖槽】对话框中,单击【切削参数】选项,其参数参照图 4-68。

在【2D 刀路-挖槽】对话框中,单击【粗加工】选项,其参数设置:【切削方式】栏中,选择【依外形环切】,【径向切削间距】输入 2.5,其余参照图 4-69 即可。

在【2D 刀路-挖槽】对话框中,单击【进刀移动】选项,其参数设置:选择螺线下刀,在螺旋下刀的【最小半径】文本框中输入 2.5,【最大半径】文本框中输入 5;其余参数设置与(3)挖浅槽的【进刀移动】设置相同,见图 4-70。

在【2D 刀路-挖槽】对话框中,单击【精加工】选项,其参数设置:【间距】文本框输入 0.5,其余参照图 4-71。

在【2D 刀路-挖槽】对话框中,单击【深度切削】选项,其参数设置:【最大粗切步进量】文本框输入 3,其余参照图 4-72。

在【2D 刀路-挖槽】对话框中,单击【贯穿】选项,其参数设置:【贯穿量】文本框输入 1。

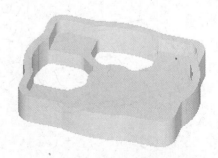

图 4-78　挖槽加工刀具路径　　　　　　　图 4-79　实体验证

在【2D 刀路-挖槽】对话框中,单击【连接参数】选项,参数在图 4-73 中只需将在【深度】文本框中改为-20 即可。

其余参数设置与上一步加工(挖浅槽)相同。

最后单击【2D 刀路-挖槽】对话框中确定 ✔ 按钮退出。产生挖槽铣削加工刀具路径,结果见图 4-78。实体验证,其结果见图 4-79 所示。

利用刀具路径的转换功能加工另外两槽选择【刀路】/【路径转换】命令,打开【转换操作参数】对话框。在该对话框的【类型及方式】选项卡中参数设置:【类型】选择旋转,【方式】选择坐标,在【原始操作】列表中选择待旋转的刀具路径,其余参数见图 4-80 所示。单击【转换操作参数】对话框中的【旋转】选项,打开【旋转】选项卡,该选项卡中的参数设置:【实例】中的【次数】文本框中输入 1,旋转中心选择坐标系原点,旋转范围角度文本框中输入 180°;选择【平面旋转】;其余参数见图 4-81 所示。最后单击【转换操作参数】对话框中确定 ✔ 按钮,生成旋转的刀具路径,如图 4-82 所示。

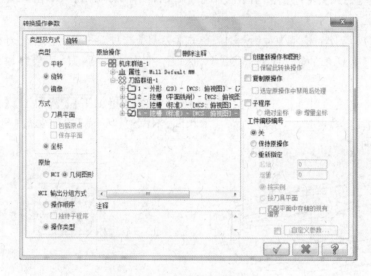

图 4-80 路径转换类型与方式

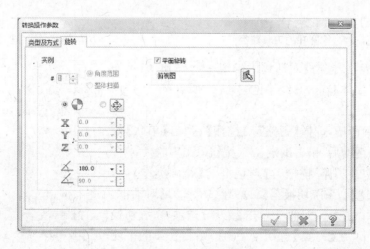

图 4-81 旋转参数设置

实体验证,其结果见图 4-83 所示。

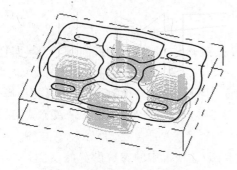

图 4-82　旋转的刀具路径

图 4-83　实体验证

(5) 挖中间的通槽

单击主菜单【刀路】/【挖槽】,弹出【串联】对话框,串联内孔后,单击确定 ✔ 按钮退出串联。

在弹出的【2D 刀路-挖槽】对话框中,单击【刀具】选项,系统切换至【刀具】选项卡,在【2D 刀路-挖槽】对话框的【刀具】选项卡中,选取一把 φ8 的平底刀,其余参数设置如图 4-67 所示。

在【2D 刀路-挖槽】对话框中,依次选取【切削参数】【粗加工】【精加工】【深度切削】【原点/参考点】选项,参数设置与(3)挖浅槽基本相同,不再叙述。而【连接参数】只在【切深】文本框中输入−20 即可。

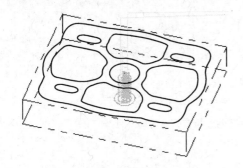

图 4-84　挖圆孔的刀具路径

图 4-85　实体验证

单击【2D 刀路-挖槽】对话框中确定 ✔ 按钮,结果如图 4-84 所示。实体验证,其结果见图 4-85 所示。

(6) 铣键槽

先加工上面两槽,选择【刀路】/【挖槽】,弹出【串联】对话框,串联两个键槽后,单击确定 ✔ 按钮退出串联。

在弹出的【2D 刀路-挖槽刀】对话框的【铣削类型】中,单击【槽铣刀】选项,系统切换至【2D 刀路-槽铣刀】对话框,如图 4-86 所示。在该对话框中单击【刀具】选项,系统切换至【刀具】选项卡,在【刀具】选项卡中,选取一把 φ4 的平底刀,其余参数见图 4-87。

刀具直径:	4.0	
刀角半径:	0.0	
刀具名称:	4. FLAT ENDMILL	
刀具号码:	464	刀长偏置: 464
刀头号码:	-1	直径偏置: 464
		主轴方向: 顺时针 ▾
进给率:	190.9	主轴转速: 1909
每刃进刀量:	0.025	CS 23.989
下切速率:	95.45	提刀速率: 95.45
□强制换刀		☑快速提刀

图 4-87　刀具参数

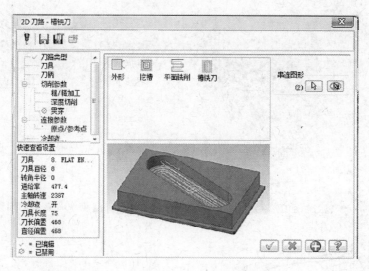

图 4-86　【2D 刀路-槽铣刀】对话框

在【2D 刀路-槽铣刀】对话框中,单击【切削参数】选项,系统切换至【切削参数】选项卡,其参数设置见图 4-88 所示。

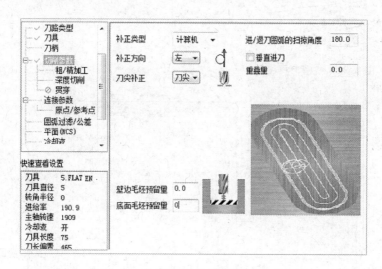

图 4-88　切削参数

在【2D 刀路-槽铣刀】对话框中,单击【粗/精加工】选项,系统切换至【粗/精加工】选项卡,其参数设置见图 4-89 所示。

在【2D 刀路-槽铣刀】对话框中,单击【深度切削】选项,系统切换至【深度切削】选项卡,其参数设置见图 4-90 所示。

其余参数设置与四通槽相同。单击【2D 刀路-槽铣刀】对话框中确定按钮,结果如图 4-91 所示的刀具路径。实体验证,其结果见图 4-92 所示。

利用路径的转换功能加工另外两槽,单击菜单【刀路】/【路径转换】,弹出【转换操作参数】对话框,在【转换操作参数】对话框的【类型】中使用【镜像】,转换方式选择【坐标】,在【原始操作】中选择之前的挖槽加工。其余见图 4-93。

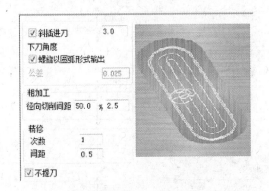

图 4-89　粗/精加工参数

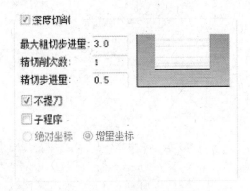

图 4-90　深度切削参数

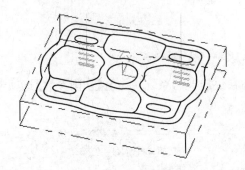

图 4-91　铣槽刀具路径

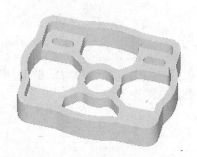

图 4-92　铣槽模拟加工

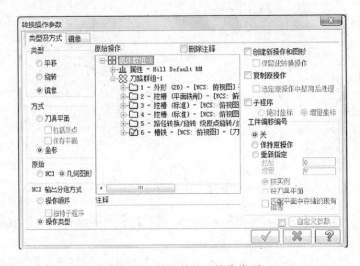

图 4-93　路径转换—镜像类型

　　在【转换操作参数】对话框中,点击【镜像】选项。弹出【镜像】对话框,参数设置如图 4-94,单击【转换操作参数】对话框中确定 ✔ 按钮,显示如图 4-95 所示的刀具路径。实体验证,其结果见图 4-96 所示。

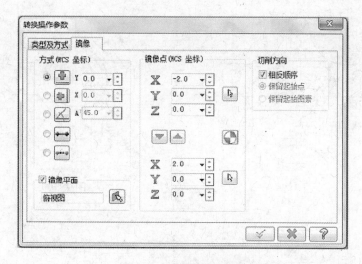

图 4-94　镜像参数设置

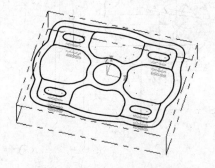

图 4-95　镜像刀具路径

图 4-96　实体验证

习　题

CAD 部分

按照图 4-97～图 4-103 所示的尺寸,绘制下列二维图形。

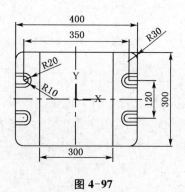

图 4-97

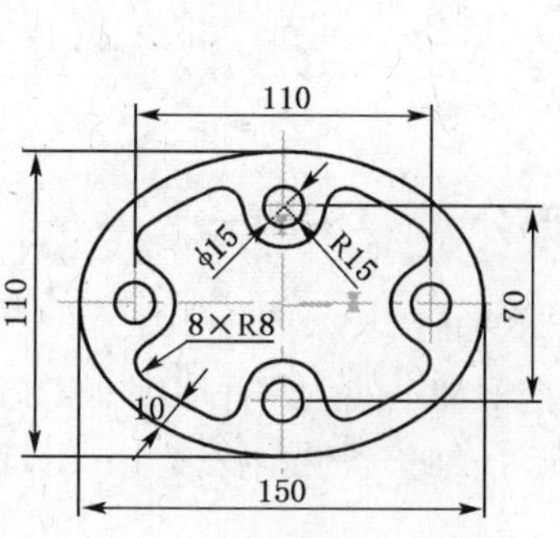

图 4-98

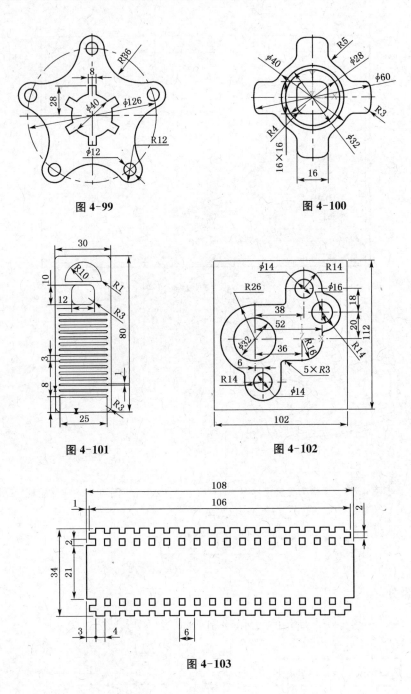

图 4-99

图 4-100

图 4-101

图 4-102

图 4-103

CAM 部分

将图 4-98、图 4-100、图 4-101、图 4-102 参照图 4-104、图 4-105、图 4-106、图 4-107 进行外形铣削与挖槽加工的 NC 程序编制,并进行实体验证。其中,图 4-101 外形与挖槽的铣削深度为 2 mm,15 条细长条铣削深度 1 mm,其余图中每一层的铣削深度均为 5 mm。

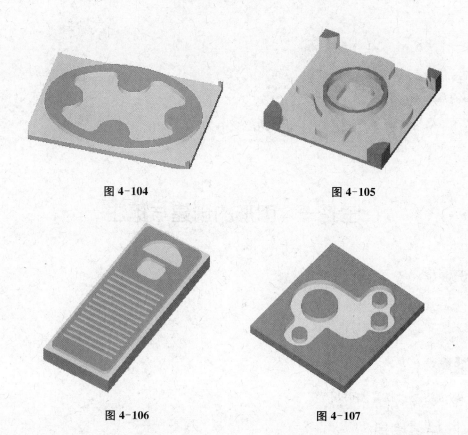

图 4-104   图 4-105

图 4-106   图 4-107

钻孔与雕刻加工

任务一　图形的创建与标注

一、任务描述

一张完整的图纸,除了表达零件的形状之外,还需要将零件形状的几何尺寸、技术要求、注释等信息表达出来,有时还要用到图案的填充来表达剖切面等结构。绘制图 5-1 所示的图形并标注尺寸。

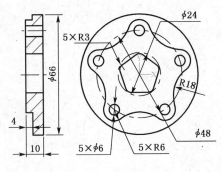

图 5-1　二维图形

二、任务分析

要完成该零件图的绘制,除了前面学习过的绘图命令外,还要用到尺寸标注、图案填充等命令。

三、知识链接

1. 标注尺寸

图形标注的主要内容有尺寸标注、引线标注、文字注解标注、标注设置和标注编辑，Mastercam X8 中【标注】的菜单（如图 5-2 所示），可以实现不同尺寸形式的标注。

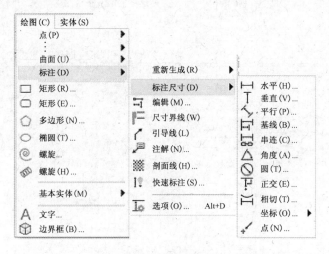

图 5-2　标注菜单

（1）尺寸标注设置

在尺寸标注之前，应根据相关标准进行设置，主要在尺寸属性、尺寸标注文字、注释文字、引导线/尺寸界线及尺寸设置五个方面。

在 Mastercam X8 初始化时，默认的标注设置就会载入当前文件。用户可根据需求对该设置进行修改。修改途径主要有两个。

选择【设置】/【配置】菜单命令，打开【系统配置】对话框，在该对话框左栏中选择【标注与注释】选项，即可对相关标注进行修改。按这种途径进行的修改，可以保存到系统配置文件，所以该设置对当前文件、新建文件和新打开的文件都有效。

选择【绘图】/【标注】/【选项】（如图 5-2）菜单命令，或单击工具栏 按钮，即可对相关标注进行修改。按这种途径进行的修改，只对当前文件的后续标注和在 Mastercam X8 重新初始化之前新打开的文件有效。

下面以【标注选项】对话框为例，对标注设置进行简介。

选择【绘图】/【标注】/【选项】菜单命令，弹出【标注选项】对话框，如图 5-3 所示，单击该对话框左边列表的某项，该项页面被打开，当其中参数被修改时，该项名称前会出现一个"√"标记，在完成各项参数的修改后，单击该对话框中的"确定" 按钮，即可完成标注设置。

①【尺寸属性】设置　一般修改【小数位数】【比例】等参数，其余参数保持默认设置。

②【尺寸标注文字】设置　根据图纸幅面设置【字体高度】【文字方向】栏，选择【对齐】单选按钮，其余保持默认设置，如图 5-4 所示。

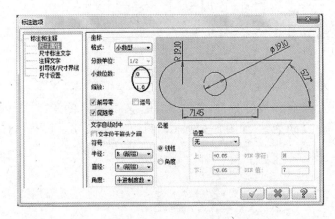

图 5-3　尺寸属性设置

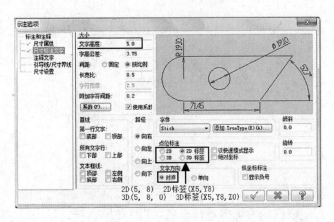

图 5-4　尺寸标注文字设置

③【注释文字】选项卡与【尺寸标注文字】选项卡类似,用于设置注释文字的属性和对齐方式,一般不用于尺寸标注。可以保持默认设置。

④【引导线/尺寸界线】选项卡用来设置尺寸线和尺寸界线。在【尺寸界线延伸】文本框输入 2.5,【尺寸界线间隙】文本框输入 1,在【箭头】栏的【型式】下拉列表中选择【三角形】,并选中【填充】复选框,其余参数保持默认设置,如图 5-5 所示。

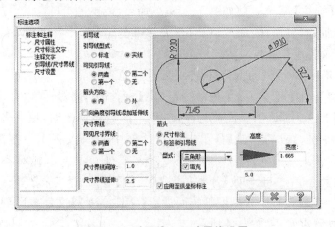

图 5-5　引导线／尺寸界线设置

⑤【尺寸设置】选项卡主要用于设置尺寸标注与被标注的几何图素之间的关联性、显示方式，以及标注和其他标注之间的增量关系，如图 5-6 所示。一般保持默认设置。

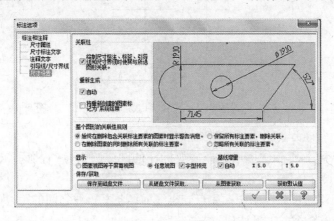

图 5-6　尺寸设置

提示：Mastercam 中的尺寸标注无法完全按照国家标准设置，以上设置是以线性尺寸为例，其他尺寸的标注用户可以根据需要作相应调整。

（2）常用尺寸标注

① 水平尺寸标注　该命令用于标注两点之间的水平距离。

选择【绘图】/【标注】/【标注尺寸】/【水平尺寸标注】菜单命令，或 単击按钮，显示如图 5-7 所示的【标注】操作栏，在用户选择一条直线或指定尺寸测量的起点和终点后，【标注】操作栏上与本标注有关的图标按钮立即被激活。这时用户可以根据需要单击所需的按钮调整标注的属性，然后拖动尺寸到合适的位置，单击鼠标左键即可固定该标注。完成一个标注后，该命令回到初始状态，准备下一个标注，或单击 按钮结束命令。结果见图 5-8 所示。

图 5-7　尺寸标注操作栏

提示：在当前被标注的尺寸定位之前，用户不但可以单击【标注】操作栏上与本标注有关的图标按钮调整本标注的有关属性，还可以单击操作栏上的 按钮，打开【标注选项】对话框，通过对该对话框的设置来调整本标注的有关属性。此外，还可单击操作栏上的 按钮，用该操作栏上对当前标注所做的标注属性修改更新全局的标注设置。

② 垂直、平行尺寸标注　其方法参照"水平标注"。如图 5-8 所示。

③ 基准、串联尺寸标注　该方法均是选择一个已有的线性尺寸为基准，连续指定第二个、第三个……需标注尺寸的测量终点即可标注出一系列与选定尺寸具有相同测量起点的线性尺寸。如图 5-9 所示。

④ 角度尺寸标注　该命令用于标注两条不平行直线的夹角、圆弧对应的圆心角、三个点（顶点、起点、终点）对应的角，如图 5-10 所示。

选择 菜单命令或工具按钮，选取两条不平行线的夹角或一条圆弧标注它们的角度；三个点对应的角度标注是：第一点为顶角，第二点为角的起点，第三点为角的终点。

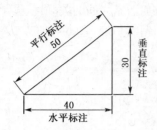

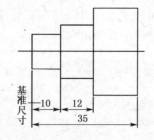

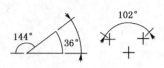

图 5-8　水平、垂直平行尺寸标注　　图 5-9　基准、串联尺寸标注　　图 5-10　角度尺寸标注

⑤ 圆尺寸标注　该命令用于标注圆或圆弧的直径或半径。

选择命令，根据系统提示选择需要标注的圆或圆弧，然后拖动鼠标使尺寸到适当位置点击左键固定尺寸位置，如图 5-11 所示。

⑥ 正交尺寸标注　该命令用于标注点到直线或两条平行线之间的距离（如图 5-12）。

选择菜单命令或工具按钮，首先选取一条直线，然后选取与其平行的另一条直线或指定的点，系统将自动测量出两条平行线或点到直线之间的距离，并标注出。

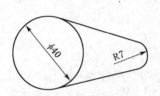

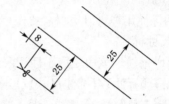

图 5-11　圆或圆弧标注　　　　　　　图 5-12　正交标注

⑦ 相切尺寸标注　该命令用于标注一个圆（圆弧）的象限点（圆的 1/4 点）与点、直线的端点或其他圆弧的象限点之间的距离，如图 5-13 所示。

选择 相切(T) 菜单命令或工具按钮，首先选取一个圆（圆弧），然后选取一个点、一条直线或另一个圆（圆弧），这时用户可以移动鼠标或利用【标注】操作栏中的（尺寸线方向设置）按钮，找出与圆（圆弧）某个角度的切线相符的标注。

⑧ 点尺寸标注

该命令用于标注指定点相对于坐标系原点的位置，并用坐标形式显示，其显示形式有四种，如图 5-4（【尺寸标注文字】设置）所示，点位标注的工具图标为 点(N)，图 5-14 是 φ60 圆四个象限点的标注。

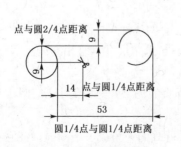

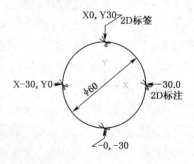

图 5-13　相切尺寸标注　　　　　　　图 5-14　点位标注

（3）其他标注

① 快速标注　快速标注是智能化标注，可以根据鼠标的单击位置自动采用合适的方式标注尺寸或编辑标注。

选择菜单【绘图】/【标注】/【快速标注】命令或单击工具栏 ⃞ 按钮，显示如图 5-7 所示的【标注】操作栏，同时图形窗口提示："绘制尺寸标注（快速）：选择线性标注的第一点；选择直线以绘制线性标注；选择圆弧以绘制圆形标注；选择要编辑（拖拽）的标注"。用户按照提示进行操作，并运用好【标注】操作栏的相关功能，就可完成尺寸标注与编辑标注的工作。

② 绘制尺寸界线　该命令用于在要绘制尺寸界线的位置处，按照垂直尺寸线的方向指定两点绘制出一条直线。

选择【绘图】/【标注】/【尺寸界线】命令，或点击工具栏 ⃞ 按钮，根据系统提示指定两个点即可。

③ 引导线　该命令用于在两个或多个指定点之间标注一条由一段或多段相连直线组成的在起始点带箭头的引线。

选择【绘图】/【标注】/【引导线】命令，或点击工具栏 ⃞ 按钮，根据系统提示指定需要标注的点，然后拖动鼠标到适当位置点击左键绘制出引导线并按【Esc】键结束。

④ 绘制剖面线　工程制图中常常利用图案填充去表示零件的剖切区域，并用不同的图案填充表示不同的零件或零件材料，Mastercam 也提供图案填充这一功能。在机械制图中主要用来绘制剖面线。

选择【绘图】/【标注】/【剖面线】命令，或点击工具栏 ⃞ 按钮，系统弹出如图 5-15 所示的【剖面线】对话框，用户选择需要的【图案】类型，设置相应的【间距】和【角度】，单击确定 ⃞ 按钮，系统接着打开【串连】对话框，图形窗口提示："交叉剖面线：选择串联 1"。用户选取一个或多个封闭的曲线连接（填充区域的边界）后，单击对话框中的 ⃞ 按钮即可完成图案填充。如图 5-16 所示。

图 5-15　【剖面线】对话框

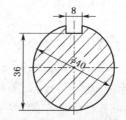

图 5-16　标注剖面线

⑤ 编辑标注　编辑除了"快速标注"命令外，还可用"编辑"命令，主要用于编辑修改已标注的尺寸。

选择【绘图】/【标注】/【编辑】命令，或点击工具栏按钮 ⃞，图形窗口提示："选择图素"用户在需要编辑的标注后,双击鼠标或按【Enter】键,打开【标注选项】中相应的选项卡(如【尺寸属性】)对话框。用户可进行有关参数的修改,修改结果只反映到被选标注中,其他标注并不受影响,而后续的标注仍然采用原有参数设置。

⑥ 注解文字   在工程图中,常常需要用文字对某些技术要求加以说明。该命令用于在两个或多个指定位置标注注解文字、标签或引导线,如图 5-17 所示。

选择【绘图】/【标注】/【注解】命令,或点击工具栏 ▣ 按钮,显示如图 5-18 所示的【注释对话】对话框。

在对话框中用户先在八个【创建】单选钮中选择自己需要创建的方式,再设置相关参数,如:文本可以直接输入文本窗口,也可单击 [└加载文件] 按钮将外部存储的文本读入文本窗口,在需要符号时,可单击 [A增加符号] 按钮将所需符号复制到文本窗口,单击 [P属性...] 按钮可打开【注释文字】设置对话框进行文本属性(如字高、字形等)设置。完成设置后,单击 ✓ 按钮关闭对话框进入图形窗口。在图形窗口指定位置后完成相应的标注。

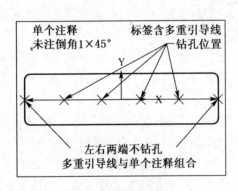

图 5-17   注解文字

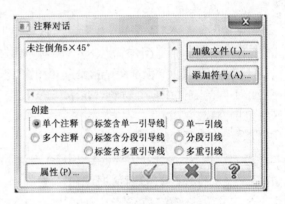

图 5-18   【注释对话】对话框

2. 绘制文字

【绘制文字】命令所绘制的文字不同于【标注】中的【注释文字】和【尺寸标注文字】,它是由直线、圆弧和样条曲线组合而成的复合图素,用户可以对每一个笔画进行独立编辑,是图样中的几何要素,可以生成刀具路径进行数控加工,如工件表面的文字雕刻等。而【标注】中的【注释文字】和【尺寸标注文字】只是用于标注和起文字说明作用的,不能用于数控加工。

选择【绘图】/【A 文字】命令,或点击工具栏的 A 按钮,弹出【绘制文本】对话框,如图 5-19 所示。在对话框的【字体】栏中,左边的下拉菜单用于选择字体,但中文字体少,更多的用户可以点击 [TrueType(R)...] (真实字形)按钮,在弹出的【字体】(如图 5-20)对话框中设置字体。字体设置好后,设定文字的对齐方式。参数:文字高度,文字圆弧排列时,选择圆弧半径(在文字对齐方式设置为"圆弧顶部"或"圆弧底部"时该对话框才有效)、字间距和文字内容,最后单击 [✓] 确定,按系统提示,指定文字起点位置即可生成文字的图形排列。

提示:若要绘制中文字,应选用真实字形中相应的中文字体。

图 5-19　【绘制文本】对话框

图 5-20　字体设置

四、任务实施

1. 设置图层

（1）新建文件并保存

单击 按钮，选择【文件】/【保存文件】命令，将文件保存为"zuan kong tu"。

（2）设置层别

单击次菜单中的【层别】按钮，弹出【层别管理】对话框，设置的层别见图 5-21 所示，并将层别编号2 设置为当前图层，单击确定 按钮完成层别设置。

2. 绘制基准线

（1）构图环境设置

在次菜单中选择：2D，屏幕视图与构图平面—俯视图，Z 为 0；线型—点画线，线宽—细，图素颜色—黑色。

图 5-21　层别设置

（2）绘制基准线

选择菜单【绘图】/【弧】/【圆心点画圆】命令，弹出【中心点画圆】操作栏，捕捉坐标原点为圆心，直径输入 48，按 Enter 键，单击 按钮，再捕捉坐标原点为圆心，直径输入 24，按 Enter 键，单击确定 按钮退出绘制圆命令。

3. 绘制零件轮廓

将当前【层别】切换为【编号】1（轮廓），单击次菜单【线型】右边的黑三角（━▼）弹出【线型】，选择实线。

选择菜单命令【绘图】/【多边形 N】,弹出【多边形】对话框,在对话框边数 ⌗ 文本框中输入 5,半径输入 12,圆角半径输入 3(⌐ 3.0),选择【转角】,基准点捕捉坐标原点,单击确定 ✅ 按钮退出绘制多边形命令,结果如图 5-22(a)所示。

选择菜单命令【绘图】/【弧】/【圆心点画圆】,弹出【中心点画圆】操作栏,捕捉坐标原点为圆心,直径输入 66 按 Enter 键,单击 ➕ 按钮,直径分别输入 6 和 12,圆心捕捉圆(φ48)的 2/4 象限点,单击确定 ✅ 按钮,绘出如图 5-22(b)所示的圆。

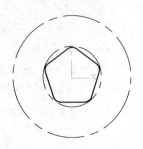

图 5-22(a)　绘制多边形

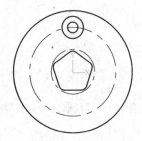

图 5-22(b)　绘制圆

将基准线所在的层别 2 关闭。单击工具栏 🔄 图标,系统提示:旋转:"选择要旋转的图素",选取 φ6 和 φ12 的两个圆,按 Enter 键,打开【旋转】对话框,参数设置:复制方式、次数 4、【单次旋转角度】、旋转角度 72°,旋转中心捕捉坐标原点,单击确定 ✅ 按钮退出命令,如图 5-22(c)所示。

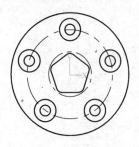

图 5-22(c)　旋转圆

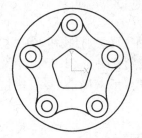

图 5-22(d)　绘制切弧

选择菜单【绘图】/【弧】/【切弧】命令,在打开的【切弧】操作栏中,选择【两物体切弧】▦ 图标。切弧半径输入 18 之后,再点击相邻的两个圆(R6),选取所需一条圆弧,同样单击相邻两圆弧合适位置,选择其中一条所需的切弧,直至绘制出所有切弧,单击操作栏中确定 ☑ 按钮。结果见图 5-22(d)。

单击工具栏 ✎ 命令,打开【修剪/延伸/打断】操作栏,在操作栏点击图标 ▦ 去分割图素,将多余的图素剪去,结果如图 5-22(e)所示。

4. 绘制主视图

将当前【层别】切换至编号 4(主视图)。单击工具栏 ⊞ 图标,在操作栏中设置:宽为 10,高为 66,单击 ⬓ 图标,在其文本框中输入(−65,−33)为基准点,单击确定 ☑ 按钮退出命令。单击主菜单【绘制】/【线】/【两点绘线】命令,绘制水平线与垂直线,如图 5-22(f)所示。

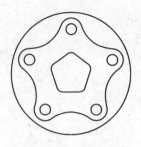

图 5-22(e) 修剪圆弧

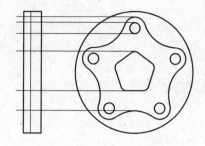

图 5-22(f) 绘制主视图

删除辅助线,然后修剪不需要的线段。单击工具栏 🔧 图标,在操作栏中,锁定 🔧 和 🗐 按钮,剪去线段不需要的部分,结果见图 5-22(g)所示。

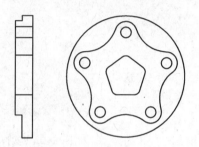

图 5-22(g) 修剪主视图

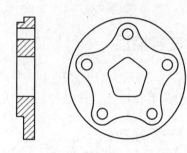

图 5-22(h) 绘制主视图剖面线

5. 绘制剖面线

选择菜单栏【绘图】/【标注】/【剖面线】命令,在弹出的对话框中设置:图样为铁,剖面线间距为 4,角度为 45°。然后单击确定 ✅ 按钮退出对话框,弹出【串联】对话框,串联封闭区域后,绘制出图 5-22(h)所示的剖面线。

6. 尺寸标注

将当前【层别】切换为编号 3,将中心线所在的层别 2 打开。

选择菜单栏【绘图】/【标注】/【快速标注】,打开【标注】操作栏,点击 φ66 圆后,操作栏中部分按钮被激活,点击其中的 🔲 按钮,打开【标注选项】对话框,将【尺寸属性】选项卡中的【小数位数】设置为 0;单击【标注选项】对话框中的【尺寸标注文字】,将【大小】中的【文字高度】设为 4,【间距】选择【按比例】,【长宽比】设为 0.67,选中【使用系数】,将【文字方向】选择【对齐】;单击【标注选项】对话框中的【引导线/尺寸界线】,在【箭头】栏中,选择【尺寸标注】,【型式】选择"三角形",并选【填充】复选框,箭头【高度】4,【宽度】1.2,其余默认,最后单击确定 ✅ 按钮退出设置,返回 φ66 圆的标注中,拖动鼠标将尺寸文字放在美观合理的位置上,单击鼠标左键,固定尺寸 φ66 的位置,依次选取相应图素或点位,标注出其他尺寸。

单击工具栏 🖊 图标,在【注释对话】对话框中的【创建】栏中选择【单个注释】,在注解内容中输入 5X,单击确定 ✅ 按钮退出对话框,在 R6、φ6 和 R18 前单击左键完成注解,见图 5-1。

任务二　钻孔加工

平面铣削；

孔的加工。

能利用 Mastercam X8 的 CAM 功能完成中等复杂零件的编程；

将生成刀具路径模拟加工后，生成 NC 程序。

一、任务描述

按照图 5-1 所示的图形和尺寸要求，利用 Mastercam X8 软件产生 NC 程序，并模拟加工成如图 5-23 所示。

图 5-23　实体加工

二、任务分析

根据零件图形的特点与尺寸要求，该零件应先进行平面铣削、外形铣削、铣中间的通槽，最后钻孔。之前，我们介绍了外形铣削与挖槽加工，而孔的加工，在零件加工中经常用到，是切削加工中必须掌握的加工方式之一，而平面的铣削也是零件加工中不可缺少的加工工序，在完成该项任务过程中，需掌握更多的数控加工工艺、加工顺序的安排、刀具的合理使用等。

三、知识链接

1. 平面铣

平面铣削主要用于对工件的坯料表面进行加工，以方便后续的切削加工。一般采用大的面铣刀进行加工，对于大工件表面加工效率特别高。

平面铣削加工参数与挖槽加工中的铣平面参数基本相同，这里将不同参数介绍如下。平面铣削参数见图 5-24 所示。

（1）【型式】　平面的加工类型有四种，如图 5-24 所示。其中三种是常用的。

① 双向：采用双向切削方式。

② 单向：采用单向切削方式。

③ 一次铣削：一刀将工件表面切削完。

④ 动态：从切削平面边缘下刀后，由外向内平面螺旋式进刀方式铣削平面。

（2）【两切削间移动】　该选项只有在平面的加工类型选择【双向】时才被激活，用来控制两切削间的位移方式，有三个选项：高速回圈、线性和快速进给，其刀具移动方式见图 5-25

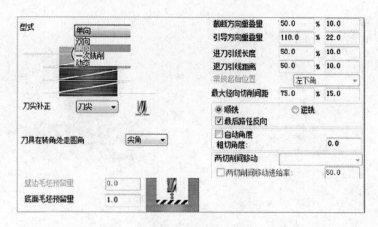

图 5-24　平面铣削参数

所示。

（3）刀具超出量

刀具超出量的控制选项包括四个方面，其参数含义如下：

图 5-25　两切削间移动方式

① 截断方向重叠量　截断（Y 轴）方向切削刀具路径超出面铣轮廓的量。

② 引导方向重叠量　引导（X 轴）方向切削刀具路径超出面铣轮廓的量。

③ 进刀引线长度　平面铣削导引入切削刀具路径超出面铣轮廓的量。

④ 退刀引线长度　平面铣削导引出切削刀具路径超出面铣轮廓的量。

以上四个参数的超出量均以刀具直径的百分比表示。

（4）自动角度/粗切角度

自动角度/粗切角度选项，可用来控制切削方向。系统默认的切削方向为 X 轴方向。选中自动角度选项，系统会让切削方向与面铣轮廓中最长的边平行。这样铣削的效果最佳，效率也高一些。如图 5-26 所示为系统默认的切削方向，如图 5-27 所示为自动计算角度后的刀具路径。

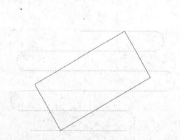

图 5-26　粗切角度的切削方向

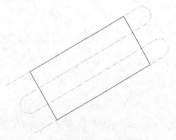

图 5-27　自动角度的切削方向

面铣加工通常采用大直径刀具即面铣刀，对工件表面材料进行快速去除，一般只切削一层，所以不采用分层加工。如图 5-28 所示为面铣刀参数。

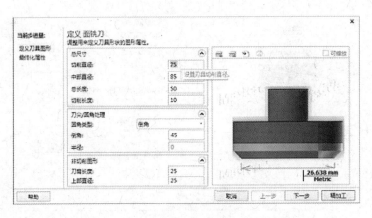

图 5-28　面铣刀参数

2. 钻孔加工

钻孔刀具路径主要用于钻孔、铰孔、镗孔和攻丝等加工的刀具路径。钻孔加工除了要设置通用参数外，还要设置专用钻孔参数。

钻孔参数包括刀具路径参数、钻孔通用参数和钻孔自定义参数。钻孔【连接参数】基本上与外形铣削相似。下面主要讲解不同之处，包括钻孔深度、钻孔类型、刀尖补偿、钻头在孔底的停留时间和深度补偿等。

选择【刀路】/【钻孔】命令，可以打开【钻孔点选择】对话框，如图 5-29 所示。

（1）钻孔点的选择

① 手动方式　是系统默认的选取方式。用户采用手动方式可以选择存在点、输入的坐标点、捕捉图素的端点、中点、交点、中心点或圆的圆心点、象限点等产生钻孔点。

② 自动选取　在单击【自动】选取按钮后，系统提示："选择第一点"，在用户选择完成后，接着提示："选择第二点"和"选择最后一点"，通过三点定义自动选取的范围。

③ 图素　根据用户选择的图素，系统捕捉图素端点作为钻孔点的中心位置。

④ 窗选　用两对角点形成的矩形框内的点作为钻孔中心点。

⑤ 限定圆弧　单击该按钮后，系统提示选取基准圆弧，在图形窗口任意选择一个圆弧，作为基准，后续选取的圆弧，只要与此圆弧一样即可被选中，不一样则被排除。

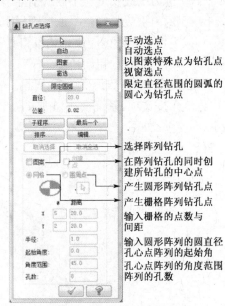

图 5-29　【钻孔点选择】对话框

⑥ 网格点　在【钻孔点选择】对话框中选择【图素】复选框和【网格点】单选按钮，在"X"文本框输入钻孔点之间的间距值，在"Y"文本框输入钻孔点之间的间距值，即可产生栅格阵列钻

孔点及阵列点的钻孔刀具路径。

⑦ 圆周点　在【钻孔点选择】对话框中选中【图素】复选框和【圆周点】单选按钮,在【半径】文本框输入阵列圆周的半径,在【起始角度】文本框输入阵列圆周的起始角度,在【角度范围】文本框输入阵列圆周的角度增量,在【孔数】文本框输入圆周阵列的个数,即可产生圆周阵列钻孔点及阵列点的钻孔刀具路径。

（2）循环钻孔方式

选择点后,弹出如图 5-30 所示的【2D 刀路-钻孔/全圆铣削　深孔钻-无啄钻】对话框,单击该对话框中的【切削参数】选项,系统切换至【切削参数】选项卡,如图 5-31 所示。该选项卡的【循环】中提供了八种钻孔循环方式和自设循环类型,如图 5-32。

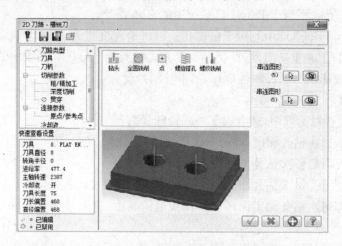

图 5-30　2D 刀路-钻孔/全圆铣削　深孔钻-无啄钻

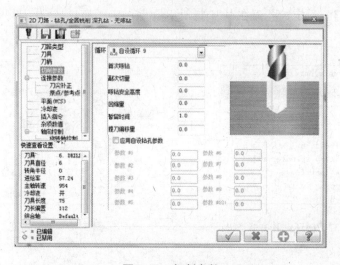

图 5-31　切削参数

① Drill/Counterbore　标准钻孔方式,用于钻孔或镗盲孔,其孔的深度一般小于刀具直径的三倍,采用直钻方式。此功能加工方式相当于 FANUC 系统中的 G81/82 指令。

② 深孔啄钻　用于钻孔深度大于三倍刀具直径的深孔,此循环中有快速退刀动作,每钻

一层均退回至参考高度(以便强行排除铁屑、冷却),然后再进行下一层的钻削。此功能加工方式相当于 FANUC 系统中的 G83 指令。

③ 断屑钻 用于钻孔深度大于三倍刀具直径的深孔,此循环中有快速退刀动作,每钻一层退回设定高度(一般不退出工件,利用钻头打断铁屑),然后再进行下一层的钻削。此功能加工方式相当于 FANUC 系统中的 G73 指令。

④ 牙刀 用于攻左、右旋内螺纹。此功能加工方式相当于 FANUC 系统中的 G74/84 指令。

⑤ 镗孔(Bore)♯1 采用该方式镗孔时,系统以进给速度进刀和退刀,该方法常用于镗盲孔。此功能加工方式相当于 FANUC 系统中的 G85 指令。

⑥ 镗孔(Bore)♯2 以进给速度进刀镗孔,至孔底时主轴暂停,刀具快速退出,主轴重新启动。此功能加工方式相当于 FANUC 系统中的 G86 指令。

⑦ 精镗 [Fine Bore(shift)]用于精镗孔。以进给速度进刀镗孔,至孔底时主轴暂停,刀具让刀后快速退出,主轴重新启动,此功能加工方式相当于 FANUC 系统中的 G76 指令。

⑧ 循环刚性攻螺纹 循环刚性攻丝,不带补偿衬套。

(3) 其他参数

在钻孔参数设置对话框中,还有以下一些特殊参数:

【首次啄钻】 首次钻孔深度,即第一次步进钻孔深度。

【副次切量】 以后各次钻孔步进增量。

【啄钻安全高度】 每次钻孔加工循环中刀具快进的增量。

【回缩量】 即每次钻孔加工循环中刀具快退的高度,退刀量通常是一个负值,不是一个绝对高度 z 的值。

【暂留时间】 刀具暂时停留在孔底部的时间(单位为秒),这样可以提高孔的精度和减少表面粗糙度值。

【提刀偏移量】 设定镗孔刀在退刀前,让开孔壁一定距离,以防止刀具划伤孔壁,该选项仅用于镗孔循环。

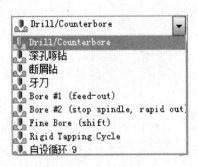

图 5-32 循环钻孔方式

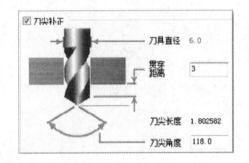

图 5-33 刀尖补正

(4) 刀尖补正

钻头与平铣刀不同,有个顶角,这部分的长度是不能作为有效钻孔深度的,因此一般钻孔深度是有效钻孔深度再加上钻尖长度。在【2D 刀路-钻孔/全圆铣削 深孔钻-无啄钻】对话框中,单击【刀尖补正】选项,系统切换至【刀尖补正】选项卡,如图 5-33 所示。在该对话框中,可设置补偿深度。该对话框主要设置下面两个参数:

【贯穿距离】 刀具贯穿工件的距离。

【刀尖角度】 标准麻花钻顶角为118°,此角度设定后,系统自动计算出刀尖长度的值。

四、任务实施

1. 加工前的准备工作

选择【文件】/【打开】命令,在【打开】对话框中,按存盘路径选择文件名为"zuan kong tu"文件后,单击 打开(O) 按钮打开该文件。

将当前层设置为1,关闭辅助线、尺寸、主视图所在的层别编号(2、3、4)。

2. 选择机床类型

单击菜单栏【机床类型】/【铣床】/【默认】命令,进入铣削加工模块。

3. 设置加工毛坯

在操作管理的【刀路】中,选择【属性】/【毛坯设置】命令,进入【机床群组属性】对话框,其设置:【形状】选择圆柱体,圆柱轴线选择Z,直径输入66,高输入11,其余参数见图5-34所示。

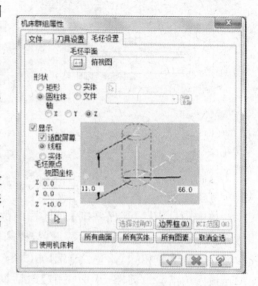

图5-34 毛坯设置

4. 平面加工

(1) 选择刀具

选择【刀路】/【铣平面】命令后,弹出【输入新NC名称】对话框,单击确定 ✓ 按钮,弹出【串连】对话框,串连外圆后,单击【串连】对话框中的确定 ✓ 按钮退出串连,打开【2D刀路-平面铣削】对话框,单击该对话框中的【刀具】选项,在打开的【刀具管理器】中,选择一把φ50的面铣刀,参数设置见图5-35示。

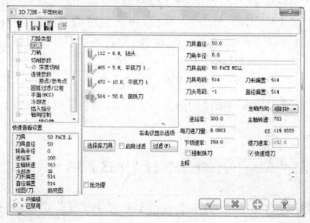

图5-35 刀具参数

（2）切削参数

单击【2D 刀路-平面铣削】对话框中的【切削参数】选项，打开【切削参数】选项卡，参数设置如图 5-36 所示。

单击【2D 刀路-平面铣削】对话框中的【连接参数】选项，打开该选项卡，参数设置：安全高度 100，参考高度 50，下刀位置 5，工件表面 1，切削深度 0（均选择绝对坐标）。

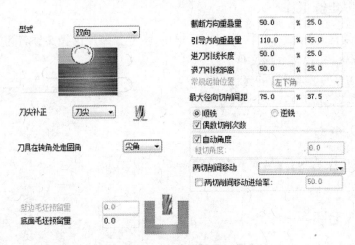

图 5-36　切削参数

单击【2D 刀路-平面铣削】对话框中的【原点/参考点】选项，打开该选项卡，参数设置：机床原点默认，参考点：进/退点相同 X200、Y0、Z100（均绝对坐标）。

最后单击【2D 刀路-平面铣削】对话框中的确定按钮，生成一个平面加工的刀具路径。为便于观察，单击工具栏中的 按钮，如图 5-37 所示。

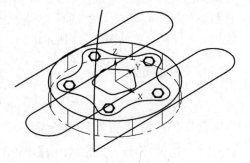

图 5-37　平面加工的刀具路径

5. 外形加工

（1）选择刀具

选择【刀路】/【外形铣削】命令，弹出【串连】对话框，串连外形后，单击该对话框中的确定按钮退出串连，打开【2D 刀路-外形】对话框，单击该对话框中的【刀具】选项，切换至【刀具】参数选项卡，单击该选项卡中的 选择库刀具 按钮，在打开的【刀具选择】对话框中，选择一把 φ10 的平底刀，参数设置见图 5-38 所示。

（2）切削参数

单击【2D 刀路-外形】对话框中的【切削参数】选项，打开【切削参数】选项卡，参数设置如图 5-39 所示。

（3）其余参数

在【2D 刀路-外形】对话框中的【深度铣削】【贯穿】【毛头】均关闭，打开【切入/切出参数】选项卡，参数默认。

单击【2D 刀路-外形】对话框中的【分层铣削】选项，打开【分层铣削】选项卡，参数设置如图 5-40 所示。

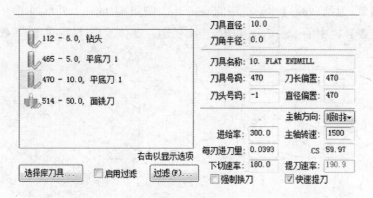

图 5-38　刀具参数

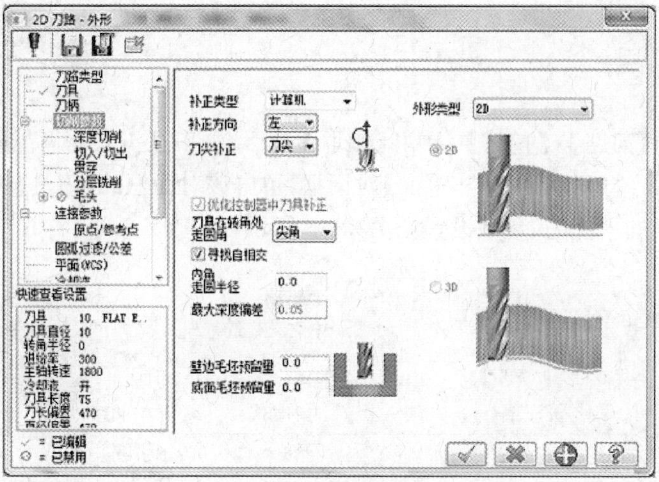

图 5-39　切削参数

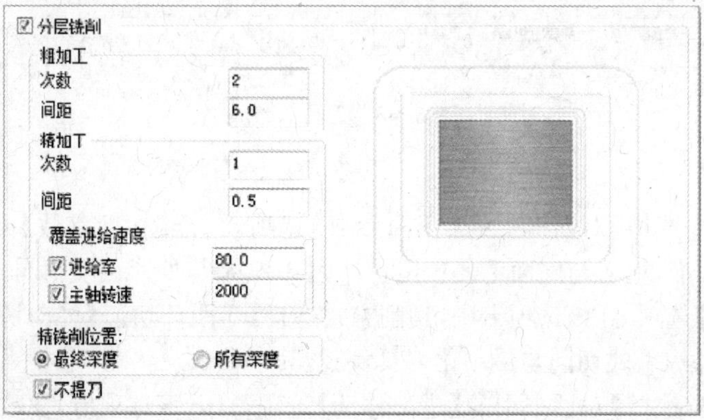

图 5-40　分层铣削参数

　　【连接参数】【原点/参考点】参数的设置基本与平面铣削一致,只是在【连接参数】中的切削深度为-5(绝对坐标值)。

最后单击【2D 刀路-外形】对话框中的确定 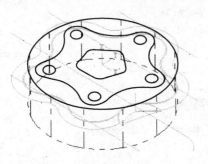 按钮,生成一个外形加工的刀具路径。为便于观察,单击工具栏中的 按钮,如图 5-41 所示。实体验证,结果见图 5-42。

图 5-41　外形加工的刀具路径　　　　　　　图 5-42　实体验证

6. 挖槽加工

(1) 选择刀具

点击主菜单的【刀路】/【挖槽】,弹出【串联】对话框,串联五边形,单击对话框中的确定 按钮退出串联。打开【2D 刀路-挖槽】对话框,单击该对话框的【刀具】选项,利用【刀具管理器】选择一把 φ5 的平底刀,参数设置见图 5-43 所示。

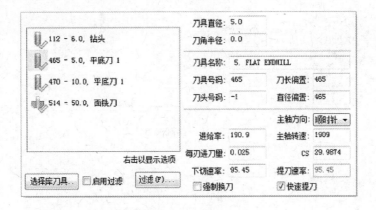

图 5-43　刀具参数

(2) 参数设置

单击【2D 刀路-挖槽】对话框中的【切削参数】选项,打开【切削参数】选项卡,参数设置:【挖槽类型】选择标准,壁边与底面毛坯预留量均为 0,其余与外形铣削相同。

单击【粗加工】选项,在该选项卡中,切削方式选择【等距环切】;【径向切削间距】文本框输入 3;选择由内而外螺旋式切削与最小化刀具负载,其余默认。

单击【2D 刀路-挖槽】对话框中的【进刀移动】选项,打开该选项卡,参数设置:选择螺旋式下刀,最小、最大螺旋半径为 2.5 和 5,下刀角度为 3,其余参数默认。

单击【2D 刀路-挖槽】对话框中的【精加工】选项,打开该选项卡,参数设置见图 5-44 所示。

在【2D 刀路-挖槽】对话框中,单击【分层铣削】选项,参数如图 5-45。

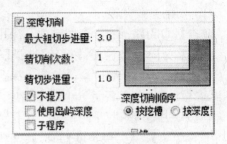

图 5-44 精加工   图 5-45 分层铣削参数

在【2D 刀路-挖槽】对话框中,单击【贯穿】选项,参数设置:贯穿距离为 1。

【切入/切出】关闭,【连接参数】【原点/参考点】参数的设置基本与外形铣削一致,只是在【连接参数】中的切削深度为-10(绝对坐标值)。

最后单击【2D 刀路-挖槽】对话框中的确定 ✔ 按钮,生成一个挖槽加工的刀具路径。为便于观察,单击工具栏中的 ⊚ 按钮,如图 5-46 所示。实体验证,结果见图 5-47。

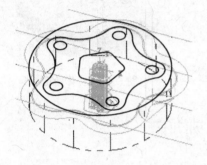

图 5-46 挖槽加工的刀具路径   图 5-47 实体验证

7. 钻孔加工

(1) 选择刀具

点击主菜单的【刀路】/【钻孔】命令,打开【钻孔点选择】对话框,单击 按钮,在图形窗口光标捕捉五个圆心点,单击确定 ✔ 按钮结束点的选取,弹出【2D 刀路-钻孔/全圆铣削 深孔钻-无啄钻】对话框,单击该对话框中的【刀具】选项,利用该对话框中的【刀具管理器】,选择一把 φ6 的钻头,参数设置见图 5-48 所示。

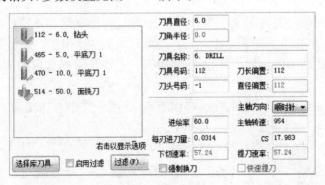

图 5-48 刀具参数

（2）切削参数设置

单击【2D 刀路-钻孔/全圆铣削　深孔钻-无啄钻】对话框中的【切削参数】选项，打开【切削参数】选项卡，参数设置：【循环】选择【Drill/counterbore】，其余参数默认。

单击【2D 刀路-钻孔/全圆铣削　深孔钻-无啄钻】对话框中的【连接参数】选项，打开该选项卡，参数设置：安全高度 100，参考高度 50，工件表面 1，切削深度－10。

在【2D 刀路-钻孔/全圆铣削　深孔钻-无啄钻】对话框中，单击【刀尖补正】选项，参数设置：【贯穿距离】3，【刀尖角度】118，其余默认。

单击【2D 刀路-钻孔/全圆铣削　深孔钻-无啄钻】对话框中的确定 ✅ 按钮，生成钻孔的刀具路径。单击工具栏中的 ▣ 按钮，如图 5-49 所示。实体验证，其结果如图 5-50 所示。

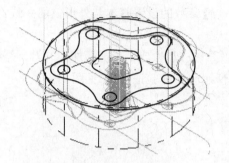
图 5-49　钻孔的刀具路径

图 5-50　实体验证

任务三　雕刻加工

知识要求

不同类型的雕刻方法。

技能要求

能完成简单图案与文字的雕刻加工。

一、任务描述

雕刻加工主要用雕刻刀具对文字及产品装饰图案进行雕刻加工，以提高产品的美观性。一般加工深度不大，但加工主轴转速比较高。此雕刻加工主要用于二维加工，加工的类型有多种，如线条雕刻加工、凸形雕刻加工、凹形雕刻加工。主要是根据选取的加工对象的不同而产生差别。

在数控铣床上采用雕刻加工的方法，将如图 5-51 所示文字与图案加工成如图 5-52 所示的式样。

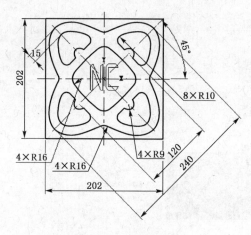

图 5-51 雕刻加工图

图 5-52 雕刻加工

二、任务分析

该零件的加工,可以在数控铣床上,利用挖槽加工的方法加工出来,但在雕刻机床上,用雕刻加工的方式更简单而快捷。

三、知识链接

1. 线条雕刻加工

线条雕刻加工即外形雕刻加工,是指加工时刀具沿图形轮廓线的中心线雕刻,一般使用外形铣削加工来实现。加工方法和参数设置与外形铣削大致相同。主要注意以下几点:

(1) 刀具的选择 一般采用雕刻刀或倒角刀,但雕刻处的刀具直径要小。
(2) 主轴的转速 一般取转速为 2 000~10 000 r/min,可选大些。
(3) 切削深度 一般雕刻深度较浅,但深度≥刀具直径时,应分层铣削加工。
(4) 取消刀具补偿 因刀具中心沿图形轮廓线的中心线走刀。

2. 挖槽雕刻加工

挖槽雕刻加工是将封闭图形的内部或外部挖去,以形成凸形雕刻加工或凹形雕刻加工,既可以用挖槽的加工方式,也可以用 Mastercam 的雕刻模块来加工。

选择【刀路】/【雕刻】命令,系统弹出【串联】对话框,在选择需雕刻的图形或文字后,系统弹出【雕刻】加工对话框,在对话框中有三页需要进行设置参数的选项卡,除了【刀路参数】外,还有【雕刻参数】和【粗切/精修参数】(如图 5-53),这些参数的设置与挖槽加工类似,这里主要介绍【粗切/精修参数】选项卡中的一些参数。

雕刻加工中的粗加工与挖槽类似,主要用来设置粗加工的走刀方式。其方式共有四种,前两种是线性刀路,后两种是环切刀路。其参数含义如下:

【双向】 刀具切削采用来回走刀的方式,中间不做提刀动作。
【单向】 刀具只按某一方向切削到终点后抬刀返回起点,以此方式进行循环加工。

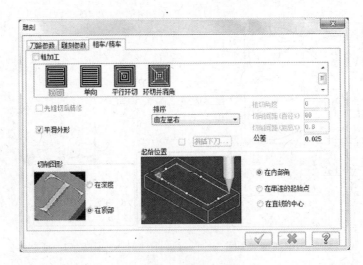

图 5-53 【雕刻】对话框

【平行环切】 刀具采用环绕的方式进行切削。

【环切并清角】 刀具采用环绕并清角的方式进行切削。

【先粗切后精修】 粗切之后加上精修加工。

在【粗车/精车】对话框中,单击【排序】右边的下三角按钮,弹出加工顺序的下拉菜单,其中有"选取顺序""由上而下"和"由左至右"三种。其参数含义如下:

选取顺序:按用户选取串联的顺序进行加工。

由上而下:按从上往下的顺序进行加工。

由左至右:按从左往右的顺序进行加工。

具体选择哪种方式还要视选取的图形而定。

下面通过实例说明雕刻加工的各种类型加工的方法。

实例 1 线条雕刻加工即外形雕刻加工,勾勒出"数控"二字的线条如图 5-54。

(1) 构图环境与属性设置

2D、屏幕视角与构图平面—俯视图,Z 为 0;线型—实线,线宽—细,图素颜色—黑色。

(2) 创建文字

① 单击主菜单【绘图】/【A 文字】命令,弹出【绘制文字】对话框。

图 5-54 线条雕刻加工

② 在【绘制文字】对话框中单击 TrueType(B) 按钮,弹出【字体】对话框。选择【字体】为隶书,【字形】为常规,单击【确定】按钮,完成设置。

③ 在【绘制文字】对话框的【文字】文本中输入"数控",设置【对齐】为水平,高度为 100,间距为 10。单击确定 ✓ 按钮,完成文字的绘制。

④ 单击主菜单【绘图】/【边界框】命令,在【边界框】对话框中设置参数。单击确定 ✓ 按钮。效果如图 5-55 所示。

(3) 雕刻加工

① 选择设备 选择【机床类型】/【铣床】/【默认】命令,进入铣削加工模块。

②设置毛坯　在操作管理器的【刀路】中,选择【属性】/【毛坯设置】命令,进入【机床群组属性】对话框,利用【边界框】设置好工件毛坯(图5-55中双点划线)。

③外形加工　选择【刀路】/【外形铣削】命令后,弹出【输入新NC名称】对话框,在对话框中输入名称后,单击确定 ✔ 按钮退出。弹出【串连】对话框,用串连矩形窗框选数控及矩形,单击【串连】对话框中确定 ✔ 按钮退出串联。

图5-55　绘制文字

系统弹出【2D刀路-外形】对话框,在该对话框中,单击【刀具】选项卡,在【刀具管理器】中选一把刀具直径 φ20 的倒角刀,其余参数按线条雕刻加工时的注意事项设置;单击【2D刀路-外形】对话框中【切削参数】选项卡,在选项卡中将【补正类型】设为关,【外形类型】设为2D,其余默认;将【深度切削】【切入/切出】【贯穿】【分层切削】及【毛头】均关闭,在【连接参数】选项卡中,参数设置:安全高度100,参考高度50,工件表面0,切削深度－1.5。在【原点/参考点】选项中,参数设置:机床原点默认,参考点:进/退点相同X200、Y0、Z100。单击【2D刀路-外形】对话框中确定 ✔ 按钮。生成一个外形加工的刀具路径,如图5-55。

(4)模拟加工

选择【操作管理】/【刀路】,单击【选择所有的操作】 ✔,再单击【验证已选择的操作】中的 按钮,弹出【Mastercam模拟器】对话框,在对话框中,单击 ▶ 按钮,执行实体模拟加工,结果如图5-54所示。

实例2　用挖槽雕刻加工进行雕刻数控二字,效果为凸字,如图5-56。

(1)、(2)步骤同实例1。

(3)挖槽雕刻加工

①选择加工系统　选择【机床类型】/【雕刻】/【默认】命令,进入雕刻加工模块。

图5-56　挖槽雕刻加工

②设置加工工件　在操作管理器的【刀路】中,选择【属性】/【毛坯设置】命令,进入【机床群组属性】对话框,利用"边界盒"设置好工件。

③雕刻加工　选择【刀路】/【雕刻】命令后,弹出【输入新NC名称】对话框,单击确定 ✔ 按钮退出。弹出【串连】对话框,利用矩形窗框住数控及矩形,系统提示:"草绘接近起始点",光标捕捉矩形框左下角,单击确定 ✔ 按钮退出串联。系统弹出【雕刻】对话框,单击该对话框的【刀路参数】选项卡,利用【刀具管理器】选一把刀具直径为 φ25 的雕刻刀,刀具的各项参数如图5-57所示,选择【刀具显示】,显示方式默认,选择【参考点】,单击 参考点 按钮,进刀/提刀点的坐标设置X200,Y0,Z100(绝对坐标)。

单击【雕刻】对话框的【雕刻参数】选项卡,在弹出的选项卡中,选择【分层铣深】并单击该按钮,打开【深度切削】对话框,在对话框中的【切口数】文本框中输入1,选择【相等的切削深度】选项,单击确定 ✔ 按钮退出【深度切削】对话框。其余参数设置如图5-58所示。

单击【雕刻】对话框的【粗车/精车】选项,在打开的【粗车/精车】选项卡中,选择【粗加工】选项,加工方式选择【环切并清角】,选择【先粗切后精修】,其余参数设置如图5-59所示。

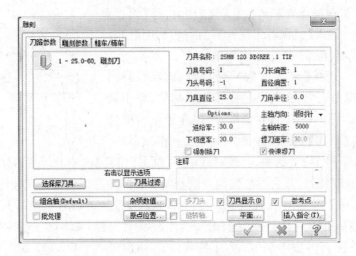

图 5-57　刀路参数

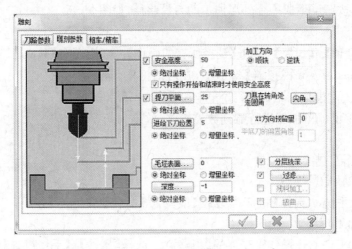

图 5-58　雕刻参数

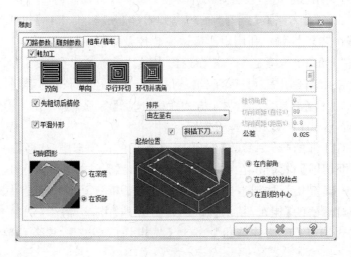

图 5-59　粗车/精车参数

完成参数设置,单击【雕刻】对话框中确定 ✔ 按钮,生成一个雕刻加工的刀具路径,如图 5-60 所示。

（4）模拟加工

选择【操作管理】/【刀路】,单击【选择所有的操作】✔,再单击【验证已选择的操作】中的 🔲 按钮,弹出【Mastercam 模拟器】对话框,在对话框中,单击 ▶ 按钮,执行实体模拟加工,结果如图 5-56 所示。

图 5-60　雕刻加工的刀具路径

实例 3　用挖槽雕刻加工进行雕刻加工凹字效果。如图 5-61 所示。

该实例的雕刻加工过程与实例 2 完全相同,其差别就是在利用【串连】对话框,串连图形时选择窗选,框住图素时(不包括矩形框),让字本身成为加工的对象即可。在完成参数设置,单击【雕刻】对话框中的确定 ✔ 按钮。所生成的刀具路径,见图 5-62 所示。

图 5-61　雕刻凹字的实体

图 5-62　雕刻凹字的刀具路径

四、任务实施

1. 准备工作

打开待雕刻图案所在的文件,待雕刻图案如图 5-51 所示。

将当前图层设为编号 2(图案),将中心线所在的层别编号 1 与尺寸所在的层别编号 3 关闭,结果如图 5-63。

图 5-63　雕刻图案

图 5-64　雕刻凹形图案

2. 选择加工系统

选择【机床类型】/【雕刻】/【默认】命令,进入雕刻加工模块。

3. 设置加工毛坯

选择【操作管理】/【刀路】/【属性】/【毛坯设置】命令,进入【机床群组属性】对话框,利用"边界盒"设置好工件。

4. 启动雕刻加工

选择【刀路】/【雕刻】命令,弹出【输入新 NC 名称】对话框,单击确定 ✓ 按钮。弹出【串连】对话框,利用窗口选择,矩形框住所有图素(包括矩形框),单击确定 ✓ 按钮退出串联。系统弹出【雕刻】对话框,单击该对话框的【刀路参数】选项卡,参数设置如图 5-57 所示。

单击【雕刻】对话框的【雕刻参数】选项,弹出【雕刻参数】选项卡,参数设置如图 5-58 所示。

单击【雕刻】对话框的【粗车/精车】选项,弹出【粗车/精车】选项卡,参数设置如图 5-59 所示。

设置好参数,单击【雕刻】对话框中确定 ✓ 按钮。生成一个雕刻加工的刀具路径。

5. 模拟加工

在操作管理的【刀路】中,单击【选择所有操作】 ✓,再单击【验证选定操作】 按钮,弹出【Mastercam 模拟器】对话框,在对话框中,单击【视图】选项卡,单击【等视图】【适合】和【执行】 ▶ 按钮,执行实体模拟加工,结果如图 5-52 所示。若在串联图案时,利用窗口框住的图素不包括矩形框,则模拟加工结果就如图 5-64 所示。

习 题

CAD 部分

按照图 5-65、图 5-66 中给出的尺寸,绘制二维图形,并标注尺寸。

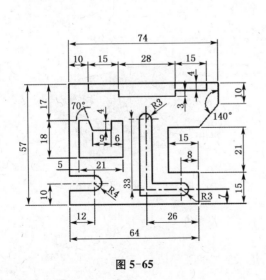

图 5-65

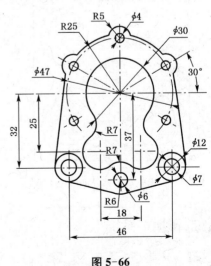

图 5-66

CAM 部分

1. 按照图 5-67、图 5-68 的尺寸创建二维图形,并编制零件加工的刀具路径,再进行实体验证。零件总高 10 mm,挖槽深度 5 mm,钻通孔。实体验证参见图 5-69、图 5-70。

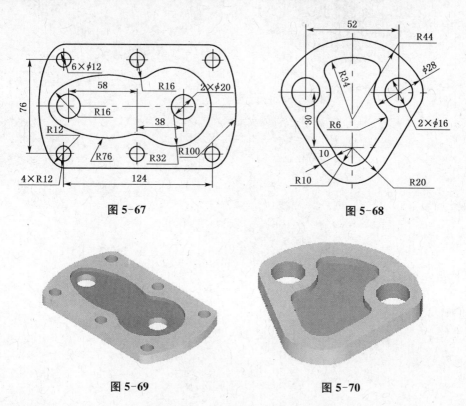

图 5-67　　　　　　　　　　　　　　　图 5-68

图 5-69　　　　　　　　　　　　　　　图 5-70

2. 按照图 5-71、图 5-72 的尺寸创建二维图形,并编制零件加工的刀具路径,再进行实体验证。零件总高 20 mm,挖槽每层深度增加 5 mm。图 5-70 外形深度 15 mm,钻通孔。实体验证参见图 5-73、图 5-74。

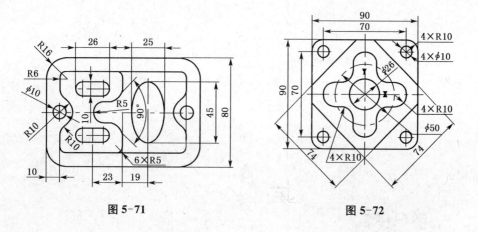

图 5-71　　　　　　　　　　　　　　　图 5-72

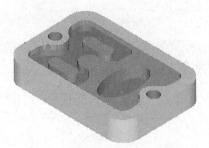

图 5-73

图 5-74

平行铣削加工

任务一　创建曲面

曲面造型环境设置；

直纹/举升、旋转和扫描曲面的创建；

曲面修剪。

熟练构建线架模型；

快速判断出能用举升与直纹旋转和扫描造型的曲面；

能熟练地用直纹/举升、旋转和扫描的方式创建曲面。

一、任务描述

用线架模型的方式创建如图 6-1 所示的曲面。

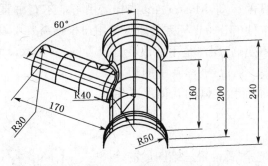

图 6-1　曲面造型

二、任务分析

要创建曲面，首先要掌握曲面的一些基本概念，曲面的种类，然后针对不同类型的曲面运用相应的方法去创建曲面。该曲面明确要求用线架模型的方式去创建，线架模型生成曲面的方法较多,而该造型的主管可以用直纹、旋转等方式,支管可用直纹和扫描方式,最后用曲面的编辑命令如曲面的修剪与曲面的倒角等完成造型。

三、知识链接

1. 曲面的构图环境

(1) 曲面的基本概念

曲面是指没有质量、厚度和体积等物理属性的几何表面,与实体相对应,后者则具有质量、厚度和体积等属性,更加接近真实物体。

Mastercam 按系统采用计算和存储曲面数据的方式将曲面类型分为参数式曲面、NURBS 曲面和曲线成形曲面三种。所以创建曲面的方法有以下三种:

① 利用规则的几何形体(圆柱、圆锥、立方、球和圆环)来创建基本曲面。

② 利用线架模型来生成直纹曲面、举升曲面、旋转曲面、牵引曲面、扫描曲面、昆氏曲面等。

③ 由实体抽取曲面。

其中参数式曲面和 NURBS 曲面要用昆氏、扫描和熔接的方法生成曲面,默认情况下,系统采用 NURBS 曲面类型。

根据任务要求,这里先介绍利用线架模型来生成直纹曲面的方法。曲面是三维造型,所以组成线架模型的线段(曲线、圆或圆弧等)也就在不同的平面,而且同一方向上的平面,也有上下、前后、左右之分,那么在绘制线架模型时,就必须清楚要绘制线段(曲线、圆或圆弧等)所在的平面即构图平面的概念,以及同一方向上平面的上下、前后、左右之分,即工作深度的概念。

任何图形、曲面和实体从空间不同的角度去观察,其效果是不同的,为了便于构图或造型,在构图过程中常常要调整观察角度即屏幕视图。

为了便于在不同平面上构图或造型,Mastercam 运用笛卡尔右手直角坐标系作为工件(工作)坐标系,Mastercam 最终是将创建的图形、曲面和实体等生成数控机床上所需的 NC 程序。为了描述数控机床上刀具的运动,Mastercam 同样运用笛卡尔右手直角坐标系作为机床(原始)坐标系。不同的是,工件(工作)坐标系的原点是用户根据需要可设定在不同的位置,而机床(原始)坐标系是固定不变的,用户是不能改变其位置的。Mastercam(数控机床)在设定好工件(工作)坐标系在机床(原始)坐标系中的相对位置时,就可按创建图形、曲面和实体的几何尺寸生成正确的刀具路径。

(2) 构图环境设置

绘制三维图形时,首先需要设置三维图形的绘图环境,即设置图形视角(屏幕视图)、构图平面及工作深度(Z)。这些概念在项目一中就已经介绍,这里不再叙述,只用一个实例来巩固这些知识。

实例 1 按照图 6-2 所示的尺寸要求,构建三维线架模型。

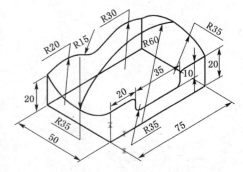

图 6-2 三维线架模型

① 绘制底面的线架

环境设置:构图模式 2D;屏幕视图—等角视图(单击工具栏中的 ⬡ 按钮),构图平面—俯视图,工作深度—0,颜色—黑,层别的编号—1;线型—实线;线宽—细。按【Alt+F9】组合键,显示 WCS 和构图平面坐标。

单击 ▢ 按钮,在【矩形选项】中设置:点选【基点】,宽度文本框输入 50、高度输入 75,【形状】栏中选择矩形,【定位点】栏中选择左下角的点,【圆角半径】【旋转】文本框均输入 0,【曲面】【中心点】不选,捕捉坐标系原点,单击对话框中的确定按钮 ✓ ,结果如图 6-3(a)所示。

② 绘制右侧线架

环境设置:构图平面—右视图,工作深度—50,其余不变。

单击工具栏 ↘ 按钮,在操作栏中选中 Ⅰ 与 Ⅻ 按钮,长度输入 20,捕捉矩形右下角,鼠标沿线伸延方向移动单击左键,选择 ↦、Ⅻ 按钮,长度不变;鼠标沿线延伸方向移动单击左键,选中 Ⅰ 与 Ⅻ 按钮,长度输入 10;鼠标沿线延伸方向移动单击左键,选择 ↦、Ⅻ 按钮,长度输入 35;鼠标沿线延伸方向移动单击左键,选中 Ⅰ 与 Ⅻ 按钮,长度输入 10;鼠标沿线延伸方向移动单击左键,选择 ↦、Ⅻ 按钮,长度输入 20;鼠标沿线延伸方向移动单击左键,选中 Ⅰ 与 Ⅻ 按钮,长度输入 20,捕捉矩形右上角,点击操作栏中确定 ✓ 按钮退出绘直线命令。

单击 ⌐ 按钮,在操作栏中,设置:倒角半径输入 3.5、▢ ◻ ◻、◣,连续选取两条需倒角的边,倒四处圆角后点击操作栏中确定 ✓ ,结果如图 6-3(b)所示。

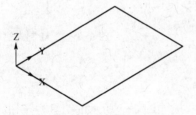
图 6-3(a) 绘制底面线架

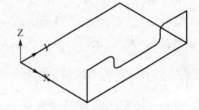
图 6-3(b) 绘制右侧线架

③ 绘制左侧线架

环境设置:构图平面—右视图,工作深度—0,其余不变。

单击工具栏 ↘ 按钮,在操作栏中选中 Ⅰ 按钮,长度输入 20,捕捉矩形左下角,鼠标沿线延伸方向移动点击左键,再捕捉矩形左上角,鼠标沿线延伸方向移动点击左键,点击操作栏中确定 ✓ 按钮退出绘直线命令。

单击工具栏 ◠ 按钮,设置:圆弧半径输入 30,捕捉矩形左下角直线上端点,鼠标沿圆弧延伸方向到适当位置单击左键,显示四条圆弧,点取所需的弧,单击操作栏 ⊕ 按钮,圆弧半径输入 30,捕捉矩形左上角直线上端点,鼠标沿圆弧伸展方向到适当位置单击左键,显示四条圆弧,点取所需的弧,单击操作栏的确定 ✓ 按钮退出绘圆弧命令。

单击工具栏的 ◸ 按钮,选择 ◠ 按钮,切弧半径输入 15,点选上面绘制的两弧生成一条与两圆弧相切的圆弧,单击操作栏中的确定 ✓ 按钮退出绘制切弧命令。

单击工具栏的 ◹ 按钮,选择分割 ┿┿,选择需修剪的线段,单击 ✓ 按钮确定,结果如图 6-3(c)所示。

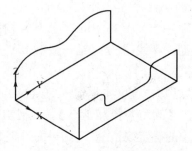

图 6-3(c)　绘制左侧线架

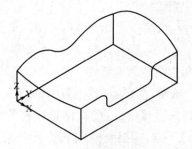

图 6-3(d)　绘制前面线架

④ 绘制前面线架

环境设置:构图平面—前视图,工作深度—0,其余不变。

单击工具栏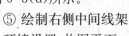按钮,设置:圆弧半径输入 35,捕捉矩形左、右下角直线上端点,显示四条圆弧,选取所需的弧,单击操作栏 ✚ 按钮,修改工作深度为 —75,圆弧半径输入 35,捕捉矩形左、右上角直线上端点,显示四条圆弧,选取所需的弧,单击操作栏的确定 ✔ 按钮,结果如图 6-3(d)所示。

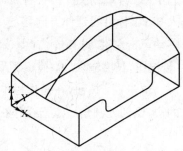

⑤ 绘制右侧中间线架

环境设置:构图平面—右视图,工作深度—25,其余不变。

单击工具栏的 按钮,设置:圆弧半径输入 60,捕捉前、后视图上圆弧的中点,系统显示四条圆弧,选取所需的圆弧,单击 ✔ 按钮确定,结果如图 6-3(e)所示。

图 6-3(e)　绘制右侧中间线架

2. 直纹/举升、旋转和扫描曲面

选择如图 6-4 所示的【绘图】/【曲面】菜单命令,或如图 6-5 所示的工具栏按钮,可以打开由线架模型生成曲面的命令。

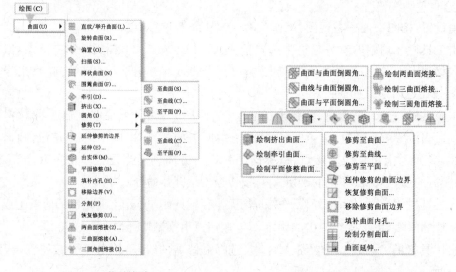

图 6-4　菜单命令　　　　　图 6-5　工具栏命令

（1）直纹/举升曲面

直纹曲面是将两个或两个以上的曲线链（截断面外形）按照它们被选择的顺序，采用直线熔接的方式串联起来所得到的曲面。

举升曲面是将两个或两个以上的曲线链（截断面外形）按照它们被选择的顺序，采用光滑熔接的方式串联起来所得到的曲面。

操作方法：

① 选择菜单【绘图】/【曲面】/【直纹/举升曲面】命令，或单击工具栏 ▦ 按钮。

② 弹出【串连】对话框，同时系统提示："举升曲面:定义外形 1"，用户按提示，在图形窗口依次选择两个或两个以上曲线，单击【串连】对话框中的确定 ✓ 按钮，完成曲面外形截面的选择。

③ 弹出如图 6-6 所示的【直纹/举升】曲面操作栏，并实时预览修改效果。单击按钮 ⊕ ，固定当前创建的曲面回到命令的初始状态，继续创建其他曲面；单击确定 ✓ 按钮，固定当前创建的曲面，并结束命令。

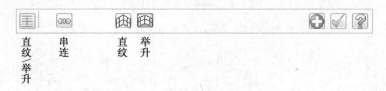

图 6-6　直纹/举升曲面操作栏

创建直纹/举升曲面，可以在操作栏中，通过切换按钮 ▨ ▨ 进行创建直纹与举升曲面的切换，如图 6-7 所示。在顺序串联曲线链（截断面外形）时，串联的顺序与箭头方向的不同，得到的曲面也不同，如图 6-8 所示。

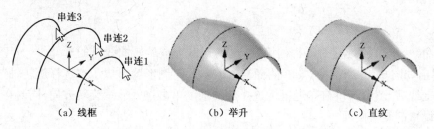

图 6-7　直纹/举升

提示：创建直纹/举升曲面，在顺序串联曲线链（截断面外形）时，注意各截面图形上的箭头要满足"同起点，同方向"的原则，如果箭头方向不正确，则将生成扭曲的曲面，这时可运用操作栏重新串联曲线按钮 ▥ 更改。

（2）旋转曲面

旋转曲面是将定义的曲线或曲线链，绕指定的轴旋转指定角度而生成的曲面，如图 6-9 所示。

操作方法：

① 执行【绘图】/【曲面】/【旋转曲面】命令；或单击工具栏 ▥ 按钮。

② 弹出【串连】对话框，同时系统提示"选择轮廓曲线 1"，按提示在图形窗口依次选取一

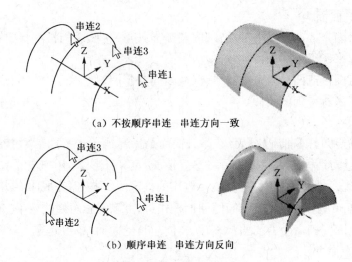

（a）不按顺序串连　串连方向一致

（b）顺序串连　串连方向反向

图 6-8　不同串连的举升

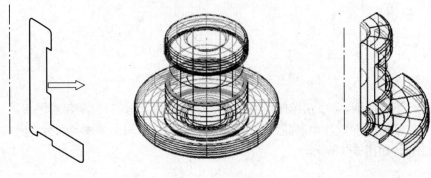

图 6-9　旋转曲面

个或多个曲线，单击【串连】对话框的确定 ✔ 按钮，完成旋转曲线链的选择。

③ 弹出如图 6-10 所示的【旋转曲面】操作栏，同时图形窗口提示："选择旋转轴"。在用户选取旋转轴线后，图形窗口在靠近鼠标选择旋转轴线单击点处显示旋转方向，同时在图形窗口显示默认设置的旋转曲面。

④ 用户可根据需要在操作栏上修改有关参数，并实时预览修改效果。单击按钮 ⊕，可固定当前创建的曲面回到命令的初始状态，继续创建其他曲面；单击确定 ✔ 按钮，固定当前创建的曲面，并结束命令，如图 6-9 所示。

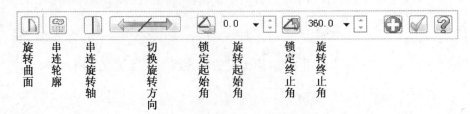

图 6-10　【旋转曲面】操作栏

（3）扫描曲面

扫描曲面是将由横截面外形沿着引导方向外形移动而生成的曲面。

① 执行【绘图】/【曲面】/【扫描】命令，或单击工具栏 ⬜ 按钮。

② 打开【串连】对话框和【扫描曲面】操作栏，如图 6-11 所示。同时作图区提示："扫描曲面：定义　截面外形 1"。在用户选取若干个截面外形后，单击【串连】对话框中的确定 ✅ 按钮，【串连】对话框不关闭，系统提示："扫描曲面：定义　引导外形 1"。当用户串连一条或两条扫描轨迹线后，单击【串连】对话框中的确定 ✅ 按钮，退出串连。

③ 图形窗口显示创建的扫描曲面，在曲面操作栏设置参数后，单击确定 ✅ 按钮即可。

④ Mastercam 提供三种形式的扫描曲面。

图 6-11　【扫描曲面】操作栏

一个截面外形/一个引导外形：将截面外形沿着引导方向外形平移或旋转，生成保持其横截面外形不变的曲面。如图 6-12 所示。

多个截面外形/一个引导外形：多个截面外形沿着引导方向外形光滑熔接的方式来得到的曲面。如图 6-13 所示。

一个截面外形/两个引导外形：一个截面外形在两个引导外形间运动而形成的曲面。即在扫描时，截面的形状保持不变，大小和方向随着引导方向外形而变化。如图 6-14 所示。

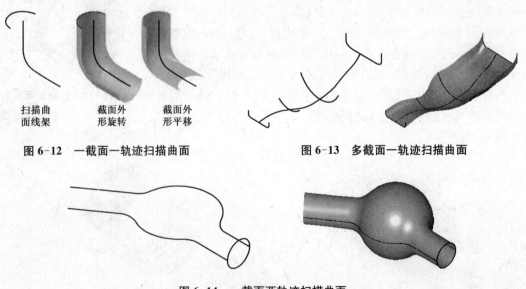

图 6-12　一截面一轨迹扫描曲面　　　图 6-13　多截面一轨迹扫描曲面

图 6-14　一截面两轨迹扫描曲面

提示：对于两个引导外形的情况，串连截面外形前，应先锁定【扫描曲面】操作栏中的 ⬜ 按钮，再串连截面外形等操作。

3. 曲面编辑

曲面造型往往要通过曲面的编辑来获得一些复杂和完美的曲面。编辑曲面就是对已有的曲面进行修整、衍生来获得新曲面。其主要功能有倒圆角、修整、延伸、打断、偏置和熔接等。

曲面修剪

曲面修剪是指将已知曲面沿着指定的边界图素进行修剪,其边界图素可以是曲面、曲线或平面。图 6-15 显示出曲面修剪的子菜单。

图 6-15　曲面修剪菜单

(1) 修剪至曲面

修剪至曲面可以用一组曲面修剪另外一组曲面,也可以两组曲面相互修剪,原来的曲面可以保留,也可以删除。

下面以实例来介绍修剪至曲面的操作方法。修剪如图 6-16 所示的圆柱管。

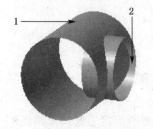

图 6-16　两曲面互剪前实例

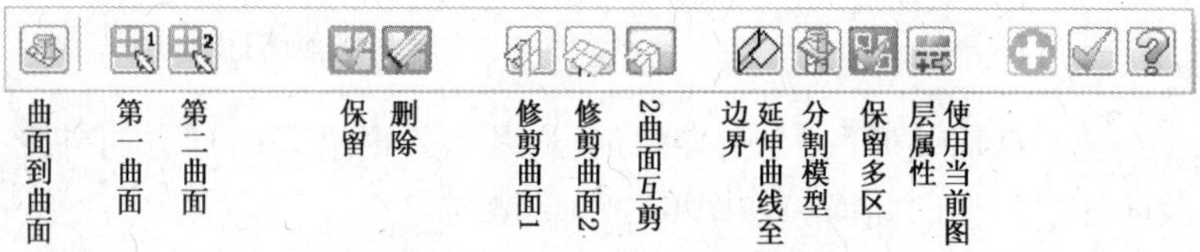

图 6-17　修剪至曲面操作栏

单击工具栏 按钮,系统提示:"选择第一组曲面,按<Enter>继续",点选大圆柱,按 Enter 键,系统弹出:"选择第二组曲面,按<Enter>继续",点选小圆柱,按 Enter 键,弹出【修剪到曲面】操作栏,在操作栏中锁定 按钮,如图 6-17 所示。系统提示:"显示保留区域-选择要修剪的曲面",分别点击大小圆柱并移动鼠标将显示的箭头停在需保留的部分,单击鼠标左键,图形窗口显示修剪后的效果见图 6-18。

当在【修剪至曲面】操作栏中锁定 按钮,修剪的结果如图 6-19 所示;当在【修剪至曲面】操作栏中锁定 按钮,修剪的结果如图 6-20 所示。

图 6-18　两曲面互剪后

图 6-19　曲面 1 被修剪

图 6-20　曲面 2 被修剪

(2) 修剪至曲线

修剪至曲线可以修剪曲面至一条或多条封闭曲线(该曲线可以是线、圆弧、曲线或曲面曲线,也可以是文字)。这些曲线可以不在曲面上,系统将自动投影这些曲线来修整曲面。修剪后的曲面可以保留曲线内部的曲面,也可以保留曲线外部的曲面。修剪至曲线可以应用于曲面上的雕刻。

实例 2　利用修剪至曲线的命令,在曲面上剪出 NC 文字。

图 6-21　修剪至曲线

单击工具栏的 ⊞ 按钮,系统提示:"选择曲面,按＜Enter＞继续",点选曲面,按 Enter 键,弹出【串连】对话框并提示:"选择曲线 1",在【串连】对话框中点选【窗选】方式,用矩形框住 NC 文字后,提示:"草绘接近起始点",捕捉并点击文字上任意点,单击确定 ✔ 按钮退出【串连】对话框,弹出【修剪至曲线】操作栏,在操作栏中锁定 ▨ ⊞ 按钮,见图 6-22 所示。同时系统提示:"显示保留区域-选择要修剪的曲面"。单击曲面并移动鼠标将显示的箭头停在需要保留的部分,单击鼠标左键,图形窗口显示如图 6-21 所示的修剪后效果。

图 6-22　修剪至曲线操作栏

(3) 修剪至平面

修剪至平面就是将已存在的曲面用已知的平面进行分割,保留其中的一部分。

实例 3　将一个球体,用上下两个水平面去修剪,结果如图 6-23 所示。

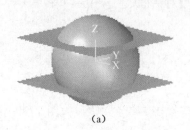

(a)

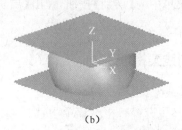

(b)

图 6-23　修剪至平面

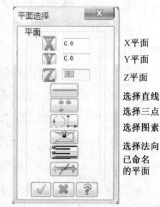

图 6-24　【平面选择】对话框

单击工具栏 ▨ 按钮,系统提示:"选择曲面,按＜Enter＞继续",单击球体,按＜Enter＞键,弹出【平面选择】对话框 (图 6-24),同时提示:"选取平面",在【平面选择】对话框的【平面】选项中,选择 Z 平面并在文本框输入 10,即设置平面到 WCS (工作)原点的 Z 向距离为 10,或选择其他设置平面的方法,这时在球体上显示一个垂直平面的箭头,箭头指向曲面的保留端,即垂直平面向下(否则用 ⟵─⟶ 按钮换向)。单击该对话框确定 ✔ 按钮,屏幕显示预览图形并弹出如图 6-25 所示的【修剪至平面】操作栏。锁定该操作栏中的 ▨ 按钮,则自动删除平面另一侧未被选中要保留的曲面。单击【修剪至平面】操作栏中的 ⊕ 按钮,【修剪至平面】操作栏消失,系统提示:"选择曲面,按<Enter>继续",单击球体,回车,弹出【平面选择】对话框,系统同时提示:"选取平面",在【平面选择】对话框的【平面】选项中,选择 Z 平面并在文本框输入 −10,即设置平面到 WCS(工作)原点的 Z 向距离为 −10,显示一个垂直平面朝上指的箭头(否则换向),单击确定 ✓ 按钮退出【平面选择】对话框,弹出【修剪至平面】操作栏,锁定 按钮,并预览修剪效果,满意后单击确定 ✓ 按钮,显示结果如图 6-23(b)所示。

图 6-25　修剪至平面操作栏

四、任务实施

选择造型方法:主管用直纹曲面方式,支管用扫描曲面的方式生成曲面。

1. 设置层别

(1) 新建文件并保存

单击 按钮,选择【文件】/【保存文件】命令,将文件保存为"Y Xing guan"。

(2) 建立层别

单击次菜单中的【层别】按钮,弹出【层别管理】对话框,建立图层,并将编号 1 设置为当前层,单击确定 ✓ 按钮完成层别的设置。

2. 绘制线架模型

(1) 主管线架模型

① 构图环境设置　在次菜单中选择:2D,屏幕视图—等角视图,构图平面—前视图,Z—0;线型—实线,线宽—细,图素颜色—黑色。

② 绘制圆弧　单击工具栏 按钮,极坐标绘两圆弧,设置半径分别为 40、50,起始角与终止角均为 0°、180°,圆心为坐标原点,点击确定 ✓ 按钮退出命令。

③ 平移圆弧　构图环境设置:屏幕视图—等角视图,构图平面—俯视图,Z—0,选择 R40 的圆弧,点击图标 ,弹出【平移】对话框。设置参数:选择移动,次数 1,直角坐标 △Y 文本框中输入 80,按 Enter 键,单击 ⊕ 按钮,选择 R50 的圆弧,按 Enter 键,直角坐标 △Y 文本框中输入 100,按 Enter 键,单击 ⊕ 按钮。用同样方法再平移 R50 的圆弧,不同的是直角坐标 △Y 文本框中输入 20,选择复制,弹击确定 ✓ 按钮退出命令。

④ 镜像圆弧　选择三条平移的圆弧,点击图标 ,弹出【镜射选项】对话框,设置参数:选择复制,镜像轴选择 Y,点取坐标原点(WCS)为参考点,单击确定 ✓ 按钮退出。

删除不需要的圆弧线,结果如图6-26(a)所示。

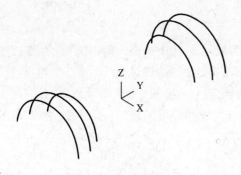

图6-26(a) 绘圆弧

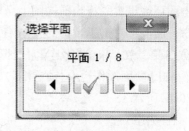

图6-27 【选择平面】对话框

(2) 支管线架模型

① 构图环境设置　不变。

② 绘制扫描轨迹　单击工具栏 ↘ 按钮,绘制极坐标直线,长度输入170,角度输入150°,光标捕捉坐标原点为直线一端点,单击确定 ✓ 按钮退出命令。

③ 构图环境设置　构图平面—法向定面,其余不变。法向定面的方法:单击次菜单,在弹出的浮动菜单中选择 ▦ N 法向定面,系统提示:"选择法线"。单击扫描轨迹线,弹出如图6-27所示的【选择平面】对话框,并同时在选择的轨迹线靠近点击端点处,显示构图面的坐标系如图6-26(b)所示。单击【选择平面】对话框中的确定 ✓ 按钮退出对话框,弹出如图6-28所示的【新建平面】对话框,单击确定 ✓ 按钮退出对话框。工作深度Z设置为0。

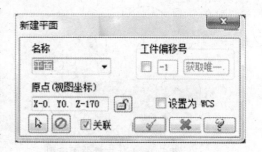

图6-28 【新建平面】对话框

④ 绘制截面外形　单击工具栏 ▨ 按钮,极坐标绘圆弧,设置半径为30,起始角与终止角均为0°、180°,圆心为新建构图平面的坐标系原点,点击确定 ✓ 按钮退出命令。结果如图6-26(c)所示。

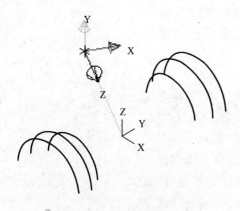

图6-26(b) 构图环境设置

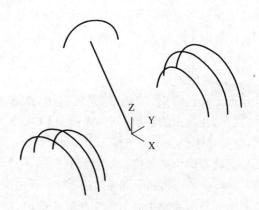

图6-26(c) 绘支管圆弧

3. 创建曲面

（1）主管造型

① 构图环境设置　将当前构图平面切换为编号 2，构图平面—俯视图，其余同上。

② 举升曲面　单击工具栏的 ▤ 按钮，弹出【串连】对话框，顺序选择六个圆弧，注意串连的起点、方向要一致。单击【串连】对话框中的确定 ✔ 按钮，完成外形截面的选择。在弹出的【直纹/举升】曲面操作栏中，锁定 ▦ 按钮，点击操作栏中的确定 ✔ 按钮退出命令。结果如图 6-26(d) 所示。

（2）支管造型

① 构图环境设置　不变。

② 扫描曲面　单击工具栏的 ⬙ 按钮，弹出【串连】对话框，在【扫描曲面】操作栏中，锁定 ▨ 按钮，串连一个截面外形（圆弧），单击【串连】对话框确定 ✔ 按钮，再串连一个引导外形（直线），单击【串连】对话框确定 ✔ 按钮，预览效果后，单击【扫描曲面】操作栏的确定 ✔ 按钮退出命令。结果如图 6-26(e) 所示。

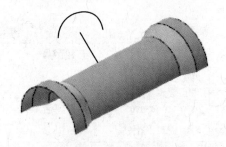
图 6-26(d)　主管曲面造型

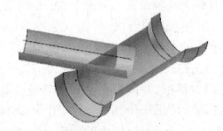
图 6-26(e)　支管曲面造型

4. 编辑曲面

（1）曲面修剪

单击工具栏的 ▦ 按钮，按系统提示，点选主管，回车，再点选支管，回车，在弹出的【修剪至曲面】操作栏中，锁定 ◩ ▩ 按钮，鼠标分别单击主管与支管需保留的部位后，预览造型效果，满意后单击【修剪至曲面】操作栏中的确定 ✔ 按钮退出命令。结果如图 6-26(f) 所示。

（2）曲面倒圆角

单击工具栏的 ▨ 按钮，按系统提示，点选主管，回车，再点选支管，回车，在弹出的【曲面与曲面圆角】对话框中（图 6-29），参数设置：倒圆角半径文本框中输入 10、选择修剪、预览、鼠标分别单击主管与支管需保留的部位，观察倒角效果，不正确可以点击切换法向箭头（←─Ⅱ─→）按钮来调整（主管与支管曲面的法向箭头，均指向将产生圆角的曲率中心），箭头指向正确后，按 Enter 键，返回【曲面与曲面圆角】对话框，倒角效果满意后，点击对话框中的确定

图 6-29　曲面与曲面倒圆角

✔ 按钮退出命令。结果如图 6-26(g)所示。

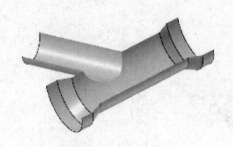

图 6-26(f)　曲面修剪

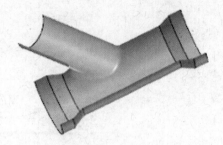

图 6-26(g)　曲面倒圆角

任务二　平行粗、精加工　残料粗、精加工

▶知识要求

曲面加工的共同参数设置；

曲面加工参数；

平行粗、精加工；

残料粗、精加工；

交线清角精加工。

▶技能要求

掌握曲面加工中的平行铣削方法与残料加工的运用。

一、任务描述

利用 Mastercam X8 的粗加工、精加工方法，加工如图 6-1 所示的曲面造型(参照图 6-30)。

二、任务分析

大多数曲面加工都需要通过粗加工与精加工来完成。Mastercam X8 系统共提供了 8 种粗加工方法，如图 6-31 所示。另外还提供了 11 种精加工方法，如图 6-32 所

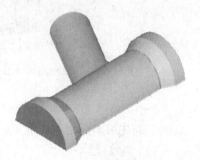

图 6-30　曲面加工

示。粗加工刀具路径主要用于从零件原材料上尽可能多地去除多余材料，而精加工刀具路径主要用于尽可能地达到加工零件的最终要求。粗加工必须在精加工前完成。该 Y 形管零件主要由圆弧曲面组成，曲面垂直 Z 轴的截面外形由直线组成，所以粗加工时，可选残料粗加工，半精加工可用平行粗加工或流线粗加工；在精加工时，可选平行精加工或流线精加工，最后用残料精加工或交线清角切除过渡圆角。

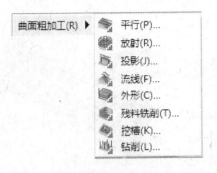

图 6-31　粗加工方法

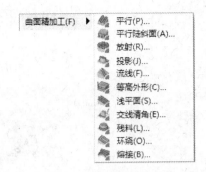

图 6-32　精加工方法

三、知识链接

1. 曲面加工共同参数

不同的加工类型有其特定的参数设置与共同参数设置，在曲面加工系统中，共同参数有【刀路参数】和【曲面参数】（如图 6-33）。各铣削加工模块中【刀路参数】的设置方法都相同，而曲面加工模块中的【曲面参数】也基本相同。

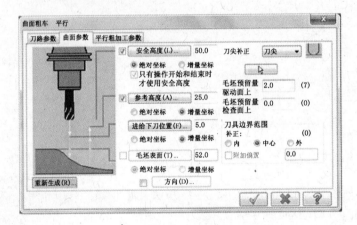

图 6-33　曲面参数

下面先简单介绍曲面加工的共同参数。

（1）高度设置

主要设置包括安全高度、参考高度、进给下刀位置，其含义与二维的平面、外形、挖槽等加工基本相同。曲面加工一般没有【深度…】选项，因为曲面的表面是变化的，加工的深度也随着变化的曲面而变化，该位置是由曲面外形所决定，所以不需要用户设置。

（2）下/提刀方向

在图 6-33 中，选中【方向】选项并单击该按钮，弹出如图 6-34 所示的【方向】对话框，该对话框用来设置曲面加工时刀具的切入与退出的方式。其中【下刀方向】选项用来设置下刀时的向量，【提刀方向】选项用来设置提刀时的向量，两者的参数设置基本相同。

【下刀角度】/【提刀角度】　用于设置下刀和提刀的垂直角度。

【XY角度】 用于设置进/退刀线与X、Y轴的相对角度。

【下刀长度】/【提刀长度】 用于设置下/提刀线的长度。

【相对于】 用于设置下/提刀线的参考方向。选择【切削方向】选项时,下/提刀线所设置的参数相对于切削方向来度量;选择【刀具平面X轴】选项时,下/提刀线所设置的参数相对于刀具平面的X轴方向来度量。

【向量】 单击该按钮,弹出【向量】对话框,用户可以在【向量】对话框中输入X、Y和Z方向的向量来确定下/提刀线的长度和角度。

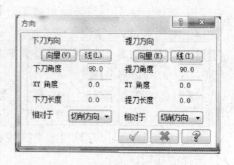

图6-34 【方向】对话框

【线】 单击该按钮,用户可以选择存在的线段来确定下/提刀线的长度和角度。

(3)刀尖补正

在【刀尖补正】的下拉列表中可以选择刀具补偿的位置为刀尖或球心。选择【刀尖】选项时,产生的刀具路径为刀尖所走的轨迹;当选择【球心】选项时,产生的刀具路径为刀具球心所走的轨迹。因平底的刀具不存在球心,所以这两个选项在使用平底刀时是一样的,但在使用球刀时不一样。

(4)刀具路径曲面选取

单击图6-33中的 按钮,弹出如图6-35所示的【刀路/曲面选择】对话框,用户可以在该对话框中重选驱动面、定义检查面及边界范围等。

驱动面:指需要加工的曲面。

检查面:指不需要加工的曲面,为了禁止刀具加工而设置的干涉表面。

边界范围:在加工曲面的基础上再限定某个范围进行加工。

接近起始点:选择某点作为下刀或进刀点。

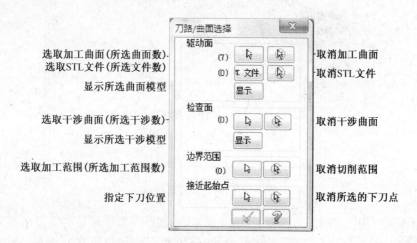

图6-35 【刀路/曲面选择】对话框

(5)毛坯预留量

预留量是指在曲面加工过程中,预留少量的材料不予加工,或留给后续的加工工序来加工。包括加工曲面的预留量和加工刀具避开检查面的距离。在进行粗加工时一般需要设置驱动面上的预留量，通常设置 0.3～0.5 mm，以便后续精加工。而设置加工刀具避开检查面的距离可以防止刀具切削到不需要加工的检查面。

（6）刀具边界范围

【刀具边界范围】栏中的【补正】包括三种：内、中心、外（图 6-36）。其参数含义如下。

图 6-36　刀具边界范围

内：选择该项时，刀具在加工区域内侧切削，即切削范围就是选择的加工区域。

中心：选择该项时，刀具中心走加工区域的边界，切削范围比选择的加工区域多一个刀具半径。

外：选择该项时，刀具在加工区域外侧切削，切削范围比选择的加工区域多一个刀具直径。

2. 平行粗加工参数

（1）曲面粗车-平行

平行粗加工是一种最通用、简单而有效的加工方法。平行粗加工的刀具沿指定的进给方向切削，生成的刀具路径相互平行。平行粗加工比较适合加工凸台或凹槽不多或相对比较平坦的曲面。

【曲面粗车-平行】参数包括三个选项卡，前面已经讲解了【刀路参数】和【曲面参数】，这里只介绍【平行粗加工参数】（图 6-37）。

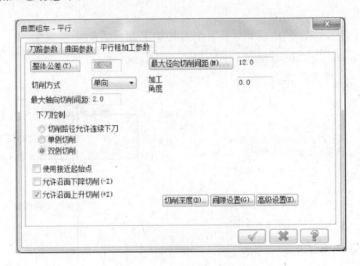

图 6-37　平行粗加工参数

① 整体公差　用于设置刀具路径的精度误差，即实际刀具路径偏离加工曲面上样条曲线的程度。一般为 0.025～0.2。误差越小，加工后的曲面就越接近真实曲面，而加工时间也越长。

② 切削方式　设置刀具在 XY 方向的走刀方式，有【单向】和【双向】两种。

● 单向　加工时刀具只沿着一个方向进行切削，在完成一行切削后抬刀返回到起始边，再下刀进行下一行的切削。利用单向方式切削,可保证所有的刀具路径统一为顺铣或逆铣,能获得更为理想的表面加工。

● 双向　加工时刀具在完成一行切削后,立即转向下一行的切削。利用双向切削方式可节省抬刀时间,除特殊情况外,一般采用双向。

③ 最大轴向切削间距　其后的文本框用来设置两相邻切削层间的最大 Z 方向距离。该值必须≤刀具的直径。【最大轴向切削间距】值设置得越大,生成的刀具路径层数越少,加工结果越粗糙;设置得越小,生成的刀具路径层数越多,但生成的刀具路径越长。

④ 最大径向切削间距　该文本框用来设置同一层中相邻切削路径间的最大距离。该设置值必须＜刀具的直径。粗加工时一般取刀具直径的 75% ～85%。在刀具所能承受的负荷范围内,"最大切削间距"值设置得越大,生成的刀具路径越短,加工结果越粗糙,加工效率越高。

⑤ 加工角度　该文本框用来设置加工角度,加工角度是指刀具路径与 X 轴的夹角。定位方向为:逆时针方向为正。

⑥ 下刀的控制　用于控制下刀和退刀时刀具在 Z 轴方向的移动方式,包括以下选项:

● 切削路径允许连续下刀提刀　允许刀具在切削时进行连续的提刀和下刀,适合于多重凹凸曲面的加工。

● 单侧切削　刀具在曲面的单侧下刀或提刀。

● 双侧切削　刀具在曲面的双侧下刀或提刀。

⑦ 使用接近起始点　选中该复选框时,在设置完各参数后,系统提示用户指定起始点,需要指定刀具路径的起始点,系统将依据选取点最近的工件拐点为刀具路径的起始点。

⑧ 允许沿面下降切削(－Z)/允许沿面上升切削(＋Z):

● 选择允许沿面下降切削(－Z)复选框,允许刀具沿曲面下降,使加工表面更加光滑,否则加工侧面(刀具下降面)呈一层一层的梯状。

● 选择允许沿面上升切削(＋Z)复选框,允许刀具沿曲面上升,使加工表面更加光滑。

⑨ 切削深度　单击【切削深度】按钮,打开如图 6-38 所示【切削深度】对话框,在该对话框中设置加工的切削深度,可以选择【绝对坐标】或【增量坐标】方式来设置。

● 选择【绝对坐标】单选按钮,用以下两个参数表示切削深度:

【最小深度】　设置刀具在切削工件时刀具上升的最高点,或刀具切削工件时切削下刀的最小深度。

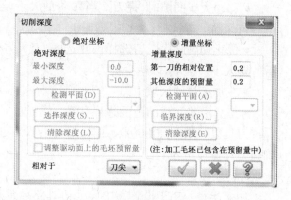

图 6-38　切削深度设定对话框

【最大深度】　设置刀具在切削工件时,刀具下刀的最大深度。

● 选择【增量坐标】　单选按钮,用以下两个参数表示切削深度:

【第一刀的相对位置】　设置刀具切削工件时,工件顶面的预留量。

【其他深度的预留量】　设置刀具切削工件时,工件底部的预留量。

⑩ 间隙设置　单击【间隙设置】按钮,打开如图 6-39 所示的【间隙设置】对话框,该对话

框用来设置刀具在加工不同曲面时,两曲面间刀具运动的过渡方式。当刀具运动遇到大于允许间隙时,提刀移动;若小于允许间隙时,系统提供了四种(直接、打断、平滑和沿着曲面)刀具的运动方式。

对话框中的各项参数如下:

● 重设　单击该按钮,可重新设置该对话框中的所有参数。

●间隙大小　该选项组用来设置刀具路径允许间距,用两种方式设置。

距离　用于设置刀具路径的间隙距离。

径向切削间距百分比　用于设置间隙距离与径向进给量的百分比。

图 6-39　刀具路径的间隙设置

● 移动小于间隙时,不提刀　该选项组用于设置当移动量小于设置的允许间隙时刀具(不提刀时)的移动方式(单击【打断】右边的黑三角,弹出下拉菜单显示)有:

不提刀　刀具直接越过间隙,即刀具直接从一条曲面刀具路径的终点移动到另一条曲面刀具路径的起点。

打断　刀具先从一条曲面刀具路径的终点沿 Z 轴方向移动,再沿 XY 方向移动到另一条曲面刀具路径的起点。

平滑　刀具以平滑方式从一条曲面刀具路径的终点移动到另一条曲面刀具路径的起点,适用于高速加工。

沿着曲面　刀具从一条曲面刀具路径的终点沿着曲面外形移动到另一条曲面刀具路径的起点。

● 移动大于间隙时,提刀　当移动量大于设置的允许间距时,提刀到安全高度,再移动到下一点切削。若选择【检查提刀时的过切情形】复选框时,可对提刀和下刀进行过切检查。

● 优化切削顺序　若选择该复选框,刀具将分区进行切削,直到某一区域的所有加工完成后才转入下一区域,以减少提刀与下刀次数。

● 在加工过的区域下刀　若选择该复选框,将允许刀具从加工过的区域下刀。

● 刀具沿着间隙的范围边界移动　若选择该复选框,将允许刀具以一定间隙沿边界切削,刀具沿 XY 方向移动,以确保刀具留在边界上。

● 切弧设置

切弧半径　用于设置在边界处刀具路径延伸切弧的半径,该参数要配合切弧的扫描角度使用。

切弧角度　用于设置在边界处刀具路径延伸的切弧角度,该参数要配合切弧的半径使用。

切线长度　设置边界处刀具路径延伸的切线长度。

⑪ 高级设置　单击【高级设置】按钮,打开如图 6-40所示的【高级设置】对话框,该对话框用来设置刀具在曲面

图 6-40　【高级设置】对话框

或实体边缘处的运动方式,还可以设置曲面边界转角的圆角加工方式。其参数含义如下:

● 重设　单击该按钮,可重新设置该对话框中的所有参数。

● 刀具在曲面(实体面)的边缘走圆角　选项组用来选择刀具在曲面边缘处加工圆角刀具路径的方式,有三个选项供用户选择:

自动(以图形为基础)　系统根据曲面实际情况自动选择是否在曲面边界处走圆角刀具路径。

只在两曲面(实体面)之间　即刀具从一个曲面的边界移动到另一个曲面时在边界处走圆角刀具路径。

在所有的边缘　刀具在所有曲面的边界处走圆角刀具路径。

● 锐角公差　(在曲面/实体面的边缘)　选项组用于设置刀具切削边缘时对锐角部分的移动量误差。该值越大,产生的刀具路径越平滑。有下面两种设置:

距离　通过设置指定距离来控制切削方向中的锐角部分。

切削公差的%　通过设置公差来控制切削方向中的锐角部分。

● 跳过实体中隐藏面的检测　当实体中有隐藏面时,隐藏面不产生刀具路径。

● 检查内部的锐角　在计算刀具路径时,系统自动检查曲面内的锐角,通常要选择此复选框。

(2) 精加工平行铣削

曲面精加工用于曲面粗加工后生成工件的精加工刀具路径,其重点是要保证被加工工件的精度,为此,精加工采用的加工方法与粗加工有一些区别,所采用的切削用量不一样。在精加工中常采用高的切削速度、小的进给量和切削深度来保证加工要求。

平行铣削精加工常常用于加工坡度不大、曲面过渡较平缓的零件。其专用的精加工参数设置如图 6-41 所示。

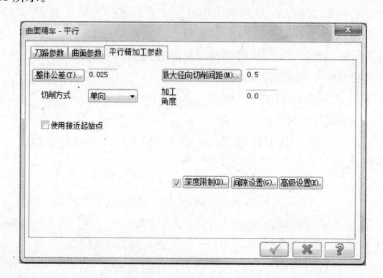

图 6-41　平行精加工参数

由图 6-41 可见平行铣削精加工的参数设置与平行铣削粗加工的参数设置基本相同,在此不再赘述。

3. 残料粗、精加工

（1）残料粗加工

残料粗加工可以侦测先前曲面粗加工刀具路径留下来的残料，并用等高加工方式铣削残料。粗加工残料加工必须进行【曲面残料粗加工】参数的设置，它包括【刀路参数】【曲面参数】，与前面介绍的相同，在此不再叙述，下面主要介绍【残料加工参数】（如图 6-42）与【剩余材料参数】（图 6-43）选项卡中的参数设置。

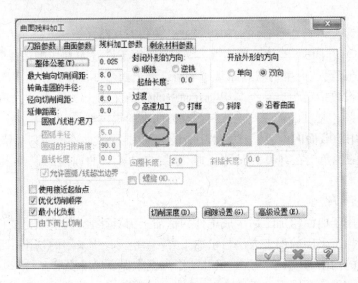

图 6-42　残料加工参数

在【残料加工参数】（如图 6-42）选项卡中前面未介绍的参数意义如下：

① 转角走圆的半径　设置转角走圆弧的半径，设定后可有效避免过切。

② 径向切削间距　设置平面内，相邻两刀具路径之间的步进距离。

③ 封闭外形的方向　包括以下内容：

● 顺铣　刀具采用顺铣加工方式。

● 逆铣　刀具采用逆铣加工方式。

● 起始长度　用于设置每层刀具路径的起始位置与上层刀具路径起始位置之间的偏移距离，从而避免各层起点一致造成一条刀痕。

④ 过渡　指两曲面间的刀具路径过渡方式：

● 高速回圆　刀具以平滑方式越过曲面间隙，用于高速加工。

● 打断　刀具以打断方式越过曲面间隙。

● 斜降　刀具直接越过曲面间隙。

● 沿着曲面　刀具以沿曲面上升或下降的方式越过曲面。

⑤ 圆弧/线进/退刀　该复选框用于残料粗加工时，设置一段进/退刀弧形刀具路径。

⑥ 由下而上切削　该选项用于设置残料粗加工时，刀具路径从工件底部开始向上切削，在工件顶部结束。

【剩余材料参数】（图 6-43）选项卡中的参数设置：

① 剩余毛坯的计算依据　包括以下内容：

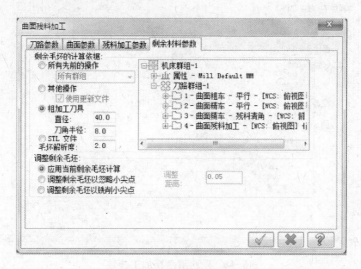

图 6-43　剩余材料参数

- 所有先前的操作　若选中该单选项，将对前面所有的加工操作进行残料计算。
- 其他操作　若选中该单选项，用户可以在右侧列表框中选择某个加工操作进行残料计算。
- 粗加工刀具　若选中该单选项，用户可以在【直径】文本框中输入刀具直径，在【刀角半径】文本框中输入刀具圆角半径，系统将针对符合上述刀具参数的加工操作进行残料计算。
- STL 文件　若选中该单选项，系统可以对 STL 文件进行残料计算。
- 毛坯解析度　输入的数值将影响残料加工的质量和速度。其数值小，残料加工的质量就好；数值大，残料加工的速度就快。

② 调整剩余毛坯　其内容有：

- 应用当前剩余毛坯计算　若选中该单选项，残料的去除将以系统计算的数值为准。
- 调整剩余毛坯以忽略小尖点　若选中该单选项，系统会将计算的残料范围减少到【调整的距离】文本框中所输入的值。
- 调整剩余毛坯以铣削小尖点　若选中该单选项，系统会将计算的残料范围扩大到【调整的距离】文本框中所输入的值。

（2）残料精加工

残料精加工用于清除前面因用较大直径刀具或因加工方式不理想而遗留下来未切削的残留材料。残料清角精加工就是将这些残余材料去除，是精加工中的一道工序。

在残料精加工中，特定参数的设置有【残料清角精加工参数】（图 6-44）与【剩余材料参数】（图 6-45），下面先介绍【残料清角精加工参数】选项卡中的参数。

① 起始倾斜角度　输入计算清角加工的起始角度。角度越小，加工的曲面坡度越平坦。

② 终止倾斜角度　输入计算清角加工的终止角度。角度越大，加工曲面的坡度越陡峭。

③ 切削方式　比平行粗加工参数中的切削方式多了一项【3D 环绕】，其加工方式是以切削区域的边界向内环形切削（或由内向外环切）。当选择该方式切削时，其参数设置与【单向】

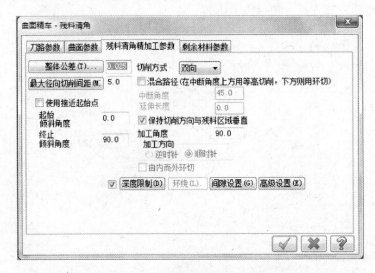

图 6-44　残料清角精加工参数

图 6-45　剩余材料参数

和【双向】切削的参数有所不同。

在【剩余材料参数】选项卡中其参数设置有以下几项:

① 粗加工刀具直径　用于输入粗加工采用的刀具直径,以便系统计算剩余的残料。

② 粗加工刀具圆鼻半径　用于输入粗加工刀具的圆角半径。

③ 重叠距离　用于输入残料精加工的延伸量,以增加残料加工的范围。

4. 交线清角精加工

用于非圆滑过渡曲面交接线处的残料加工,是零件在精加工完成后的一种附加精加工之一。其特定参数如图 6-46 所示。

① 无　选择该单选项,只走一次交线清角的刀具路径。

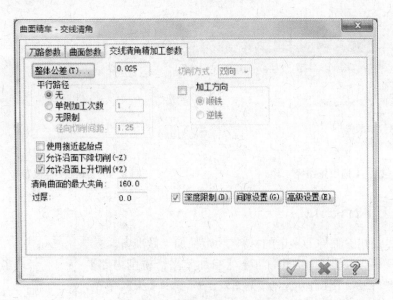

图 6-46　交线清角精加工参数

② 单侧加工次数　选择该单选项，用户可以在其后面的文本框中输入交线清角刀具路径的平行切削次数，以增加交线清角的切削范围，这时必须在【径向切削间距】文本框中输入每次的切削间距。

③ 无限制　选择该单选项，对整个曲面模型走交线清角的刀具路径，并需要在其下面的【径向切削间距】文本框中输入切削间距。

四、任务实施

1. 准备工作

（1）打开文件
单击工具栏的　　　按钮，在【打开】对话框中，按存盘的路径找到"Y Xing guan"文件，单击对话框中的【打开】按钮打开该文件。

（2）设置层
将当前层设置为层别编号为 2（曲面），关闭编号 3（尺寸），打开图层 1（线架模型）。

2. 选择机床类型与设置加工毛坯

（1）选择机床类型
单击菜单【机床类型】/【铣床】/【默认】命令，进入铣削加工模块。

（2）设置加工毛坯
在操作管理的【刀路】中，选择【属性】/【毛坯设置】（如图 6-47）命令，进入【机床群组属性】对话框，利用"边界框"设置好毛坯（图 6-48）。

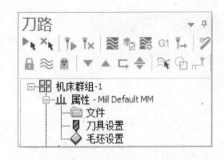

图 6-47　毛坯设置路径

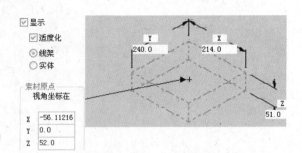

图 6-48　加工工件设置

3. 粗加工平行铣削加工

粗加工,尽快切除工件上多余的材料,为半精加工做准备。

选择主菜单【刀路】/【曲面粗加工】/【粗加工平行铣削刀路】命令,弹出【选择凸缘/凹口】对话框(见图 6-49),选择【凸】,单击对话框中的确定 ✔ 按钮。弹出【输入新 NC 名称】对话框,单击对话框中的确定 ✔ 按钮,系统提示:"选择驱动面",用矩形框选所有需要加工的曲面,按 Enter 键,打开【刀路/曲面选择】对话框(图 6-35),单击对话框中的确定 ✔ 按钮,弹出【曲面粗车-平行】对话框。

图 6-49　选择凸缘/凹口

(1) 选择刀具并设置参数

在【曲面粗车-平行】对话框中,选择【刀路参数】选项卡,在选项卡中选择一把直径为 20 的球刀,其参数设置如图 6-50 所示。

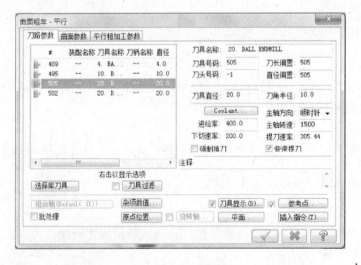

图 6-50　刀路参数

(2) 曲面参数

在【曲面粗车-平行】对话框中,选择【曲面参数】选项卡,其参数设置:毛坯预留量驱动面上 1.5,其余见图 6-51。

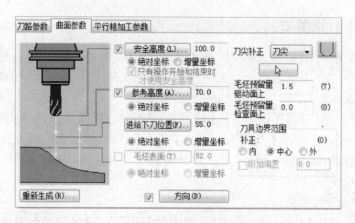

图 6-51 曲面参数

（3）平行粗加工参数

在【曲面粗车-平行】对话框中，选择【平行粗加工参数】选项卡（图 6-52），其参数设置：最大径向切削间距 6，最大轴向切削间距 5，切削方式为双向，加工角度为 90°；单击 切削深度(D)... 按钮，打开【切削深度】选项，其参数设置见图 6-53；其余默认。最后单击【曲面粗车-平行】对话框中的确定 ✓ 按钮，产生平行铣削粗加工的刀具路径，实体验证，其结果见图 6-54 所示。

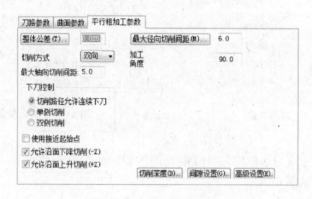

图 6-52 平行粗加工参数

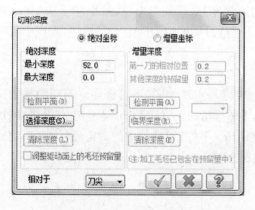

图 6-53 切削深度设置

图 6-54 实体验证

4. 精加工平行铣削加工

为了保证加工精度,使所加工的曲面更接近实际形状、更光滑,需要进行精加工平行铣削加工。在精加工中,为了使刀具路径与工件截面方向一致,将主管与支管分开加工。

(1) 主管的精加工

选择主菜单【刀路】/【曲面精加工】/【精加工平行铣削刀路】命令,按系统提示,选择加工曲面(主管),按 Enter 键,弹出【刀路/曲面选择】对话框,在该对话框中点击选取检查面 按钮,在选取倒圆角曲面为检查面后,单击该对话框中的确定 按钮,弹出【曲面精车-平行】对话框。

① 选择刀具并设置参数

在【曲面精车-平行】对话框中,点击【刀路参数】选项卡,在该选项卡中选一把直径为 10 的球刀,其参数设置如图 6-55 所示。

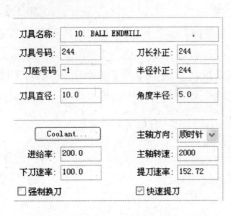

| 图 6-55 刀路参数 | 图 6-56 曲面参数 |

② 曲面参数

在【曲面精车-平行】对话框中,选择【曲面参数】选项卡,其参数设置:毛坯预留量驱动面 0,检查面 0.05,其余见图 6-56。

③ 平行精加工参数

在【曲面精车-平行】对话框中,选择【平行精加工参数】选项卡,其参数设置:最大径向切削间距 0.6,切削方式为单向,加工角度为 0°,【切削深度】选择绝对坐标,最小深度 56,最大深度 0,其余见图 6-57 所示。最后单击【曲面精车-平行】对话框中的确定 按钮,完成主管平行铣削精加工的刀具路径。

(2) 支管平行精加工

操作过程与主管相似,【刀路参数】和【曲面参数】与主管相同,不再赘述。不同的是加工曲面为支管与倒圆角曲面,检查面为主管中段,在【平行精加工参数】选项卡中参数设置,除加工角度设为 60°,其余同主管相同,最后单击【曲面精车-平行】对话框中的确定 按钮,完成平行精加工的刀具路径,实体验证,其结果见图 6-58 所示。

5. 残料粗加工

为尽快地从零件原材料上尽可能多地去除多余材料,这里选择残料粗加工来实现。

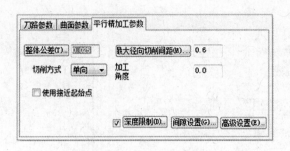

图 6-57 平行精加工参数

图 6-58 实体验证

在【操作管理】操作栏中,点击 ▲ 按钮,让指示操作的箭头(▶)向上移动至粗加工平行铣削加工的前面,如图 6-59 所示。

选择主菜单【刀路】/【曲面粗加工】/【残料铣削】命令,按提示,选择加工曲面,按 Enter 键,弹出【刀路/曲面选择】对话框,单击该对话框中的确定 ✔ 按钮,弹出【曲面残料加工】对话框。

(1) 选择刀具并设置参数

在【曲面残料加工】对话框中,点击【刀路参数】选项卡,在选项卡中选择一把直径为 20 的圆鼻刀,其参数设置如图 6-60 所示。

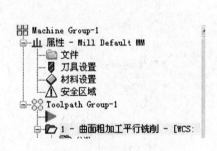

图 6-59 操作管理栏

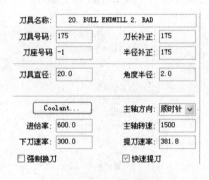

图 6-60 刀路参数

(2) 曲面参数

在【曲面残料加工】对话框中,选择【曲面参数】选项卡,其参数设置:毛坯预留量驱动面上 2,检查面 0,其余参照图 6-56。

(3) 残料加工参数

在【曲面残料加工】对话框中,选择【残料加工参数】选项卡,其参数设置:最大轴向切削间距 10,径向切削间距 8,延伸距离 2,【切削深度】选择绝对坐标,最小深度 54,最大深度 0,选中【螺旋】选项,单击 螺旋(H)... 按钮,打开【螺旋参数】对话框,设置参数见图 6-61 所示,单击该对话框中的确定 ✔ 按钮,返回【残料加工参数】选项卡,该选项卡的其余参数设置见图 6-62 所示。

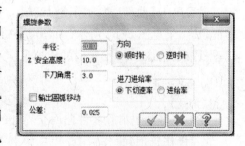

图 6-61 螺旋下刀参数

181

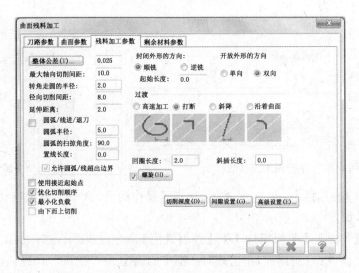

图 6-62　残料加工参数

（4）剩余材料参数

在【曲面残料加工】对话框中，选择【剩余材料参数】选项卡，其参数设置：【剩余毛坯的计算依据：】点选【所有先前的操作】，见图 6-63。

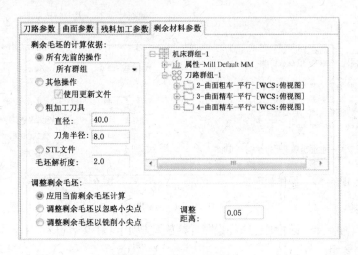

图 6-63　剩余材料参数

最后单击【曲面残料加工】对话框中的确定 ✓ 按钮，完成残料粗加工的刀具路径，实体验证，其结果见图 6-64 所示（图（a）是残料粗加工即第一次加工的实体模拟，图（b）是残料加工，平行粗、精加工 Y 形管后的模拟）。

6. 残料精加工

该工序是为了清除零件曲面交界处的残留余量。

在【操作管理】操作栏中，点击 ▼ 按钮，让指示操作的箭头（➤）向下移动至最后一个操作后面。

 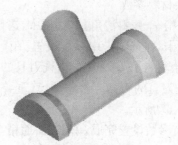

（a）残料粗加工实体模拟　　　　　　　（b）粗、精加工实体模拟

图6-64　实体验证

选择主菜单【刀路】/【曲面精加工】/【残料…】命令，按提示选择加工曲面，按 Enter 键，弹出【刀路/曲面选择】对话框，单击该对话框中的确定 ✔ 按钮，弹出【曲面精车-残料清角】对话框。

（1）选择刀具并设置参数

在【曲面精车-残料清角】对话框中，点击【刀路参数】选项卡，在选项卡中选择一把直径为4的球刀，其参数设置如图6-65所示。

（2）曲面参数

在【曲面精车-残料清角】对话框中，选择【曲面参数】选项卡，其参数设置与精加工平行铣削加工基本相同，只是检查面预留量为0，可参见图6-56。

（3）残料清角精加工参数

在【曲面精车-残料清角】对话框中，选择【残料清角精加工参数】选项卡，在选项卡中参数设置：最大径向切削间距为0.5，切削方式为单向，起始倾斜角度为0°，终止倾斜角度90°，选择保持切削方向与残料区域垂直。其余如图6-66所示。

图6-65　刀路参数

图6-66　残料清角精加工参数

（4）剩余材料参数

在【曲面精车-残料清角】对话框中，选择【剩余材料参数】选项卡，在选项卡中参数设置：在【计算粗加工刀具的剩余材料】选项组中，粗铣刀具的刀具直径输入 10、粗铣刀具的刀角半径输入 5、重叠距离输入 2。参见图 6-67 所示。

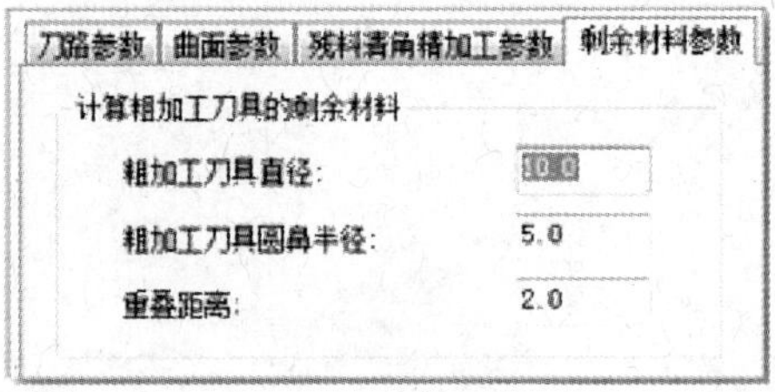

最后所有参数设置完成，单击【曲面精车-残料加工】对话框中的确定 ✔ 按钮，完成残料精加工的刀具路径，实体验证，其结果见图 6-30 所示。

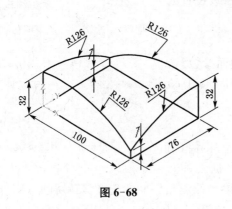

图 6-67 剩余材料参数

习 题

CAD 部分

1. 创建图 6-68、图 6-69 所示的三维线架模型。

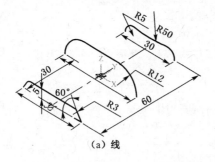

图 6-68

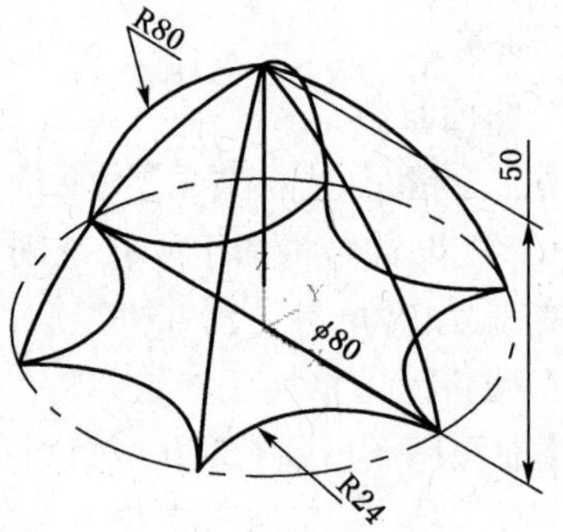

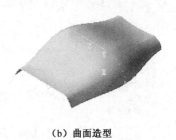

图 6-69

2. 按图 6-70～图 6-74 的尺寸要求，绘制三维线架模型并创建曲面。

（a）线　　　（b）曲面造型

图 6-70 举升习题

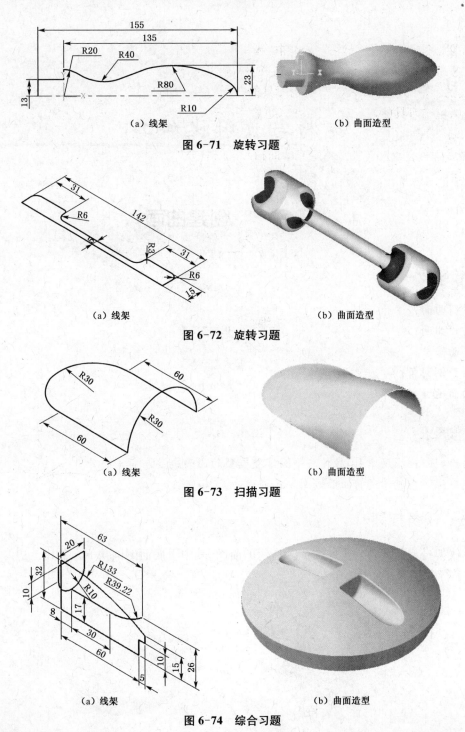

（a）线架 （b）曲面造型

图 6-71 旋转习题

（a）线架 （b）曲面造型

图 6-72 旋转习题

（a）线架 （b）曲面造型

图 6-73 扫描习题

（a）线架 （b）曲面造型

图 6-74 综合习题

步骤与提示：绘制图示线架构/平整边界/曲面扫描并镜像/旋转曲面/曲面圆角 R2。

CAM 部分

将图 6-70、图 6-73 的曲面造型，利用平行粗、精加工，残料粗、精加工的方式生成其刀具路径，并进行实体验证。

项目七

挖槽与放射状加工

任务一　创建曲面

知识要求

牵引曲面;
挤出曲面;
平面修整;
曲面倒圆角;
曲面延伸与边界延伸。

技能要求

快速判断出能用牵引、拉伸与平面修整造型的曲面;
能熟练地用所学过的曲面造型方式创建曲面。

一、任务描述

用线架模型的方式创建如图 7-1 所示的曲面,其中下底面倒圆角 R5,盆口上边缘倒圆角 R5,并平行盆底向外延伸 3 mm。

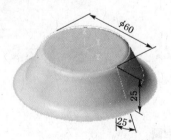

图 7-1　曲面造型

二、任务分析

任务明确要求该曲面的造型要用线架模型的方式,在线架模型造型的方法中,它可以先牵引一个圆锥侧面,再用平面修整创建盆底面,然后用曲面与平面的倒角创建盆底圆角与盆口上边缘的圆角,最后用曲面延伸完成盆口边缘的延伸;还能用拉伸曲面的方式,创建一个圆锥体曲面,然后删除上面(圆锥大平面),再用曲面与平面的倒角创建盆底圆角与盆口上边缘的圆角,最后用曲面延伸完成盆口边缘的延伸来完成造型。

三、知识链接

1. 牵引曲面

牵引曲面是将一个断面外形线,沿着指定的角度和长度拉伸生成的曲面,此类曲面主要用于有拔模斜度的零件。其操作过程如下:

(1) 选择菜单【绘图】/【曲面】/【牵引】命令,或单击工具栏的 ◈ 按钮。

(2) 弹出【串连】对话框,同时系统提示:"选择直线,圆弧或样条 1"。按提示串连选择图形窗口所需牵引的曲线链,单击【串连】对话框中的 ✔ 按钮,完成曲线链的选择。

(3) 弹出如图 7-2 所示的【牵引曲面】对话框,用户根据需要在对话框中设置有关参数,并实时预览修改效果。单击 ➕ 按钮,可固定当前创建的曲面回到命令的初始状态,继续创建其他曲面;单击确定 ✔ 按钮,固定当前创建的曲面,并结束命令,如图 7-3 所示。

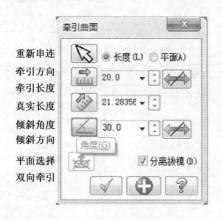

图 7-2 【牵引曲面】对话框

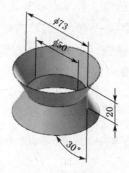

图 7-3 牵引曲面

2. 挤出曲面

挤出曲面是将一个曲线链沿着定义方向移动规定距离而生成的曲面,在生成挤出曲面的同时,也生成了低面和顶面,使挤出曲面自行封闭。操作过程如下:

(1) 选择菜单【绘图】/【曲面】/【挤出】命令,或单击工具栏的 ▦ 按钮。

(2) 弹出【串连】对话框,同时系统提示:"选择直线与圆弧的串连或一个封闭式样条 1"。按提示在图形窗口串连选择所需挤出的曲线链,单击【串连】对话框中的确定 ✔ 按钮,完成曲面外形曲线链的选择。

(3) 弹出如图 7-4 所示的【拉伸曲面】对话框,并在图形窗口预览按照默认设置创建的挤出曲面,在用户修改【拉伸曲面】对话框的有关参数设置,并实时预览修改效果,满意后单击应用 ➕ 按钮,固定当前创建的挤出曲面,并回到初始状态,以便继续创建其他曲面;单击确定

✔ 按钮,固定当前创建的曲面,并结束命令。如图 7-5 所示。

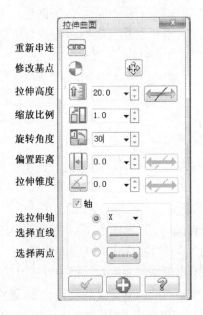

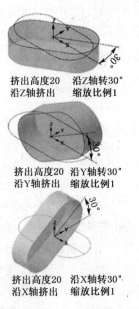

图 7-4 【挤出曲面】对话框　　　　　　图 7-5 挤出曲面

在创建挤出曲面时若用户选择了开放曲线链,系统会弹出如图 7-6 所示的【绘制基本实体曲面】对话框。若单击该对话框中的 是(Y) 按钮,系统"视为"封闭的曲线链去创建挤出曲面,如图 7-7 所示;若单击该对话框中的 否(N) 按钮,系统放弃该曲线链,仍然打开【拉伸曲面】对话框,用户可以单击 按钮,重新串联曲线链去创建挤出曲面。单一直线、开放的样条曲线都不能生成挤出曲面。

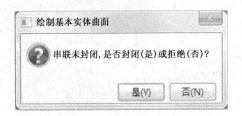

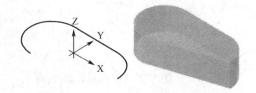

图 7-6 【绘制基本实体曲面】对话框　　　　图 7-7 开放曲线链-挤出曲面

3. 平面修整

在已经存在的图素中创建平面边界曲面,该平面边界曲面能够被其平面内若干个封闭的平面边界修剪。操作过程如下:

(1) 选择菜单【绘图】/【曲面】/【平面修整】命令,或单击工具栏的 按钮。

(2) 弹出【串连】对话框,同时提示:"选择用于定义平面边界的串连 1"。按提示,在图形窗口依次选择两个或两个以上曲线链,单击【串连】对话框中的 ✔ 按钮,完成串连选择。

(3) 弹出如图 7-8 所示的【平面修整】操作栏,并实时预览修改效果,直到效果满意为止。单击应用 按钮,固定当前创建的平整曲面,并回到初始状态,以便继续创建其他曲面;单

击确定 ✅ 按钮,即可生成平整曲面,如图7-9所示,并结束命令。

平面修整　重新串连　增加串连　手动串连

图7-8　【平面修整】操作栏

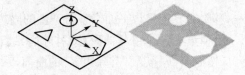

图7-9　平整曲面

在创建平整曲面时,若用户选择了开放曲线链,系统会弹出如图7-10所示【Mastercam】对话框。若单击该对话框中的 是(Y) 按钮,系统"视为"封闭曲线链去创建平整曲面,如图7-11所示;若单击该对话框中的 否(I) 按钮,系统放弃该曲线链,仍然显示【平面修整】操作栏,用户可以单击操作栏中的 按钮,重新串联其他曲线链去创建平整曲面。

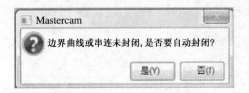

图7-10　【Mastercam】对话框

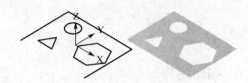

图7-11　开放曲线链-平面修整

4. 填充内孔

填充内孔就是将平面修整中的内孔或外孔边界进行填充生成新曲面并与原曲面吻合。

选择菜单【绘图】/【曲面】/【填补内孔】命令,或单击工具栏的 按钮,弹出【填补内孔】操作栏,同时系统提示:"选择曲面或实体面"。按系统提示单击需填补的曲面后,又提示:"选择要填充的孔的边界"。将鼠标移至要填充内孔边界并按Enter键,打开【警告】提示:"是否填充所有内孔?"单击【否】则只填补所选内孔,单击【是】将填充曲面所有内孔。如图7-12所示。在填充外孔时,操作相同,只是在填充外孔的同时,将曲面边界也填充生成矩形曲面。如图7-13所示。

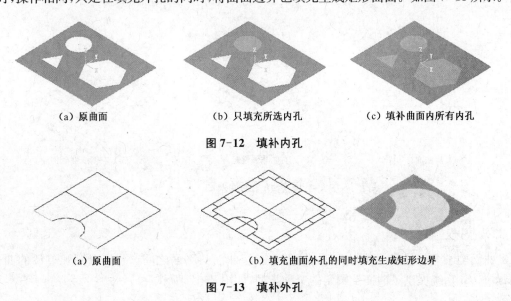

(a) 原曲面　　　　　(b) 只填充所选内孔　　　　　(c) 填补曲面内所有内孔

图7-12　填补内孔

(a) 原曲面　　　　　(b) 填充曲面外孔的同时填充生成矩形边界

图7-13　填补外孔

5. 移除边界

移除边界就是将平面修整时产生的内边界移除,使平面回复未被修剪的状态。

选择菜单【绘图】/【曲面】/【移除边界】命令,或单击工具栏的 ▣ 按钮,系统提示:"选择曲面"。按提示单击需要"移除边界"的曲面,系统又提示:"滑动至要移除的边界"。将鼠标移至要恢复的边界(如图 7-14(a))并按鼠标左键,打开【警告】提示:"是否移除所有内部边界?"单击【否】则只移除所选内边界(如图 7-14(b));单击【是】将移除所有内边界,如图 7-14(c)所示。

（a）平面修整的曲面   （b）只移除所选边界   （c）移除所有边界

图 7-14　移除边界

6. 曲面延伸

曲面延伸就是将曲面的指定边界进行延伸,该命令只对未被修剪过的曲面边界有效。

选择菜单【绘图】/【曲面】/【延伸】命令,或单击工具栏 ▣ 按钮,弹出如图 7-15 所示的操作栏,同时系统提示:"选择要延伸的曲面"。在用户选取要延伸的曲面后,系统又提示:"将箭头滑至要从其延伸的边界"。在用户将箭头移动到需要延伸的边界,再单击鼠标左键,即可创建出延伸曲面,如 7-16 所示。

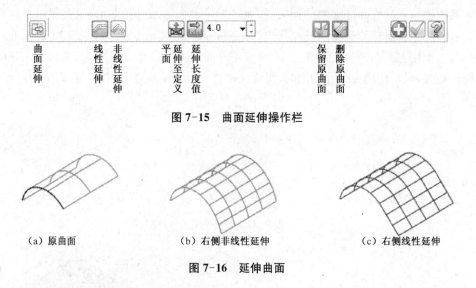

曲面延伸　　线性延伸　非线性延伸　　平面　延伸至定义　延伸长度值　　保留原曲面　删除原曲面

图 7-15　曲面延伸操作栏

（a）原曲面   （b）右侧非线性延伸   （c）右侧线性延伸

图 7-16　延伸曲面

7. 曲面倒圆角

曲面倒圆角就是在曲面与曲面、曲面与曲线、曲面与平面之间产生一个圆弧过渡的曲面。Mastercam 系统提供了曲面倒圆角的三种类型,如图 7-17 所示。

（1）曲面与曲面倒圆角

可在曲面与曲面之间进行倒圆角操作。操作方法如下：

① 选择菜单【绘图】/【曲面】/【圆角】/【至曲面】命令，或单击工具栏的 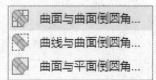 按钮，系统提示："选择第一组曲面，按＜Enter＞继续"，按系统提示，在选取第一组需要倒圆角的曲面按 Enter 键后，系统又提示："选择第二组曲面，按＜Enter＞继续"，再选取第二组要倒圆角的曲面并单击 Enter 键，结束曲面选取。

图 7-17　曲面倒圆角

② 弹出【曲面与曲面圆角】对话框（如图 7-18 所示）；并在图形窗口预览按照默认设置生成的圆角曲面，在用户修改【曲面与曲面圆角】对话框的有关参数，实时预览并修改效果，对未能生成圆角的某些部位，单击 ←─┼─→ 按钮后，图形窗口中需要倒圆角的曲面上显示法向箭头，系统提示："单击要翻转法线的曲面。完成后按＜Enter＞键。"当用户单击某（或某些）曲面调整曲面的法向箭头（箭头必须同时指向圆角曲面的曲率中心），按 Enter 键，返回【曲面与曲面圆角】对话框，直至效果满意，单击应用 ┼ 按钮，固定当前创建的圆角曲面，并回到初始状态，以便继续创建其他圆角曲面；单击确定 ✓ 按钮，即可生成圆角曲面。如图 7-19 所示。

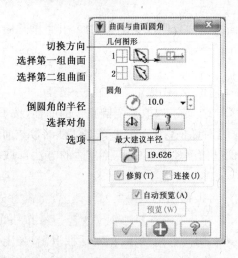

（a）原相交曲面　　　　　（b）两曲面倒圆角

图 7-19　曲面与曲面倒圆角

③ 单击【曲面与曲面圆角】对话框中的【选项】按钮可打开【圆角-曲面选项】对话框，如图 7-20 所示，进行必要的设置。在【圆角-曲面选项】对话框中，可以设置产生曲面的形式、原始曲面处理、修剪的效果等等。

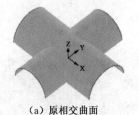

图 7-18　【曲面与曲面圆角】对话框

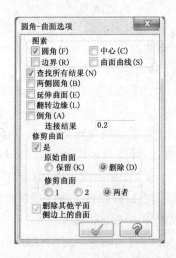

图 7-20　【圆角-曲面选项】对话框

（2）曲线与曲面倒圆角

曲线与曲面倒圆角就是在曲线与曲面之间进行倒圆角操作，创建的圆角曲面以曲线为其一条边界，另一边界则与曲面相切。

操作方法如下：

① 选择菜单【绘图】/【曲面】/【圆角】/【至曲线】命令，或单击工具栏 ▨ 按钮。

② 系统提示："选择曲面，按＜Enter＞键继续"。按系统提示，选取需要倒圆角的曲面，按 Enter 键，弹出【串连】对话框，并提示："选择曲线 1"。选取需要倒圆角的曲线，按 Enter 键，单击【串连】对话框中的确定 ✔ 按钮完成曲面、曲线选取。

③ 打开【曲面与曲线圆角】对话框，如图 7-21 所示。同时在图形窗口按照默认设置生成圆角的曲面，若未能生成圆角，系统弹出【警告】："找不到圆角"。单击【警告】中的 确定 按钮，返回【曲面与曲线圆角】对话框，单击 切换方向按钮与调整圆角半径值，直到参数合理生成圆角曲面。单击【曲面与曲线圆角】对话框的确定 ✔ 按钮，完成圆角的创建如图 7-22。或单击应用 ➕ 按钮，继续创建新的圆角。

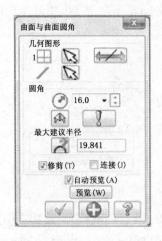

图 7-21 【曲面与曲线圆角】对话框

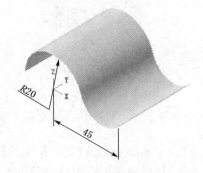

图 7-22 曲线与曲面倒圆角

（3）曲面与平面倒圆角

曲面与平面倒圆角，该命令用于在定义的平面与曲面之间产生圆角曲面，并且圆角曲面正切于此平面和曲面。

操作方法如下：

① 选择菜单【绘图】/【曲面】/【圆角】/【至平面】命令，或单击工具栏 ▨ 按钮。

② 系统提示："选择曲面，按＜Enter＞键继续"。按提示选取需要倒圆角的曲面，按 Enter 键，弹出【曲面与平面圆角】（图 7-23）和【平面选择】对话框（图 7-24），该对话框的参数前面已介绍，不再赘述，并提示："选择平面"。利用【平面选择】对话框中某种合适的方法选取平面后，单击确定 ✔ 按钮完成平面选取。

③ 在图形窗口按默认设置生成圆角曲面，用户可根据预览效果实时修改，直至满意为止。若未能生成圆角，系统弹出【警告】："未找到圆角"。单击【警告】中的 确定 按钮，返回【曲面与平面圆角】对话框，单击该对话框中的 切换方向按钮，该对话框退出，弹出系统提示："单击要翻转法线的曲面。完成后按＜Enter＞键。"按提示调整曲面法向箭头（箭头必须

同时指向圆角曲面的曲率中心），调整完毕按 Enter 键，返回【曲面与平面圆角】对话框，图形窗口重新显示产生圆角的效果满意后，单击【曲面与平面圆角】对话框中的确定 ✓ 按钮，完成平面与曲面间圆角的创建，如图 7-25。或单击应用 ✚ 按钮，继续创建新的圆角。

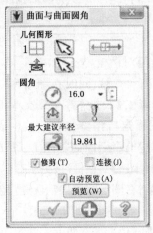

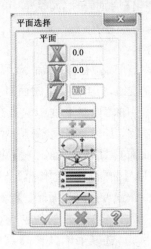

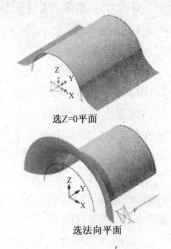

选Z=0平面

选法向平面

图 7-23　【曲面与平面圆角】对话框　　图 7-24　【平面选择】对话框　　图 7-25　曲面与平面圆角

四、任务实施

盆的创建。

1. 准备工作

（1）新建文件

选择【文件】/【新建文件】命令或单击 ⬜ 按钮，将文件保存为"pen jia gong"。

（2）层别与属性设置

单击次菜单中的【层别】，弹出【层别管理】对话框，层别的设置如图 7-26 所示，将层别编号为 1 的设为当前层，单击确定 ✓ 按钮完成图层设置。

（3）构图环境设置

在次菜单中选择：2D，屏幕视图—等角视图，构图平面—俯视图，Z—0；线型—实线，线宽—细，图素颜色—黑色。

2. 绘制线架模型

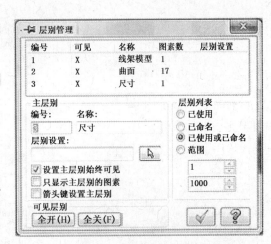

图 7-26　层别管理设置

绘制圆：选择菜单命令【绘图】/【弧】/【圆心点画圆】，弹出【中心点画圆】操作栏，捕捉坐标原点为圆心，直径输入 60，按 Enter 键，单击确定 ✓ 按钮，绘出如图 7-27(a) 所示的圆。

3. 创建曲面

（1）切换图层

单击次菜单中的【层别】，弹出【层别管理】对话框，单击编号 2，将编号 2 设为当前构图层，单击确定 ✓ 按钮。

（2）创建曲面

① 牵引。选择菜单【绘图】/【曲面】/【牵引】命令，弹出【串连】对话框，按提示串连 φ60 的圆，单击【串连】对话框确定 ✓ 按钮，打开【牵引曲面】对话框（图 7-28），同时在图形窗口按默认设置生成牵引曲面，修改【牵引曲面】对话框中的参数：点选牵引【长度】并在该文本框中输入 25，牵引角度文本框中输入 25°，具体如图 7-28 所示。在图形窗口预览修改参数生成的新牵引曲面，满意后单击【牵引曲面】对话框中确定 ✓ 按钮，创建的牵引曲面如图 7-27(b)。

② 平面修整：选择菜单【绘图】/【曲面】/【平面修整】命令，弹出【串连】对话框，按提示串连 φ60 的圆，单击【串连】对话框确定 ✓ 按钮，打开【平面修整】操作栏，同时在图形窗口按默认设置创建修整平面，预览其效果后，单击【平面修整】操作栏的确定 ✓ 按钮，结果如图 7-27(c)所示。

③ 曲面倒圆角。倒盆底的圆角，选择菜单【绘图】/【曲面】/【圆角】/【至曲面】命令，单击圆锥曲面按 Enter 键，单击平面按 Enter 键，打开【曲面与曲面圆角】对话框，如图 7-29 所示，在【曲面与曲面圆角】对话框中设置圆角半径为 5，选择【修剪】复选框，效果满意单击确定 ✓ 按钮，结果如图 7-27(d)所示。

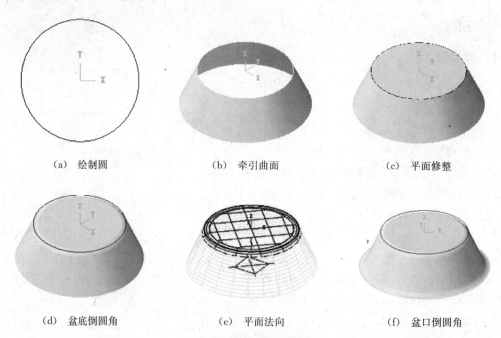

（a）绘制圆　　　　　（b）牵引曲面　　　　　（c）平面修整

（d）盆底倒圆角　　　　　（e）平面法向　　　　　（f）盆口倒圆角

图 7-27　盆的创建

④ 曲面与平面倒圆角。到盆口边缘的圆角，选择菜单【绘图】/【曲面】/【圆角】/【至平面】命令，单击圆锥曲面，按 Enter 键，弹出【平面选择】对话框，在该对话框中选用 Z 平面并在该文本框输入－25，即平面到原点的 Z 向距离－25（图 7-30），并按 Enter 键，这时在图形窗口显示所选平面的法向，如图 7-27(e)所示。单击【平面选择】对话框中的确定 ✓ 按钮完成平面选

取。打开【曲面与平面圆角】对话框,在图形窗口预览按照默认设置生成的倒圆角曲面,并在【曲面与平面圆角】对话框中,修改圆角半径为5,选择【修剪】与【自动预览】,如图7-31所示。效果满意单击该对话框中的确定 ✓ 按钮,结果如图7-27(f)所示。

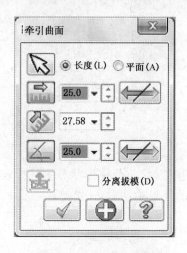

图7-28 牵引曲面参数

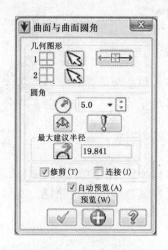

图7-29 曲面与曲面圆角

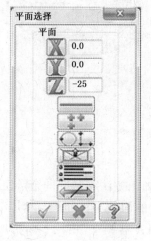

图7-30 平面选择

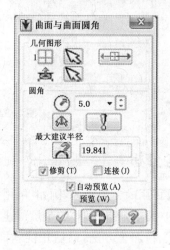

图7-31 曲面与平面圆角

⑤ 曲面延伸 盆口边缘的延伸,选择菜单【绘图】/【曲面】/【曲面延伸】命令,弹出【曲面延伸】操作栏,在该操作栏中,锁定 和 3.0 按钮,并在延伸长度文本框中输入3,按提示选中盆口圆角曲面,并将箭头移到盆口边缘最外侧,单击鼠标左键,生成延伸曲面,单击【曲面延伸】操作栏中的确定 ✓ 按钮,结果如图7-1所示。

任务二 等高外形和放射状的粗、精加工

知识要求

等高外形粗、精加工参数设置;

放射状粗、精加工参数设置；

挖槽粗加工；

陡斜面加工；

浅平面精加工。

→**技能要求**

对不同零件的类型选择合理的加工方法；

熟练运用所学的加工方法去加工零件，并达到其技术要求。

一、任务描述

将本项目任务一中创建的盆曲面(图 7-1)，按凹模形状与凸模形状分别选择较为可行的加工方案并生成其相应的刀具路径。实体模拟加工的结果参见图 7-32。

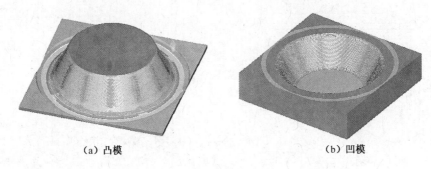

(a)凸模   (b)凹模

图 7-32 曲面加工

二、任务分析

加工该零件可用的方法较多，例如：可用铣平面的加工方法将盆底的余量切除、挖槽粗加工将盆侧壁以内(凸模则指以外)的余量快速切除，其余曲面的半精加工与精加工则可选放射状与等高外形粗、精加工方法，最后用陡斜面精加工精修盆侧壁，用浅平面精加工修光圆弧倒角。

为了介绍多种加工方式，所以，凹模形状按铣平面、挖槽粗加工、放射状半精加工、环绕等距精加工、陡斜面精加工和浅平面精加工的工艺路径编制其刀具路径；凸模形状按铣平面、挖槽粗加工、放射状半精加工、等高外形精加工、陡斜面平行加工和浅平面精加工的工艺路径编制其刀具路径。

三、知识链接

1. 放射状粗加工

放射状粗加工是以某一点为中心向四周发散，或者由圆周外缘向中心点集中的一种刀具路径，它适合于圆形工件加工。在中心位置加工效果比较好，靠近边缘加工效果略差，因而整体效果不是很均匀。

选择菜单【刀路】/【曲面粗加工】/【粗加工放射状刀路】命令,出现【选择凸缘/凹口】对话框。在选择某种形状(如凸)后,单击该对话框中的确定 ✓ 按钮,系统提示:"选择驱动面"。用户选取需加工的曲面,按 Enter 键,弹出【刀路/曲面选择】对话框,单击对话框中的确定 ✓ 按钮,打开【放射状曲面粗车】对话框,该对话框中的【刀路参数】和【曲面参数】选项卡中的各参数与【曲面粗加工平行铣削】对话框中的【刀路参数】与【曲面参数】基本相同。下面介绍【放射状粗加工参数】(图 7-33)选项卡中的一些参数。

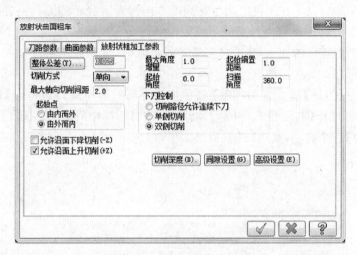

图 7-33　放射状粗加工参数

(1) 起始点

包括:①由内而外,刀具从放射状中心点向外围切削;②由外而内,刀具从放射状的圆周外围向中心切削。

(2) 最大角度增量

设置放射状切削加工相邻两刀具路径间的最大夹角,以控制放射状切削加工刀具路径的密度(图 7-34 中最大角度增量为 10)。

(3) 起始偏置距离

用于设置放射状切削刀具路径的起切点与放射状

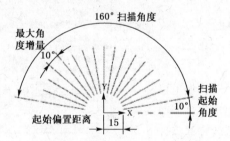

图 7-34　放射状粗加工参数注解

刀具路径中心点间的距离,以避免在中心处刀具路径过于密集而降低效率。如图 7-34 中的起始偏置距离 15。

(4) 起始角度

用于设置放射状切削刀具路径的起始角度,即第一条切削的刀具路径与 X 轴逆时针方向的正向夹角。在图 7-34 中起始角度为 10。若设置为负值,系统将以顺时针方向切削完成放射状切削路径。

(5) 扫描角度

用于设置放射状切削刀具路径的扫描角度,即放射状刀具路径的覆盖角度范围。在图 7-34 中的扫描角度为 160°。

2. 放射状精加工

放射状精加工与放射状粗加工一样,产生从一点向四周发散或者从四周向中心集中的精加工刀具路径。放射状精加工中的参数设置与放射状粗加工中的参数设置基本相同,这里就不再赘述。

3. 等高外形铣削粗加工

等高外形加工的特点是在工件上产生在高度方向等距离分布的刀具路径,相当于将工件沿 Z 轴方向进行等分切削。等高外形除了可以沿 Z 轴等分外,还可以沿外形等分。等高外形加工较适用于陡斜面零件的加工,当毛坯接近零件形状时,无需一层一层地对毛坯进行切削,此时选择等高外形加工方法比较理想。

选择菜单命令【刀路】/【曲面粗加工】/【粗加工等高外形刀路】,或单击【曲面粗加工】工具栏的 ▨ 按钮,可打开【曲面粗车-外形】对话框,该对话框中有【刀路参数】【曲面参数】和【外形粗加工参数】三个选项,其中【外形粗加工参数】选项(图 7-35)是等高外形粗加工的专用参数。

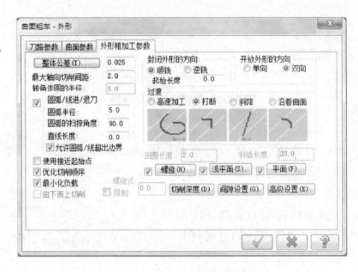

图 7-35　等高外形粗加工参数

(1) 封闭外形的方向

该选项中的参数用于设置等高外形加工中,封闭式外形的切削方向。其中包括:

① 顺铣　选择该单选框,加工封闭式曲面外形时,刀具的旋转方向与刀具移动的方向相同。

② 逆铣　选择该单选框,加工封闭式曲面外形时,刀具的旋转方向与刀具移动的方向相反。

③ 起始长度　设定每层刀具路径的起始点(下刀点)与上层刀具路径起点的偏移距离,使每次下刀位置发生变化,避免刀痕。图 7-36 所示,为起始长度为 0 和 5 的情况。

(2) 开放外形的方向

该选项用于设定等高外形加工中,开放式外形的切削方向。对于开放式轮廓,在加工到边

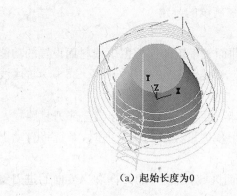 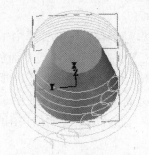

（a）起始长度为0　　　　　　（b）起始长度为5

图 7-36　下刀点的偏移距离

界时刀具需要转向。系统提供了【单向】和【双向】两种方式进行加工。

（3）过渡方式

该选项中的参数用于设置当移动量小于容许间隙时刀具的移动方式，与前面平行粗加工参数中介绍的【间隙设置】基本相同。其中，【高速加工】表示以平滑方式越过间隙，与【平滑】方式相似；【斜降】表示以直线方式直接横越间隙，与【直接】方式相似。

（4）转角走圆的半径

该选项用于设定刀具路径在锐角处（小于135°）生成的圆弧刀具路径的半径值。

（5）圆弧/进线/退刀

该复选框用于曲面等高外形加工中，设置一段进/退刀引导刀具路径。其中【圆弧半径】设置圆弧引导刀具路径的半径，【圆弧的扫掠角度】设置圆弧引导刀具路径所覆盖的角度范围，【直线长度】设置直线引导刀具路径的长度。选择【允许圆弧/线超出边界】复选项，表示系统允许在曲面边界处产生进/退刀刀具路径。

（6）由下而上切削

该选项用于设置等高外形加工时，刀具路径从工件底部开始向上切削，在工件顶部结束。

（7）螺旋式下刀

选中【螺旋...】复选框，将螺旋式下刀功能激活，单击该按钮，打开【螺旋参数】对话框如图 7-37 所示，用于设置螺旋下刀的刀具路径与切削方式。

图 7-37　【螺旋参数】对话框　　　　**图 7-38　【浅平面外形】对话框**

【螺旋参数】对话框中的参数意义与二维挖槽加工中【螺旋式下刀】参数基本相同。如【半径】用于设置螺旋圆弧的半径；【Z 安全高度】设置开始螺旋下刀时，刀具离工件表面的 Z 向高度；【下刀角度】设置螺旋线与 XY 平面的角度，即螺旋线的升角。

(8) 浅平面加工

浅平面加工选项，为保证等高外形加工时，在曲面较平坦的部位留下残料而设置的功能。

选中【平面...】复选框可激活浅平面加工功能，单击该按钮打开如图 7-38 所示的【浅平面外形】对话框，对话框中各选项的含义如下：

① 在浅平面处删除刀路　该选项用于自动移除浅平面区域的部分或全部刀具路径。当浅平面区域相邻刀具路径 XY 方向的切削间距大于步进量极限的设定值时，系统将自动删除该部分的刀具路径。

② 在浅平面处增加刀路　该选项用于在浅平面区域，按设置的 Z 向和 XY 向的进刀量自动添加刀具路径。

③ 最小轴向切削间距　用于设定添加刀具路径时最小的 Z 向切削间距。该设定值只有在小于 Z 方向的最大切削间距时，才能在浅平面区域添加刀具路径。

④ 限制角度　用于限定浅平面的区域范围。例如，当【限制角度】文本框中值为 30°时，系统将会对加工对象中所有 0°～30°的浅平面区域产生刀具加工路径。

⑤ 限制径向切削间距　用于设定添加或删除刀具路径时，XY 方向的进刀量限制值。在浅平面区域添加刀具路径时，该值作为刀具路径 XY 方向的最小进刀量；在浅平面区域删除刀具路径时该值作为刀具路径 XY 方向的最大进刀量。

⑥ 允许局部切削　该选项用于设定仅在浅平面区域添加或删除刀具路径。

(9) 平面区域

选择该复选框并单击该按钮，打开如图 7-39 所示的对话框，用于定义二维或三维加工平面区域 XY 方向的切削间距。

图 7-39　平面外形

4. 等高外形铣削精加工

精加工等高外形依据曲面外形的轮廓一层一层地切削而生成精加工刀具路径。其特点是，它的加工路径产生在相同的等高线轮廓上，因此又称曲面等高外形精加工。

当零件某部位的结构有特定的高度或斜度较大时，在采用精加工等高外形铣削中，则在斜坡的顶部或坡度较小的部位，选择浅平面精加工来完善该部位的曲面加工。

选择菜单命令【刀路】/【曲面精加工】/【精加工等高外形刀路】，或单击【曲面精加工】工具栏的 按钮，可打开【曲面精车-外形】对话框，该对话框中的【外形精加工参数】选项（图 7-40）是等高外形铣削精加工的专用参数。该选项卡与等高外形粗加工参数一致，不再赘述。

5. 挖槽粗加工

挖槽粗加工是依照曲面形状，沿 Z 方向向下产生逐层梯田状粗加工的刀具路径。即在同一高度上完成所有的加工后再进行下一个高度的加工。它在每一层上的走刀方式与二维挖槽类似。挖槽粗加工在实际粗加工过程中使用频率较高，绝大多数工件都可以利用挖槽进行最初的粗加工。挖槽粗加工提供了多样化的刀具路径及多种下刀方式，是粗加工中最为重要的

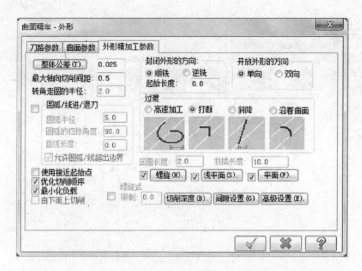

图 7-40　等高外形精加工参数

刀具路径之一。

选择菜单命令【刀路】/【曲面粗加工】/【粗加工挖槽刀路】，或单击【曲面粗加工】工具栏的 按钮，可打开【曲面粗车-挖槽】对话框，该对话框中有【刀路参数】【曲面参数】【粗加工参数】和【挖槽参数】四个选项卡，其中【粗加工参数】(图 7-41)和【挖槽参数】(图 7-42)是挖槽粗加工中的专用参数。

在【粗加工参数】选项卡中，主要对前面没有介绍过的参数意义加以说明如下。

进刀选项中的参数用于设置曲面挖槽加工时的下刀方式，系统提供了螺旋与斜降两种下刀方式，可参照二维挖槽加工。

在【挖槽参数】选项卡中，主要用于设置挖槽时的切削方式、粗精加工参数等与二维挖槽参数中的粗、精加工参数选项卡类似。

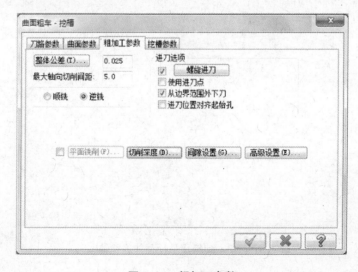

图 7-41　粗加工参数

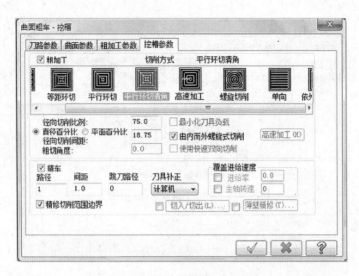

图 7-42   挖槽参数

6. 精加工平行陡斜面

平行陡斜面精加工主要用于清除残留在曲面斜坡上的材料。采用粗加工或某种精加工方式对曲面进行加工后，会在近于垂直的陡斜面（包括垂直面）处的刀具路径过稀，而遗留过多的残料，达不到曲面精度的要求。利用陡斜面精加工可对前次加工中达不到要求的陡斜面进行再加工，因此一般与其他的加工模块配合使用。

执行主菜单命令【刀路】/【曲面精加工】/【平行陡斜面】，可以打开【曲面精车-平行陡斜面】对话框，如图 7-43 所示。其中【陡斜面平行精加工参数】选项卡用来设置平行陡斜面精加工刀具路径的特有参数。现将部分参数介绍如下：

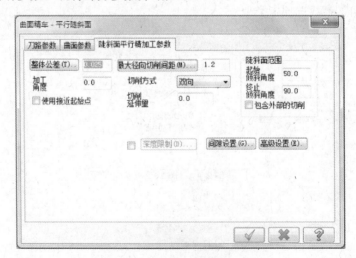

图 7-43   陡斜面平行精加工参数

（1）切削延伸量

切削延伸量用于设定切削方向上刀具路径向两端的延伸量，并跟随曲面曲率延伸。如

图 7-44 所示。

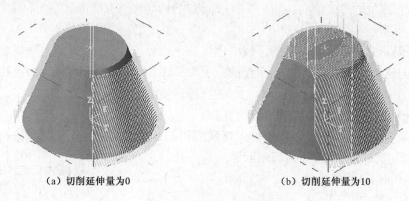

（a）切削延伸量为0　　　　　　　　（b）切削延伸量为10

图 7-44　切削方向延伸量

（2）陡斜面范围

陡斜面范围，用以下两个选项来定义：

① 起始倾斜角度　用于输入计算陡斜面的起始角度，角度越小，越适合加工曲面的平坦部位。

② 终止倾斜角度　用于输入计算陡斜面的终止角度，角度越大，越适合加工曲面的陡斜部位。

7. 精加工浅平面加工

精加工浅平面加工用于清除曲面平坦部分的残留材料。精加工浅平面与精加工陡斜面正好互补。精加工浅平面与精加工陡斜面一样，需要与其他的加工模块配合使用。

选择菜单【刀路】/【曲面精加工】/【精加工浅平面刀路】命令，可以打开【曲面精车-浅铣削】对话框，如图 7-45 所示。其中【浅平面精加工参数】选项卡用来设置浅平面精加工刀具路径特有的参数。部分参数介绍如下。

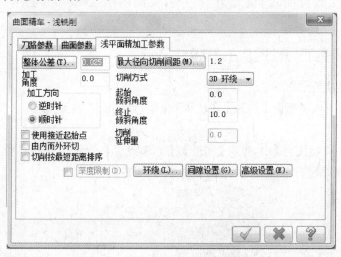

图 7-45　浅平面精加工参数

（1）切削方式

浅平面加工的方式有单向、双向和 3D 环绕三种，可从"切削方式"的下拉列表中选择一种。

3D 环绕是指系统在被加工过的区域中建立一个边界，刀具在此边界上形成加工路径，再沿此边界横向进给一个距离，形成一个与前一个刀具路径平行的刀具路径，如此往复，直至完成整个区域的加工。当选择该选项时，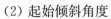 按钮被激活，单击该按钮，打开如图 7-46 所示的【环绕设置】对话框，在该对话框中，用【覆盖自动精度计算】选项中径向切削间距的百分比来设置 3D 环绕切削加工精度，径向切削间距的百分比越小，精度越高，刀具路径越长，程序也越长。

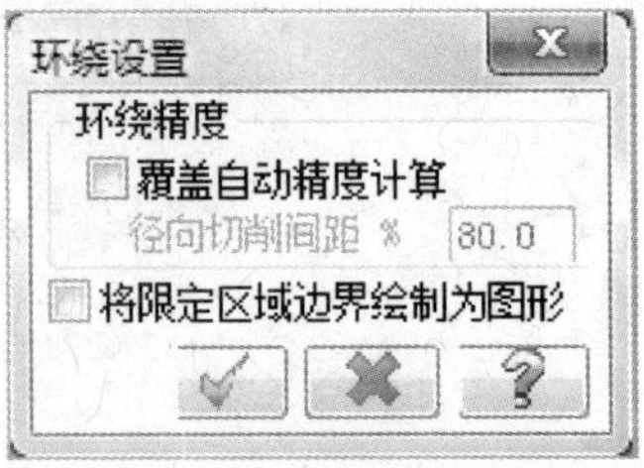

（2）起始倾斜角度

用于设置曲面浅平面的最小陡斜面角度。

（3）终止倾斜角度

用于设置曲面浅平面内的最大陡斜面角度。

图 7-46 3D 环绕设置

（4）由内而外环切

选中该选项的复选框，则横向进给由内向外进行，否则横向进给由外向内进行。

四、任务实施

1. 准备工作

（1）打开文件

选择菜单命令【文件】/【打开】，按存盘的路径找到"pen jia gong"文件，单击【打开】对话框中的【打开】按钮打开该文件。

（2）设置层别

将层别编号为 2（曲面）的设为当前图层，关闭图层 1（线架），打开图层 3（尺寸），如图7-26。

2. 选择机床类型与设置加工毛坯

（1）选择机床类型

单击菜单栏【机床类型】/【铣床】/【默认】命令，进入铣削加工模块。

（2）设置加工毛坯

在【操作管理】的【刀路】中，选择【属性】/【毛坯设置】命令，进入【机床群组属性】对话框，利用"边界框"设置毛坯（图 7-47）。创建辅助平面如图 7-48 所示。

3. 铣平面

（1）选择刀具及参数

选择菜单【刀路】/【平面铣】命令，弹出【输入新 NC 名称】对话框，单击确定 ✔ 按钮，弹出【串连】对话框，串连 φ60 的外圆后，单击【串连】对话框中的确定 ✔ 按钮退出串连，打开

【2D刀路-平面铣削】对话框，单击该对话框中的【刀具】选项，利用【刀具管理器】对话框，选择一把 φ50 的面铣刀，参数设置见图 7-49 所示。

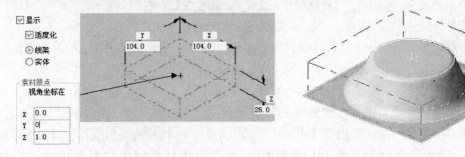

图 7-47 设置加工毛坯   图 7-48 创建辅助平面

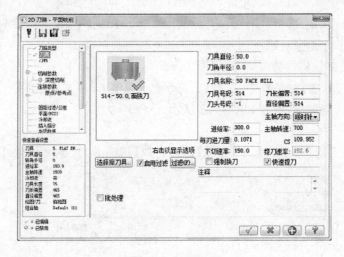

图 7-49 刀具参数

（2）切削参数

单击【2D刀路-平面铣削】对话框中的【切削参数】选项，打开【切削参数】选项卡，参数设置如图 7-50 所示。

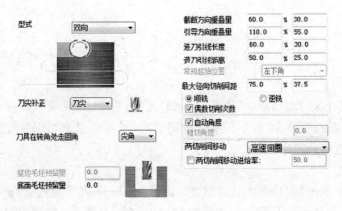

图 7-50 切削参数

单击【2D 刀路-平面铣削】对话框中的【连接参数】选项,打开该选项卡,参数设置:安全高度 100,参考高度 50,下刀位置 5,工件表面 1,切削深度 0(绝对坐标)。

单击【2D 刀具路径-平面铣削】对话框中的【原点/参考点】选项,打开【原点/参考点】选项卡,参数设置:机床原点默认,参考点:进刀/提刀相同 X200、Y0、Z100。

最后单击【2D 刀路-平面铣削】对话框中的确定 ✔ 按钮,生成一个平面加工的刀具路径。

4. 粗加工挖槽加工

为尽快地从零件原材料上尽可能多地去除多余材料,这里选择粗加工挖槽加工来实现。

选择菜单【刀路】/【曲面粗加工】/【粗加工挖槽刀路】命令,按系统提示框选所有曲面在窗口内,按 Enter 键,打开【刀路/曲面选择】对话框,单击该对话框中边界范围的选择按钮 ⌕ ,打开【串连】对话框,按系统提示,串连辅助平面的四条边,单击【串连】对话框中的确定 ✔ 按钮,退出串连选项。返回【刀路/曲面选择】对话框中,单击对话框中的确定 ✔ 按钮,弹出【曲面粗车-挖槽】对话框。

(1)选择刀具并设置参数

在【曲面粗车-挖槽】对话框中,选择【刀路参数】选项卡,在选项卡中选一把直径为 20 的圆鼻刀,圆角半径 3,其参数设置如图 7-51 所示。

(2)曲面参数

在【曲面粗加工挖槽】对话框中,选择【曲面参数】选项卡,其参数设置:毛坯预留量驱动面上 2,其余见图 7-52。

图 7-51　刀具路径参数　　　　　　　图 7-52　曲面参数

(3)粗加工参数

在【曲面粗车-挖槽】对话框中,选择【粗加工参数】选项卡,其参数设置:最大轴向切削间距 5,其余见图 7-53 所示。螺旋下刀参数设置如图 7-54 所示。切削深度设置:选择绝对坐标;最小、最大深度值分别为 3、-25。

(4)挖槽参数

在【曲面粗车-挖槽】对话框中,选择【挖槽参数】选项卡,其参数设置:选择粗加工,粗加工切削方式选择【平行环切】,径向切削间距 6;精加工 1 次,间距 1。其余如图 7-55 所示。实体验证,其结果见图 7-56 所示。

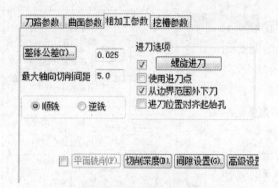

图 7-53　粗加工参数

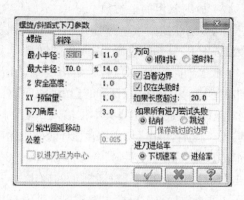

图 7-54　螺旋下刀参数

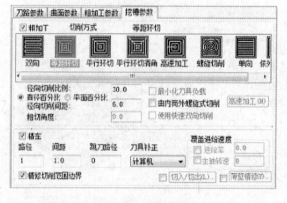

图 7-55　挖槽参数

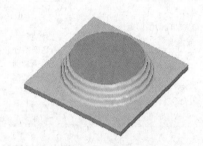

图 7-56　实体验证

5. 粗加工放射状加工

单击【操作管理】/【刀路】操作栏中的 按钮,然后再单击 按钮,关闭前两项操作的刀具路径。

半精加工工件,进一步切除多余的材料,为精加工做准备。

选择菜单【刀路】/【曲面粗加工】/【粗加工放射状刀路】命令,弹出【选择凸缘/凹口】对话框,选择该对话框中的【凸】,单击该对话框中的确定 按钮,退出该对话框,按提示选择需加工曲面,按 Enter 键,弹出【刀路/曲面选择】对话框,单击对话框中边界范围选择按钮 ,打开【串连】对话框,按系统提示,串连辅助平面的四条边,单击【串连】对话框中的确定 按钮,退出串连。返回【刀路/曲面选择】对话框中,单击对话框中的确定 按钮,弹出【放射状曲面粗车】对话框。

（1）选择刀具并设置参数

在【放射状曲面粗车】对话框中,单击【刀路参数】选项卡,在选项卡中选一把直径为 12 的圆鼻刀,圆角半径为 3,其参数设置如图 7-57 所示。

（2）曲面参数

在【放射状曲面粗车】对话框中,选择【曲面参数】选项卡,其参数设置:毛坯预留量驱动面上 0.5,其余参数参照图 7-52。

（3）放射状粗加工参数

在【放射状曲面粗车】对话框中，选择【放射状粗加工参数】选项卡，其参数设置：最大角度增量4°，起始偏置距离40，最大轴向切削间距4，起始角度0°，扫描角度360°，单击 切削深度(D)... 按钮，在打开的【切削深度】对话框中选择【绝对坐标】，【最小深度】文本框输入3，【最大深度】文本框输入−25后，单击【切削深度】对话框中的确定 ✔ 按钮退出【切削深度】设置，其余参数如图7-58所示。最后单击【放射状曲面粗车】对话框中的确定 ✔ 按钮，系统提示："选择放射点"，鼠标左键捕捉盆底中心，完成放射状粗加工的刀具路径，实体验证，其结果见图7-59所示。

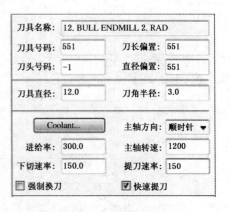

图7-57　刀具路径参数

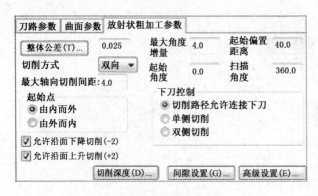

图7-58　放射状粗加工参数

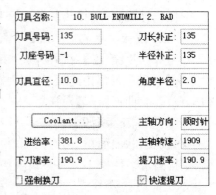

图7-59　实体验证

6. 等高外形精加工

单击操作管理器【刀路】操作栏中的 ✔ 按钮，然后再单击 ≋ 按钮，关闭前三项操作的刀具路径。

为了保证加工精度，使加工的曲面更接近实际形状、更光滑，应当进行精加工。精加工中，为了有效切除粗加工中刀具路径的刀痕，采用等高外形精加工。

选择菜单【刀路】/【曲面精加工】/【等高外形】命令，按系统提示选择所有曲面，按 Enter 键，弹出【刀路/曲面选取】对话框，单击该对话框中的选取检查面按钮 ，回到绘图区，点击辅助平面，按 Enter 键，返回【刀路/曲面选取】对话框，并点击该对话框中的确定 ✔ 按钮，退出加工曲面的选取。

（1）选择刀具并设置参数

弹出【曲面精车-外形】对话框，在该对话框中点击【刀路参数】选项卡，在选项卡中选一把直径为10的圆鼻刀，圆角半径为2，其参数设置如图7-60所示。

图7-60　刀具路径参数

（2）曲面参数

在【曲面精车-外形】对话框中,选择【曲面参数】选项卡,其参数设置:毛坯预留量驱动面上 0,检查面预留量 0.01,其余见图 7-52 所示。

（3）等高外形精加工参数

在【曲面精车-外形】对话框中,选择【外形精加工参数】选项卡,其参数设置:最大轴向切削间距 0.5,切削深度设置与上道工序的放射状粗加工相同,其余见图 7-61 所示。等高外形精加工所有参数设置完,单击【曲面精车-外形】对话框中的确定 ✔ 按钮,退出曲面的精加工参数设置。验证实体,效果如图 7-62 所示。

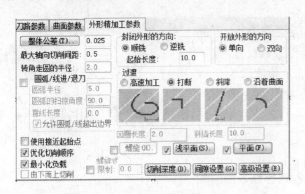

图 7-61 等高外形精加工参数

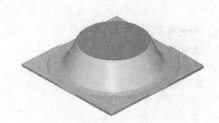

图 7-62 验证实体

7. 精加工平行陡斜面

这项精加工是为了切除残留在圆锥侧壁上的残料,使加工的曲面形状更接近实际曲面形状。在加工前,关闭所有操作的刀具路径。

选择菜单【刀路】/【曲面精加工】/【平行陡斜面】命令,选取所有要精加工的曲面,按 Enter 键,弹出【刀路/曲面选取】对话框,点击该对话框中的确定 ✔ 按钮,退出加工曲面选取。

（1）选择刀具并设置参数

弹出【曲面精车-平行陡斜面】对话框,在该对话框中点击【刀路参数】选项卡,在选项卡中选一把直径为 φ5 的圆鼻刀,圆角半径为 2,其参数设置如图 7-63 所示。

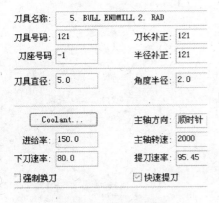

图 7-63 刀具路径参数

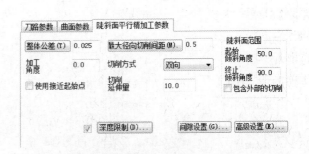

图 7-64 陡斜面平行精加工参数

（2）曲面参数

在【曲面精车-平行陡斜面】对话框中，选择【曲面参数】选项卡，其参数设置与精加工等高外形加工一致。

（3）陡斜面精加工参数

在【曲面精车-平行陡斜面】对话框中，选择【陡斜面平行精加工参数】选项卡，其参数设置：最大切削间距 0.5，加工角度 0，切削方式单向，从倾斜角度 50°，到倾斜角度 90°切削延伸量 10，其余如图 7-64 所示。

8. 精加工平行陡斜面

这项操作是为了使整个圆锥侧壁都能得到修光，再进行一次精加工平行陡斜面加工，操作过程与参数设置，除了将【陡斜面平行精加工参数】选项卡中的加工角度改为 90°，其余所有参数设置与步骤 7 完全一致，不再赘述。实体验证结果如图 7-65 所示。

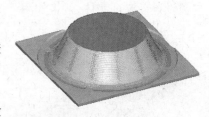

图 7-65　实体验证

9. 精加工浅平面加工

为了切除盆底与盆口圆弧倒角的残料，选择浅平面精加工。

选择菜单【刀路】/【曲面精加工】/【精加工浅平面刀路】命令，选取所有要精加工的曲面，按 Enter 键，弹出【刀路/曲面选择】对话框，在该对话框中，点击选取检查面按钮 　　，回到图形窗口，选择盆底的圆和辅助平面，按 Enter 键，返回【刀路/曲面选择】对话框，并点击该对话框中的确定 　　 按钮，退出加工曲面选取。

（1）选择刀具并设置参数

弹出【曲面精车-浅铣削】对话框，在该对话框中点击【刀路参数】选项卡，在选项卡中选一把直径为 4 的圆鼻刀，圆角半径为 1，其参数设置如图 7-66 所示。

（2）曲面参数

在【曲面精车-浅铣削】对话框中，选择【曲面参数】选项卡，其参数设置与精加工等高外形加工一致。

图 7-66　刀具路径参数　　　　　　　　　　图 7-67　浅平面精加工参数

（3）浅平面精加工参数

在【曲面精车-浅铣削】对话框中，选择【浅平面精加工参数】选项卡，其参数设置：最大切削间距 0.5，切削方式 3D 环绕，从倾斜角度 0°，到倾斜角度 45°，其余如图 7-67 所示。

所有参数设置完毕，最后单击【曲面精加工浅平面】对话框中的确定 ✔ 按钮，完成曲面精加工。实体验证的效果如图 7-32（a）凸模所示。

凹盆加工步骤：前面 1～3 步与凸盆相似，不再叙述。

10. 粗加工挖槽加工

为尽快地从零件原材料上尽可能多地去除多余材料，这里选择粗加工挖槽加工来实现。

选择菜单【刀路】/【曲面粗加工】/【粗加工挖槽刀路】命令，按系统提示框选所有曲面在窗口内，按 Enter 键，打开【刀路/曲面选择】对话框，单击对话框中的确定 ✔ 按钮，弹出【曲面粗车-挖槽】对话框。

（1）设置参数

在【曲面粗车-挖槽】对话框中，选择【刀路参数】【曲面参数】【粗加工参数】和【挖槽参数】选项卡，在这些选项卡中的参数设置基本与盆的凸模加工参数相同。不同的是，在建模时，凸模盆底圆心即工件原点设置在工作坐标系的原点上，凸模的盆壁向 Z 轴的负方向延伸，凹模盆口的圆心即工件原点设置在工作坐标系的原点上，凹模盆壁向 Z 轴的负方向延伸。

（2）实体验证

其效果如图 7-68 所示。

图 7-68　实体验证

11. 粗加工放射状加工

在操作管理器的【刀路】操作栏中单击 ⬚ 按钮，然后再单击 ≋ 按钮，关闭前两项操作的刀具路径。

半精加工工件，进一步切除多余的材料，为精加工做准备。

选择菜单【刀路】/【曲面粗加工】/【粗加工放射状刀路】命令，弹出【选择凸缘/凹口】对话框，点选该对话框中的【凹】，单击对话框中的确定 ✔ 按钮退出，按系统提示选择需加工曲面，按 Enter 键，弹出【刀路/曲面选择】对话框，单击对话框中的确定 ✔ 按钮退出，弹出【放射状曲面粗车】对话框。

（1）设置参数

在【放射状曲面粗车】对话框中，分别选择【刀路参数】【曲面参数】【放射状粗加工参数】选项卡，进行参数设置，其中【刀路参数】【曲面参数】的设置基本与盆的凸模参数相同；【放射状粗加工参数】基本与盆的凸模参数相同（图 7-58），不同的是起始偏置距离值改为 1。

（2）实体验证

其效果如图 7-69 所示。

图 7-69　实体验证

12. 精加工环绕等距加工

在操作管理器的【刀路】操作栏中单击 ✅ 按钮，然后再单击 ≋ 按钮，关闭前面所有操作的刀具路径。

为了保证加工精度，使加工曲面的形状更接近实际曲面形状、更光滑，进行精加工。精加工中，为了有效切除粗加工中刀具路径的刀痕，采用等高外形精加工。

选择菜单【刀路】/【曲面精加工】/【精加工环绕等距刀路】命令，选取需要加工曲面，按Enter 键，弹出【刀路/曲面选取】对话框，单击该对话框中的确定 ✅ 按钮，弹出【曲面精车-等距环绕】对话框。

(1) 设置参数

在【曲面精车-等距环绕】对话框中，分别选择【刀路参数】【曲面参数】【环绕精加工参数】选项卡，其中【刀路参数】【曲面参数】的设置与盆凸模【曲面精车-外形】选项卡中的基本相同（图 7-60、图 7-52）。只是将【曲面参数】中检查面上毛坯预留量改为 0；而【环绕精加工参数】的设置如图 7-70 所示。

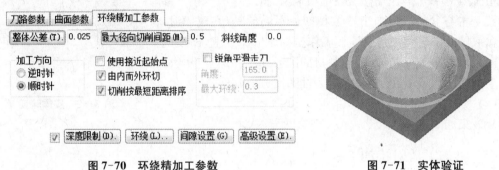

图 7-70　环绕精加工参数　　　　　　　图 7-71　实体验证

(2) 实体验证

其效果如图 7-71 所示。

13. 精加工平行陡斜面与浅平面

在精加工之后，在某特殊部位都有可能留下残料，该零件在盆的侧壁，盆底与盆口边缘倒圆角处，都留有一定的残料，这里借助于精加工平行陡斜面与浅平面加工来光整这些部位，以提高曲面加工形状精度与表面粗糙度。

这里所采用的精加工平行陡斜面和浅平面加工的步骤与参数设置和盆的凸模相似，就不再叙述。最终模拟加工的结果如图 7-32(b)凹模所示。

习　题

CAD 部分

按图 7-72、图 7-73 所示的尺寸要求，利用牵引、挤出及曲面编辑命令创建曲面。

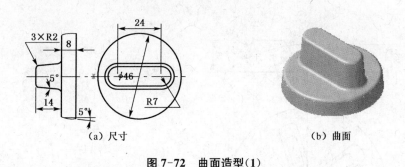

（a）尺寸　　　　　　　　　　　（b）曲面

图 7-72　曲面造型（1）

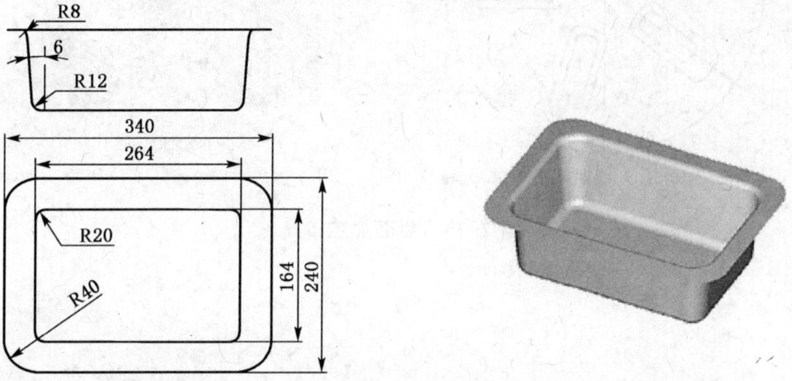

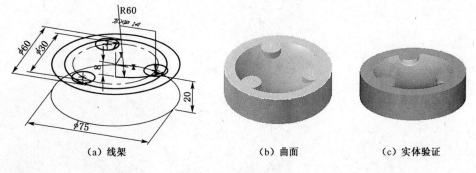

（a）尺寸　　　　　　　　　　　（b）曲面

图 7-73　曲面造型（2）

CAM 部分

1. 按照图 7-74(a)所示尺寸，创建图 7-74(b)所示曲面，并选取合理的加工方法，生成其刀具路径，实体验证效果参见图 7-74(c)。

（a）线架　　　　　　（b）曲面　　　　　　（c）实体验证

图 7-74　曲面加工（1）

2. 按照图 7-75(a)所示尺寸，创建图 7-75(b)所示曲面，并选取合理的加工方法，生成其刀具路径，实体验证效果参见图 7-75(c)。

曲面造型提示：底座圆球部分可用旋转曲面造型，四个凸台用两个截面，一个轨迹扫描创建一个曲面，再复制完成其余三个。

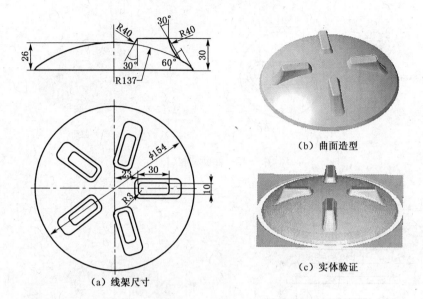

（a）线架尺寸

（b）曲面造型

（c）实体验证

图 7-75　曲面加工（2）

项目八

流线、钻削式铣削加工

任务一　创建流线、钻削式加工曲面

知识要求

网状曲面；
围篱曲面；
曲面熔接。

技能要求

掌握各种常见曲面的创建方法与曲面的编辑功能；
能快速创建中等复杂的曲面。

一、任务描述

用网状曲面与曲面熔接的方法来创建如图 8-1 所示的曲面。

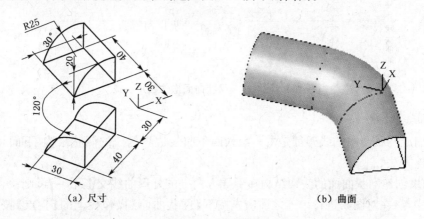

(a) 尺寸　　　　　　　　　　　(b) 曲面

图 8-1　曲面造型

二、任务分析

该曲面的创建明确规定用网状曲面与曲面熔接的方法，由已知的线架模型可知首先创建

两端的网状曲面,再用两曲面熔接的方法将这两个网状曲面光滑连接即可。

创建网状曲面,必须先绘制线架模型。线架模型的绘制:在两个构图平面绘制出截面外形,然后在俯视图中将其连线平移 40 即可。

三、知识链接

1. 网状曲面

网状曲面是由相交曲线构建的,一般的网状曲面至少由两条横截面(Across)曲线和两条引导方向(Along)曲线构成,在截断面方向的一条或两条曲线轮廓可以缩短为一个或两个端点,网状曲面如图 8-2 所示。

图 8-2　网状曲面

(1)操作方法

① 选择菜单【绘图】/【曲面】/【网状曲面】命令,或单击工具栏中 按钮。

② 弹出【串连】对话框,同时显示如图 8-3 所示的操作栏,并提示:"选择串联 1"。用户根据曲线链的结构特点采用相应的串联方式选取生成网状曲面所需的曲线链后,单击【串连】对话框中的确定 按钮,即可生成网状曲面。

图 8-3　网状曲面操作栏

(2)曲线的串连

一般构成网状曲面的线架都是由一系列四条曲线边界构成的网状结构,下面是一些特殊情况的串连方法。

① 如果创建网状曲面的线架结构在引导方向上的外形曲线交汇于一点,则该点就称为网状曲面的尖点,在对图素进行串连之前应先按下【网状曲面】操作栏上的【尖点】按钮之后,再对各图素进行串连。串连完成后,捕捉尖点来完成网状曲面的构建。

② 如图 8-4 所示,该线架结构由一条封闭的截断外形曲线和四条引导外形曲线组成,四条引导外形曲线交汇于一点,该点称为"极点 P"。完成线架造型后,需将通过 P 点的两圆弧在该点处打断,再进行串连。串连时,先串连四条曲线,然后以"串连"方式来串连截断方向的封闭外形曲线。

③ 如图 8-5 所示,图(a)表示的线架结构由三条引导外形和一条截断外形组成;图(b)为用该线架构创建的网状曲面。三条引导外形在 P_1 与 P_2 处形成两个极点,串连图形之前,需将引导外形在极点处打断。串连曲线 1、2、3 时需采用"部分串连"的方式,串连截断外形 4 时采用"串连"即可。

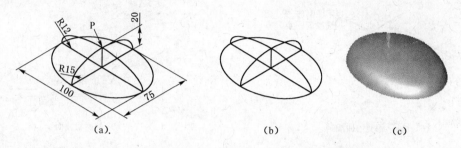

图 8-4 一条封闭的截断外形曲线和四条引导外形曲线组成

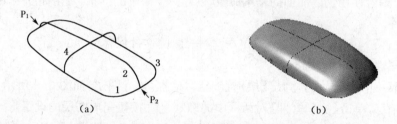

图 8-5 一条截断外形曲线和四条引导外形曲线组成

④ 对于如图 8-6 所示的网状,完全可以用矩形窗框选方式来选取外形曲线。则该曲线及与其近似平行的曲线将被视为引导方向,其余曲线则被设置为截断方向。

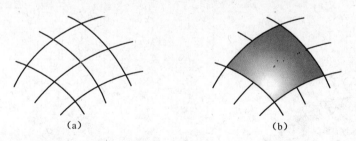

图 8-6 近似平行的引导曲线与近似平行的截断曲线

由上述④可知:选取曲线链的顺序不限,且每一条曲线链的串联方向也不限,但构成每一个曲线链的所有线段必须被一次串连链接起来,即必须是一次串连而选取的一个曲线链,创建网状曲面的曲线链可以是修整的,也可以是未修整的,系统可以自动在封闭的曲线链网络区域内创建网状曲面。

(3)网状曲线的相交性

绘制一个 100 mm×60 mm 的矩形后,将两侧短边向下平移 20,利用此四条边界线构建网状曲面,此时系统自动将第一次选取图素的方向作为引导方向,其余图素则由系统自动确定其方向,而与选取顺序无关。

通过此例可知,对于构建网状曲面的两个方向上的线架模型曲线链,在 Z 坐标轴没有相交时,可以通过【网状曲面】操作栏中的 截断方向 下拉列表选项来指定曲面生成的 Z 轴深度,如图 8-7 所示。

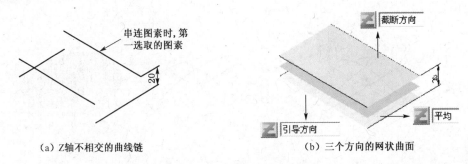

（a）Z轴不相交的曲线链 　　　　　　　　　（b）三个方向的网状曲面

图 8-7　不同 Z 坐标的网状曲面

实例 1　综合使用创建曲面的基本命令,创建一个雨伞的形状,效果如图 8-8 所示。

新建文件

选择【文件】/【新建文件】命令或单击 按钮,将文件保存为"yu san"。

图层与属性设置

单击次菜单中的【层别】,弹出【层别管理】对话框,建立图层:如图 8-9 所示,并将层别编号 1 设为当前层,单击【层别管理】对话框中的确定 按钮完成图层的设置。

属性设置　在次菜单中选择:2D,屏幕视图,构图平面—俯视图,Z—0;线型—实线,线宽—细,图素颜色—黑色。

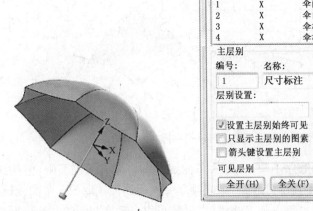

图 8-8　雨伞 　　　　　　　　　　　图 8-9　层别管理

创建线架模型

（1）单击 按钮,在弹出的对话框中,设置多边形参数,如图 8-10 所示。输入多边形的中心为坐标原点,单击 按钮确定,结果如图 8-11(a)所示。

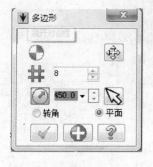

图 8-10　多边形

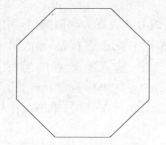

图 8-11(a)　绘制多边形

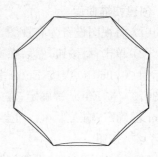

图 8-11(b)　两点画弧

(2) 执行【绘图】/【弧】/【两点画弧】命令；设置弧的半径为 1 000，在正八边形每条边的两个端点处绘制圆弧，结果如图 8-11(b)所示。

(3) 将视图设置为等角视图。

(4) 执行【绘图】/【点】/【位置点】命令；输入坐标(0,0,260)，在此处创建点(单击工具栏中的 ⊛ 按钮)，结果如图 8-11(c)所示。

(5) 执行【绘图】/【弧】/【三点画弧】命令；在正八边形各对应的点和刚刚绘制的点处绘制圆弧，结果如图 8-11(d)所示。

(6) 删除正八边形的边，结果如图 8-11(e)所示。

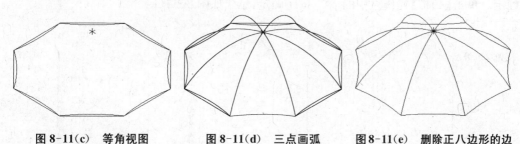

图 8-11(c)　等角视图　　　图 8-11(d)　三点画弧　　　图 8-11(e)　删除正八边形的边

创建网状曲面

(1) 将编号 2 设置为当前图层。

(2) 执行【绘图】/【曲面】/【网状曲面】命令；依次选择如图 8-11(f)所示的线段 a、b、c，单击 ✓ 按钮确定，结果如图 8-11(g)所示。

(3) 将绘图平面设为俯视图，选中创建的网状曲面，执行【转换】/【旋转】命令；设置旋转参数，如图 8-12 所示，单击 ✓ 按钮确定，结果如图 8-11(h)所示。

图 8-11(f)　串连曲线　　　图 8-11(g)　网状曲面　　　图 8-11(h)　旋转曲面

创建扫描曲面

(1) 将视图设置为右视图,将编号 3 设置为当前图层,关闭编号 2 和 1。

(2) 单击 ⬉ 按钮,然后在操作栏中锁定 ⬛ 按钮,输入第 1 点的坐标为(0,260,0),按 Enter 键确定;输入第 2 点的坐标为(0,−330,0),按 Enter 键确定;输入第 3 点的坐标为(20,−330,0),按 Enter 键确定;输入第 4 点的坐标为(20,−305,0),单击操作栏中的确定 ✓ 按钮。

(3) 单击 ▢ 按钮,设置倒圆角半径为 5,点击需倒角的两线段,单击操作栏中的确定 ✓ 按钮。结果如图 8-11(i)所示。

(4) 将视图设置为俯视图,绘制圆,单击工具栏 ⊙ 按钮,输入圆心坐标为(0,0,260),输入直径为 9,单击确定 ✓ 按钮,结果如图 8-11(j)所示。

(5) 将图层 4 设置为当前图层。

(6) 执行【绘图】/【绘制曲面】/【扫描曲面】命令;弹出【扫描】操作栏,锁定 ▱ 按钮,同时弹出【串连】对话框,串连圆为扫描截面外形,单击 ✓ 按钮确定。串连线段 AB 为扫描路径,单击 ✓ 按钮确定。单击【扫描】操作栏中的 ✓ 按钮确定,结果如图 8-11(k)所示。

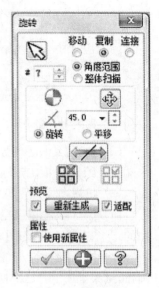

图 8-12　旋转参数

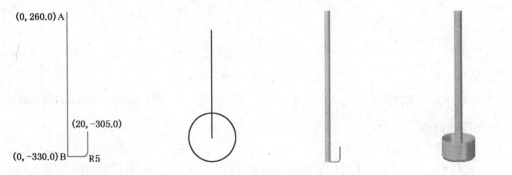

图 8-11(i)　扫描杆线架　　图 8-11(j)　旋转线架　图 8-11(k)　扫描杆　　图 8-11(l)　旋转手柄

创建旋转曲面

(1) 执行【绘图】/【绘制曲面】/【旋转曲面】命令;选择图 8-11(i)所示的截面(AB 段除外)作为旋转截面;选择线段 AB 为旋转中心,单击 ✓ 按钮确定,结果如图 8-11(l)所示。

(2) 关闭编号 3,打开编号 2,结果如图 8-8 所示。

实例 2　利用网状曲面的方法创建如图 8-13(b)所示的网状曲面。线架模型尺寸如图 8-13(a)所示。

新建文件

选择【文件】/【新建文件】命令或单击 ▯ 按钮,将文件保存为"fei zao he"。

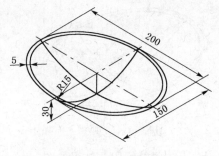

图 8-13(a) 线架

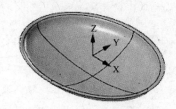

图 8-13(b) 网状曲面

层别与属性设置

单击次菜单中的【层别】,弹出【层别管理】对话框,建立图层:编号 1,【名称】线架模型;编号 2,【名称】曲面;编号 3,【名称】辅助线;并将编号 1 设置为当前层,单击【层别管理】对话框中的确定 ✔ 按钮完成层别设置。

属性设置 在次菜单中选择:3D,屏幕视图与构图平面—俯视图,Z—0;线型—实线,线宽—细,图素颜色—黑色。

线架模型的绘制

(1) 绘制椭圆:单击工具栏的 ⬭ 按钮,在【椭圆】对话框中,输入长轴半径 100,短轴半径 75,捕捉坐标系原点为基准点,单击【椭圆】对话框中的确定 ✔ 按钮。

(2) 单击工具栏的 ⊪ 按钮,在【偏置】对话框中,设置偏置距离为"5",单击椭圆向椭圆内移动鼠标并点击左键,偏移产生较小的椭圆。如图 8-14(a)所示。

(3) 将编号 3 设置为当前层,线型设为点画线,单击工具栏的 ↖ 按钮,绘制出通过椭圆长轴、短轴的中心线;将绘图平面设为右视图,屏幕视图设为等角视图,在操作栏中,锁定 ⫟ 按钮,长度输入 30,第一点捕捉坐标系原点,向 Z 轴负方向移动鼠标到适当位置,单击鼠标左键绘制出垂直于椭圆面的直线。如图 8-14(b)所示。

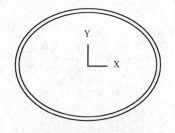

图 8-14(a) 绘制椭圆

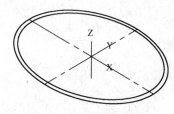

图 8-14(b) 绘制长短轴

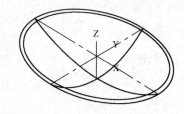

图 8-14(c) 三点画弧

(4) 将编号 1 设置为当前层,线型设为细实线,分别在右视图、前视图选择【三点画弧】命令,绘制如图 8-14(c)所示的两条圆弧。

(5) 单击工具栏 ⬭ 命令,按下 ⊕【与图素相切并通过一点】的按钮,设置圆弧半径为 15,分别选择两条以"三点画弧"创建的弧,作为所绘切弧相切的图素,两条"三点画弧"创建的弧与两中心线的交点,作为所要绘制切弧通过的点,选择所需的切弧,完成四处 R15 圆弧的绘制。如图 8-14(d)。

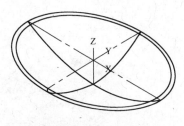 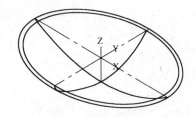

图 8-14(d)　绘切弧　　　　　　　　图 8-14(e)　修剪

(6) 单击工具栏 按钮,锁定 按钮,剪去不需要的线段。结果如图 8-14(e)。

(7) 单击工具栏 按钮,分别选择两"三点画弧"的弧,再捕捉两"三点画弧"弧的交点,将两弧打断。

创建曲面

将编号 2 设置为当前层,隐藏编号 3 的图层。

单击工具栏的 按钮,同时弹出【创建网状曲面】操作栏与【串连】对话框,用部分串连的方式串连打断的这四条圆弧,最后串连小椭圆,单击【串连】对话框中的确定 按钮,图形窗口生成网状曲面,预览效果满意后,单击【创建网状曲面】操作栏中的确定 按钮,生成网状曲面。最后单击工具栏的 按钮,选择生成的网状曲面,按 Enter 键,在弹出的【平面选择】对话框【平面】选项中选择 Z 平面＝0 且该平面法向箭头指向 Z 负方向,单击该对话框的确定 按钮退出平面选择。在【曲面与平面圆角】对话框中,圆角半径输入8,选择修剪、自动预览,图形窗口显示曲面的倒角效果,可通过 按钮调整网状曲面法向箭头,使其指向圆角曲面的曲率中心,效果满意后单击【曲面与平面圆角】对话框的确定 按钮,结果如图 8-13(b)所示。

2. 围篱曲面

将位于一曲面上的曲线或曲线在曲面上的投影沿着曲面指定方向与长度而生成直纹曲面,围篱曲面如图 8-15 所示。

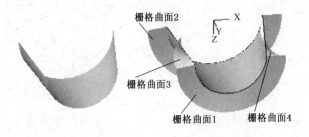

图 8-15　围篱曲面

操作方法:

(1) 选择菜单【绘图】/【曲面】/【围篱曲面】命令,或单击工具栏中的 按钮。

(2) 弹出【围篱曲面】操作栏,如图 8-16 所示。同时系统提示:"选取曲面"。按提示选取曲面。

(3) 打开【串连】对话框,依次串连所需曲线链,单击【串连】对话框中的确定 按钮退

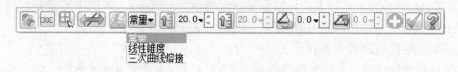

图 8-16　创建围篱曲面操作栏

出串连。

（4）在图形窗口预览按照默认设置生成的围篱曲面，用户修改【围篱曲面】操作栏的有关参数设置，并实时预览修改效果，满意后单击【围篱曲面】操作栏中的确定 ✔ 按钮退出命令。

熔接方式：

在【围篱曲面】操作栏中，给出了三种熔接方式：【常量】【线性锥度】和【三次曲线熔接】。

【常量】是围篱曲面的高度和角度沿曲线链长度方向不变（图 8-15 中的栅格曲面 1、2）。

【线性锥度】是围篱面的高度和角度沿曲线链长度方向呈线性变化（图 8-15 中的栅格曲面 4）。

【三次曲线熔接】是围篱曲面的高度和角度沿曲线链长度方向呈 S 形三次混合函数变化（图 8-15 中的栅格曲面 3）。

3. 曲面熔接

利用曲面熔接可以生成较为复杂的多片曲面，Mastercam X8 提供了三种生成熔接曲面的方法（图 8-17）。

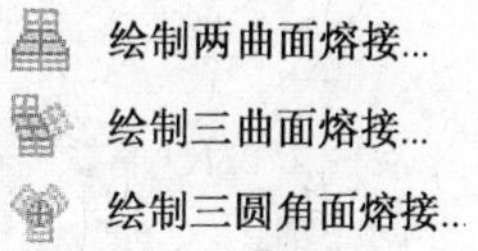

绘制两曲面熔接…

绘制三曲面熔接…

绘制三圆角面熔接…

（1）两曲面熔接

两曲面熔接就是在两个曲面之间产生一个光滑而正切于两曲面之间的新曲面，如图 8-18 所示。

图 8-17　熔接曲面的方法

操作方法：

① 选择菜单【绘图】/【曲面】/【两曲面熔接】命令，或单击工具栏中 ▦ 按钮。

② 弹出【两曲面熔接】对话框（图 8-19），同时提示："选择熔接到的曲面"。

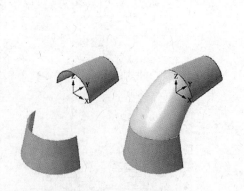

图 8-18　两曲面熔接

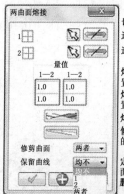

图 8-19　【两曲面熔接】对话框

③ 选取要熔接的曲面 1，选择的曲面上显示一个箭头，系统并提示："将箭头滑至熔接位置"。用户将箭头移动到要熔接的起始位置并单击鼠标左键确定，这时曲面产生一条参考曲线

来标识熔接的起始位置和熔接方向。如果某曲面的熔接方向不对,可以单击曲面熔接对话框中对应的切换方向 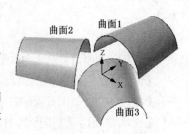 按钮予以切换。

④ 选取要熔接的曲面 2,操作同③。

⑤ 预览按照默认设置生成的熔接曲面效果,并对【两曲面熔接】对话框中的参数进行修改,达到满意效果后,单击该对话框中的确定 ✔ 按钮完成曲面熔接。

（2）三曲面熔接

三曲面熔接可以在三个曲面之间创建光滑连接的曲面。其操作过程与两曲面熔接相似,但此时设置的熔接量值是包括三个曲面的。

实例 3 完成如图 8-20 所示的三曲面熔接,结果参见图8-21(d)。

① 选择【绘图】/【绘制曲面】/【三曲面熔接】命令,或单击工具栏 按钮。

② 选取要熔接的第一个曲面,并指定熔接的起始位置和熔接的方向(如图 8-21(a)所示)。如果曲面参考曲线标识的熔接方向不对,可以按【F】键进行更改。

③ 选取要熔接的第二个曲面,并指定熔接的起始位置和熔接的方向(如图 8-21(b))。

图 8-20　三曲面熔接前

④ 选取要熔接的第三个曲面,并指定熔接的起始位置和熔接的方向(如图 8-21(c))。

　　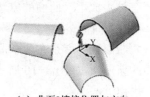

(a) 曲面1熔接位置与方向　　　(b) 曲面2熔接位置与方向　　　(c) 曲面3熔接位置与方向

图 8-21　三曲面熔接位置与方向

⑤ 弹出【三曲面熔接】对话框,如图 8-22 所示,同时图形窗口显示按照默认设置生成的熔接曲面,预览其效果,并修改【三曲面熔接】对话框的有关参数设置,效果满意后,单击该对话框中的确定 ✔ 按钮退出命令。

图 8-21(d)　三曲面熔接　　　图 8-22　【三曲面熔接】对话框

（3）三圆角面熔接

三圆角曲面熔接一般用于在曲面与曲面倒圆角之后，再对已创建的三个圆角曲面进行熔接，以便在三圆角曲面的交接处得到光滑的圆角过渡。

操作方法：

① 选择【绘图】/【绘制曲面】/【三圆角面熔接】命令，或单击工具栏 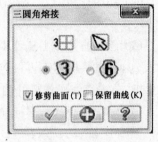 按钮。

② 顺序选取第 1 个、第 2 个和第 3 个要熔接的圆角曲面。

③ 弹出【三圆角熔接】对话框，如图 8-23 所示。设定各项参数并预览效果，满意后单击该对话框中的确定 ✔ 按钮完成熔接。结果如图 8-24 所示。

图 8-23 【三圆角熔接】对话框

其中，单选框 ③ 或 ⑥ 用于设定在产生熔接曲面的边数为 3 或 6； ☑ 保留曲线(K) 复选框用于设定在产生熔接曲面时，是否保留原曲面曲线； ☑ 修剪曲面(T) 复选框用于设定是否在产生熔接曲面时对原有曲面执行修剪。

（a）三圆角曲面

（b）三边形熔接

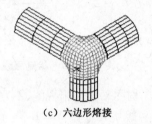
（c）六边形熔接

图 8-24 三圆角面熔接

四、任务实施

1. 准备工作

（1）新建文件

选择【文件】/【新建文件】命令或单击 按钮，将文件保存为"liu xian jia gong"。

（2）层别与属性设置

单击次菜单中的【层别】，弹出【层别管理】对话框，按图 8-25 所示建立图层，并将编号 1 设为当前层，单击对话框中的确定 ✔ 按钮完成图层设置。

属性设置 在次菜单中选择：2D，屏幕视图与构图平面—俯视图，Z—0；线型—实线，线宽—细，图素颜色—黑色。

图 8-25 层别设置

2. 绘制线架

（1）绘制直线 单击工具栏的 按钮，起点输入(0,30)，按 Enter 键，终点输入(0,70)，按 Enter 键,单击确定 ✅ 按钮退出命令。

(2) 旋转直线　选择刚刚绘制的直线,单击工具栏 🔄 按钮,在【旋转选项】对话框中设置:复制,旋转次数 1,旋转角度 120°。单击该对话框中的确定 ✅ 按钮,如图 8-26(a)所示。

(3) 构图环境设置　在次菜单中选择:3D,屏幕视图—等角视图,构图平面—前视图,Z 为 30。

(4) 绘制直线　单击工具栏 ✏️ 按钮,锁定 ↕ 按钮,起点捕捉上面绘制直线的端点,长度输入 20,单击鼠标左键;再锁定 ↔ 按钮,长度输入 30,起点捕捉刚刚绘制直线的端点,单击鼠标左键;单击直线操作栏的确定 ✅ 按钮退出命令。

(5) 单击 ➕ 按钮,半径输入 25,捕捉刚刚绘制的两直线端点,单击确定 ✅ 按钮退出命令。如图 8-26(b)所示。

图 8-26(a)　绘制直线　　　　　图 8-26(b)　直线与圆弧

(6) 构图平面—俯视图,Z 为 0。选取前视图中绘制的两直线及圆弧,单击 🔧 按钮,在对话框中选取从一点到另一点 ➡️ 按钮,选择连线平移,捕捉步骤(1)中绘制直线的两端点,单击对话框中的确定 ✅ 按钮完成平移。如图 8-26(c)所示。

(7) 构图平面—法向定面,按提示选取法线(图 8-26(d)),单击【选择平面】对话框中的确定 ✅ 按钮,再单击【新建平面】对话框中的确定 ✅ 按钮,设置好构图平面 8(新建平面 8)。

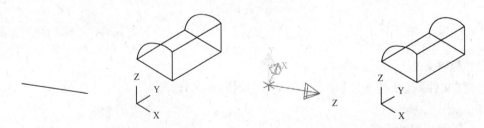

图 8-26(c)　连线平移直线圆弧　　　　图 8-26(d)　法向定构图平面

(8) 在新建平面 8 中,按步骤(6)同样方法,绘制出线架模型,如图 8-26(e)所示。

3. 创建曲面

(1) 网状曲面　屏幕视图—等角视图,构图平面—俯视图,单击 🔳 按钮,分别选取截面外形和引导轨迹四条边,单击【串连】对话框中的确定 ✅ 按钮,再单击创建网状曲面操作栏中的 ➕ 按钮,以同样方法创建另一个网状曲面,最后单击【创建网状曲面】操作栏中的确定 ✅ 按钮,生成两曲面如图 8-26(f)所示。

（2）连接两曲面 单击 ▦ 按钮，选取曲面1，并将箭头移到要熔接曲面的边缘，调整熔接方向；选取曲面2，将箭头移到要熔接曲面的边缘，调整熔接方向，单击对话框中的确定 ✔ 按钮，结果如图8-1所示。

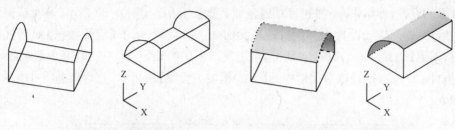

图8-26(e) 绘制线架　　　　　　　　　　　图8-26(f) 网状曲面

任务二　用流线、钻削式加工曲面

▶知识要求

流线粗、精加工；
钻削式粗加工。

▶技能要求

掌握各种常见曲面的粗、精加工方法；
能合理选择零件曲面的加工方法，并安排合理加工工艺流程。

一、任务描述

利用所学的曲面加工方法，加工如图8-1所示曲面。加工结果参见图8-27所示。

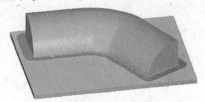

图8-27　曲面加工

二、任务分析

该零件的曲面外形比较简单，但曲面残料较多，且在工件的三个侧面是垂直陡斜还比较深，所以可选钻削式粗加工、残料粗加工或挖槽粗加工将过多的残料快速切出，半精加工可选平行粗加工、流线粗加工，精加工可选平行精加工或流线精加工，用平行陡斜式精加工、残料精加工、交线清角精加工的方法修光曲面。

该零件曲面的加工，决定采用：钻削式粗加工—平行半精加工—流线精加工—残料精加工。

三、知识连接

1. 粗加工流线加工

粗加工流线加工模块用于沿着曲面流线的方向生成粗加工刀具路径。曲面流线一般有两个方向，引导方向或截断方向产生加工刀具路径，且两方向相互垂直。

选择【刀路】/【曲面粗加工】/【粗加工流线刀路】命令，弹出【选择凸缘/凹口】对话框，选择形状（如凸），单击对话框中的确定 ✔ 按钮。按系统提示，选择加工曲面，按 Enter 键，打开【刀路/曲面选择】对话框，在对话框中有选取加工曲面、检查面和加工范围之外，还有曲面流线加工数据的设置，即单击 ✔ 按钮，弹出【流线数据】对话框如图 8-30 所示（该对话框中的相关参数在后(3)曲面流线设置中介绍），设置曲面加工参数后，单击【流线数据】对话框的确定 ✔ 按钮，返回【刀路/曲面选取】对话框，单击对话框中的确定 ✔ 按钮，弹出【曲面粗车-流线】对话框(图 8-28)，打开该对话框中的【流线粗加工参数】选项卡，并将该选项卡中的某些参数说明如下：

图 8-28　流线粗加工参数

（1）切削控制

该选项框中的参数用于曲面流线加工时，控制刀具沿曲面切削方向的进给量。系统提供了两项参数来设置：

① 距离　设定沿曲面切削方向的切削间距量。它决定着刀具在切削方向移动距离的大小。

② 整体误差　设定曲面刀具路径的精度程度，即刀具路径与曲面之间允许的最大弦差。该设置值越小则产生的刀具路径越精确。如未设置距离值时，系统将以整体误差来计算切削方向的间距。

检查流线移动时的过切情形：选中该复选框，则对刀具切削路径进行过切检查，若将出现过切，系统会对刀具路径进行自动调整。

（2）径向切削间距控制

该选项框中的参数用于曲面流线加工时，控制刀具沿曲面截断方向的进刀运动。系统提供了两项参数来设置：

① 距离　设定刀具在相邻两个切削方向路径间的步进距离，即截断方向的切削间距。

② 环绕高度　当使用非平底铣刀进行切削加工时，在两条相邻的切削路径之间，会因为球形刀具或刀具圆角等的关系而留下凸起未切削掉的余料，如图 8-29 所示。该选项用于设定曲面流线加工中允许

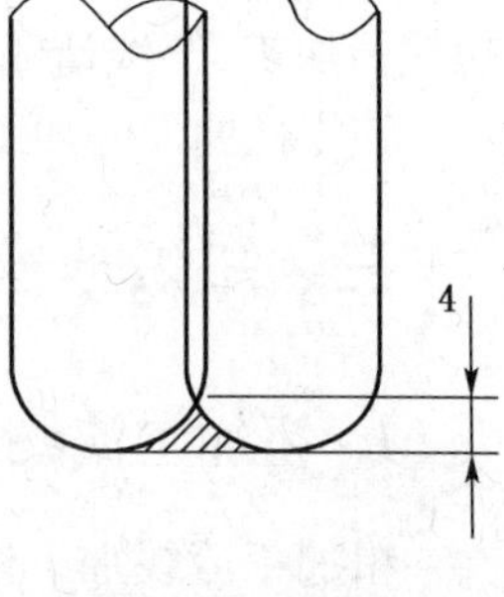

图 8-29　环绕高度

残留余料最大的凸起高度(环绕高度),系统将依据设置的这项高度值自动计算刀具与截断方向的切削间距。

一般来说,当曲面的曲率半径较大且没有尖锐的形状,或是不需要非常精密的加工,常用【距离】来设定径向切削间距;当曲面的曲率半径较小且有尖锐的形状,或是需要非常精密的加工,则应采用环绕高度来设定径向切削间距。

(3) 曲面流线设置

在【刀路/曲面选择】对话框中单击 ∼ 按钮,弹出【流线数据】对话框(图8-30),并在图形窗口显示刀具路径偏置方向、切削方向、步进方向及刀具路径起始点等。具体参数说明如下:

① 偏置 单击该按钮可改变刀具路径的偏置方向,即设置为与曲面的法线方向相同或相反。如图8-31(a)所示,刀具路经偏向曲面内部;而如图8-31(b)所示,刀具路径偏向曲面外部。

图8-30 【流线数据】对话框

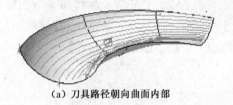

(a) 刀具路径朝向曲面内部

(b) 刀具路径朝向曲面外部

图8-31 偏置方向

② 切削方向 单击该按钮,可改变刀具路径的流线切削方向,将其设置为曲面切削方向或曲面截断方向。图8-32(a)所示为曲面切削方向,图8-32(b)所示为曲面截断方向。

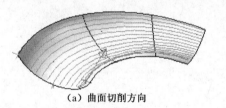

(a) 曲面切削方向

(b) 曲面截断方向

图8-32 切削方向

③ 步进方向 单击该按钮,可改变每层刀具路径移动的方向,即变换刀具路径切削的起始边,如图8-33所示。

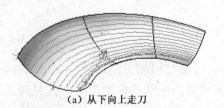

(a) 从下向上走刀

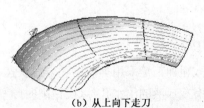

(b) 从上向下走刀

图8-33 步进方向

④ 起始　单击该按钮,可改变刀具路径的起点位置,也即下刀点位置,如图 8-34 所示。

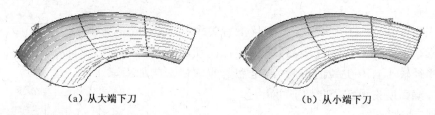

（a）从大端下刀　　　　　　　　　　　　　　（b）从小端下刀

图 8-34　起始点

2. 流线精加工

曲面流线精加工是沿着曲面的流线产生相互平行的刀具路径,选择的曲面最好不要相交,且流线方向相同,刀具路径不产生冲突,才可以产生流线精加工刀具路径。

选择【刀路】/【曲面精加工】/【精加工流线刀路】命令;选取加工曲面后,单击 Enter 键,打开【刀路/曲面选取】对话框,在选取所需的加工面、检查面、加工范围及流线加工数据后,单击对话框中的确定 ✔ 按钮,弹出【曲面精车-流线】对话框。打开该对话框中的【流线精加工参数】选项卡(图 8-35),该选项卡中的参数与流线粗加工中【流线粗加工参数】选项卡中的参数基本相同,不再叙述。

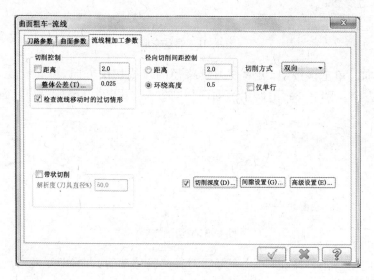

图 8-35　流线精加工参数

3. 钻削式粗加工

钻削式粗加工是采用类似钻孔方式快速对工件进行粗加工。这种加工方式有专用刀具,刀具中心有冷却液的出水孔,以供钻削时顺利地排屑。钻削式粗加工适合残料较多且比较深的工件,如图 8-36 所示。

选择主菜单【刀路】/【曲面粗加工】/【粗加工钻削式刀路】命令,可以打开【曲面粗车-钻削】对话框,单击【钻削粗加工参数】选项,打开【钻削粗加工参数】对话框,如图 8-37 所示。

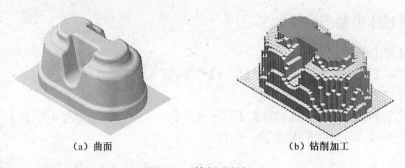

（a）曲面　　　　　　　　　　　　　（b）钻削加工

图 8-36　钻削式粗加工

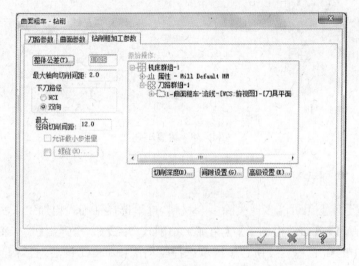

图 8-37　钻削粗加工参数

该对话框特定参数含义如下：

下刀路径——钻削路径的产生方式，有 NCI 和双向两种。

NCI——参考某一操作的刀具路径产生钻削加工的刀路。即选用已有的刀具路径 NCI 文件作为模板。

双向——选择双向，系统会提示选择两对角点作为钻削式加工的矩形范围。

最大径向切削间距——设定两钻削路径之间的距离。

四、任务实施

1. 准备工作

（1）打开文件

单击工具栏的 按钮，在【打开】对话框，按存盘的路径找到"liu xian jia gong"文件，单击该对话框中的【打开】按钮打开该文件。

（2）设置层别与属性

将当前层设置为图层 4（钻削式粗加工），关闭图层 3（尺寸）与图层 1（线架），打开图层 2。

2. 选择机床类型与设置加工毛坯

（1）选择加工机床

单击菜单栏【机床类型】/【铣床】/【默认】命令，进入铣削加工模块。

（2）设置加工毛坯

选择操作管理【刀路】中的【属性】/【毛坯设置】命令，进入【机床群组属性】对话框，利用【边界框】设置好工件毛坯并创建辅助平面（图 8-38）。

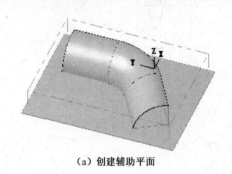
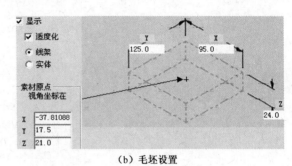

（a）创建辅助平面　　　　　　　　　　　　　（b）毛坯设置

图 8-38　设置毛坯

3. 粗加工（钻削式）

为尽快地从毛坯上尽可能多地去除多余材料，这里选择钻削式粗加工来实现。

选择菜单【刀路】/【曲面粗加工】/【粗加工钻削式刀路】命令；弹出【输入新 NC 名称】对话框，单击对话框中的确定 ✅ 按钮。按提示选择驱动面按 Enter 键后，打开【刀路/曲面选择】对话框，单击对话框中的确定 ✅ 按钮，打开【曲面粗车-钻削】对话框。

（1）选择刀具并设置参数

在【曲面粗车-钻削】对话框中，选择【刀路参数】选项，在该选项卡中选一把直径为 10 的球刀，其参数设置如图 8-39 所示。

（2）曲面参数

在【曲面粗车-钻削】对话框中，选择【曲面参数】选项卡，其参数设置：毛坯预留量驱动面上 1.0，其余见图 8-40。

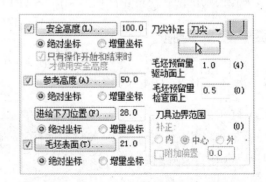

图 8-39　刀路参数　　　　　　　　　　　　图 8-40　曲面参数

（3）钻削粗加工参数

在【曲面粗车-钻削】对话框中，选择【钻削粗加工参数】选项卡，其参数设置：最大径向切削间距：5；最大轴向切削间距：6；下刀路径：双向；【切削深度】选择绝对坐标；最小深度：25；最大深度：-0.5；其余见图 8-41 所示。最后单击【曲面粗车-钻削】对话框中的确定 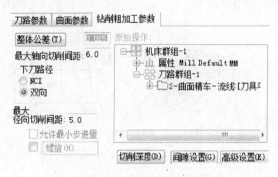 按钮，完成钻削粗加工的刀具路径。实体验证，其结果见图 8-42 所示。

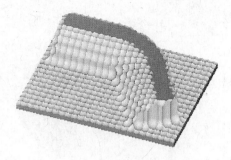

图 8-41　钻削粗加工参数设置　　　　　　图 8-42　实体验证

4. 半精加工（平行铣削）

半精加工工件，进一步切除多余的材料，为精加工做准备。

选择菜单【刀路】/【曲面粗加工】/【粗加工平行铣削刀路】命令；弹出【选择凸缘/凹口】对话框，在该对话框中选择【凸缘】，单击对话框中的确定 按钮退出，按系统提示，框选（内）加工曲面，按 Enter 键，弹出【刀路/曲面选择】对话框，单击该对话框中的确定 按钮，弹出【曲面粗车-平行】对话框。

（1）选择刀具并设置参数

在【曲面粗车-平行】对话框中，点击【刀路参数】选项，在打开的该选项卡中选一把直径为 10 的圆鼻刀，其参数设置如图 8-43 所示。

（2）曲面参数

在【曲面粗车-平行】对话框中，选择【曲面参数】选项，在该选项卡中其参数设置：毛坯预留量驱动面 0.4，其余参照图 8-40。

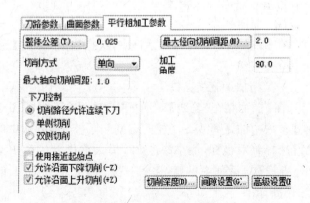

图 8-43　刀路参数　　　　　　　　　图 8-44　平行粗加工参数

（3）半精加工平行铣削参数

在【曲面粗车-平行】对话框中，选择【平行粗加工参数】选项，在该选项卡中其参数设置：最大径向切削间距：2；切削方式：单向；加工角度：90°；最大轴向切削间距：1；【切削深度】选择绝对坐标；最小深度：25；最大深度：−0.5；其余见图8-44所示。最后单击【曲面粗车-平行】对话框中的确定 ✔ 按钮，完成平行铣削半精加工的刀具路径。实体验证，其结果见图8-45所示。

图 8-45　实体验证

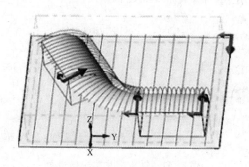

图 8-46　刀具参数

5. 精加工（流线精加工）

为了保证加工精度，使加工曲面更接近实际曲面形状、更光滑，进行精加工流线加工。精加工中，为使刀具路径与半精加工正交，更加有效地切除半精加工的刀痕，切削方向选择截断方向。

选择菜单【刀路】/【曲面精加工】/【精加工流线刀路】命令，按提示，框选（内）加工曲面，按Enter键，弹出【刀路/曲面选择】对话框，单击对话框中的 〰 按钮，打开【流线数据】设置（图8-30），调整【偏置】【切削方向】【步进方向】和【起点】等各项设置效果见图8-46所示，单击【刀路/曲面选择】对话框中的确定 ✔ 按钮，弹出【曲面精车-流线】对话框。

（1）选择刀具并设置参数

在【曲面精车-流线】对话框中，点击【刀路参数】选项卡，在选项卡中选一把直径为5的圆鼻刀，圆角半径为2。其参数设置：进给率为150，主轴转速为1 800，下切/提刀速率80，选择并设置参考点，其余参数默认。

（2）曲面参数

在【曲面精车-流线】对话框中，选择【曲面参数】选项卡，其参数设置：毛坯预留量驱动面0，其余见图8-40。

（3）精加工流线参数

在【曲面精车-流线】对话框中，选择【流线精加工参数】选项卡，其参数设置：【切削控制】参数中的距离0.5，【径向切削间距控制】参数中的距离0.5，【切削方式】单向；【深度限制】选择绝对坐标，最小深度22，最大深度−0.5，其余见图8-47所示。最后单击【曲面精车-流线】对话框中的确定 ✔ 按钮，完成精加工的刀具路径。实体验证，其结果见图8-48所示。

图 8-47　流线精加工参数

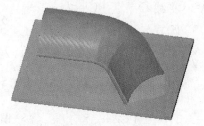

图 8-48　实体验证

6. 精加工残料清角

该工序是为了清除零件曲面交界处的残留余量。

选择菜单【刀路】/【曲面精加工】/【精加工残料铣削刀路】命令,按系统提示,框选所有加工曲面,按 Enter 键,弹出【刀路/曲面选择】对话框,单击该对话框中的确定 ✓ 按钮,弹出【曲面精车-残料清角】对话框。

(1) 选择刀具并设置参数

在【曲面精车-残料清角】对话框中,点击【刀路参数】选项卡,在该选项卡中选一把直径为 3 的球刀,其参数设置:进给率 150,主轴转速 2 000,下切/提刀速率 90,选择并设置参考点,其余参数默认。

(2) 曲面参数

在【曲面精车-残料清角】对话框中,选择【曲面参数】选项卡,其参数设置与精加工流线加工中的【曲面参数】设置相同。

(3) 残料清角精加工参数

在【曲面精车-残料清角】对话框中,选择【残料清角精加工参数】选项卡,在该选项卡中参数设置:最大径向切削间距 0.3,切削方式单向,起始倾斜角度 0°,终止倾斜角度 90°,【深度限制】选项中,选择相对于刀尖,最小深度 22,最大深度−0.5,单击【环绕设置】选项,选择【覆盖自动精度计算】,径向切削间距 10%,其余参数如图 8-49 所示。

(4) 残料清角的材料参数

在【曲面精车-残料清角】对话框中,选择【剩余材料参数】选项卡,在选项卡中参数设置:在【计算粗加工刀具的剩余材料】选项组中,粗加工刀具直径输入 5,粗加工刀具圆鼻半径输入 2,重叠距离输入 5。参见图 8-50 所示。

最后所有参数设置完毕,单击【曲面精车-残料清角】对话框中的确定 ✓ 按钮,完成残料精加工的刀具路径。实体验证,其结果见图 8-27 所示。

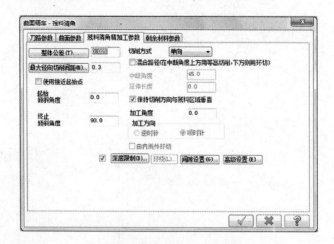

图 8-49　残料清角精加工参数

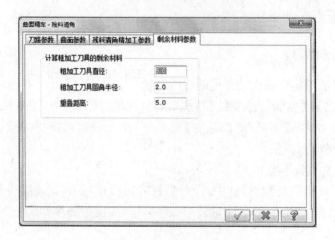

图 8-50　剩余材料参数

习　题

CAD 部分

按照图 8-51～图 8-54 所示尺寸要求,绘制线架模型并创建其曲面。

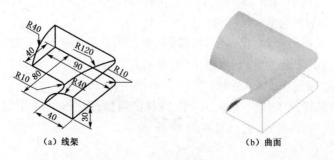

（a）线架　　　　　　　　　（b）曲面

图 8-51　曲面造型(1)

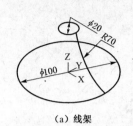

（a）线架

（b）曲面

图 8-52 曲面造型（2）

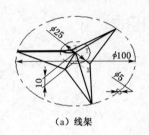

（a）线架

（b）曲面

图 8-53 曲面造型（3）

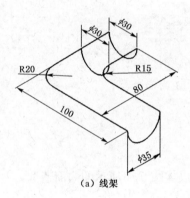

（a）线架

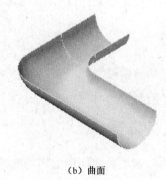

（b）曲面

图 8-54 曲面造型（4）

CAM 部分

用钻削式粗加工，流线粗、精加工，完成图 8-51、图 8-54 的曲面加工，生成刀具路径并进行实体验证（加工效果参见图 8-55 与图 8-56）。

图 8-55 实体验证

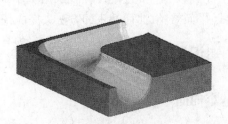

图 8-56 实体验证

项目九

投影粗、精加工

任务一　创建曲面

知识要求

基本曲面造型；

曲面曲线；

曲面偏置；

由实体抽壳生成曲面。

技能要求

掌握一定的曲面造型技巧，用较简捷的方法完成曲面造型；

掌握一定的曲面编辑功能。

一、任务描述

用基本曲面造型及曲面的编辑功能等方法完成如图 9-1 所示的曲面造型。

二、任务分析

该零件的曲面造型方案有多种，如中间的球体加圆柱内孔可以用线架模型中的旋转命令完成，而与球体相接的圆柱部分可用旋转、扫描等命令生成曲面。但这个零件最大的特征是其结构是由基本曲面（球体、圆柱）与平面构成，而且任务要求用基本曲面造型的方式去完成该零件的创建，所以采用基本曲面/曲面修整/创建曲面曲线/平面修整/曲面补正的方法去完成任务。

图 9-1　基本曲面造型

三、知识链接

1. 基本曲面

Mastercam 提供了五种基本曲面（圆柱、圆锥、立方、球和圆环）的造型方法，用户可以通过改变曲面的参数,方便地绘制出同类的多种曲面。而且每一个基本形体的绘制命令可以创建相应的曲面和实体两种模型。

创建基本实体时,用户选择如图9-2所示的【绘制】/【基本曲面】菜单命令,或单击如图9-3所示工具栏的按钮绘制相应基本形体。

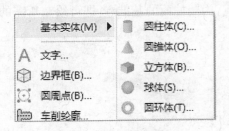

图9-2　基本曲面菜单

图9-3　基本曲面工具栏

(1) 基本曲面的共性

① 绘制操作　对于圆柱体、圆锥体和立方体的绘制可遵循先以坐标输入或用光标捕捉在图形窗口定义出基准点的位置,然后拖动鼠标至适当位置后单击左键定义出外形,再沿高度方向拖动鼠标至适当位置后单击左键定义其高度;对于球体的绘制只需前两步即可完成,而对于圆环体的绘制第2步是定义圆环半径,第3步是定义小圆半径。操作步骤如图9-4所示。

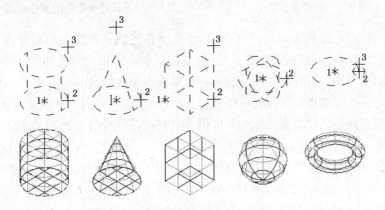

图9-4　基本曲面的绘制操作

② 轴的定位　所有"基本曲面"都有"轴的定位"选项栏,用来确定基本曲面的中心轴方向,有以下几种选项。

X:指定基本曲面(或基本实体)轴心线方向沿构图平面的X轴方向。

Y:指定基本曲面(或基本实体)轴心线方向沿构图平面的Y轴方向。

Z:指定基本曲面(或基本实体)轴心线方向沿构图平面的Z轴方向。

直线:沿选取直线的方向指定基本曲面(或基本实体)轴心线方向。

两点:沿选取的两点间连线的方向指定基本曲面(或基本实体)轴心线方向。

③ 对旋转体　圆柱、锥体、球体及圆环体,都有"扫描"选项栏,用于设置绕轴旋转的起始角度及终止角度,则绘出的仅是部分回转体表面。

④ 所有的对话框在默认情况下都未展开,如需设置时应将其展开。

（2）圆柱体

选择菜单【绘图】/【基本实体】/【圆柱体】命令，或单击工具栏的▥按钮，打开如图 9-5 所示的【圆柱体】对话框，同时系统提示："选择圆柱体的基点"。在对话框中选取【曲面】单选项，输入圆柱面的半径、高度、起始角度和终止角度，指定圆柱面轴线的方向（平行于 X 轴、Y 轴、Z 轴，指定直线或两个指定点），在图形窗口指定一点，为圆柱面的基准点，即可绘制所需的圆柱曲面，如图 9-6 所示。

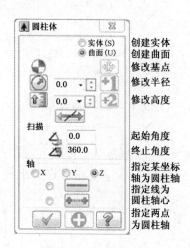

图 9-5　创建圆柱体

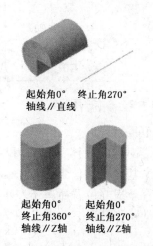

图 9-6　不同已知条件的圆柱曲面

圆柱面的基准点是指其底面的圆心点，基准点所在底面是圆柱面的基准面，从基准面出发，圆柱面的生长方向可以是其轴线的正向、反向或双向。可以通过按钮⟵∣⟶进行方向切换。双向生长的圆柱面，其高度是输入值的两倍，基准点是其轴线的中点。

当指定已有直线或两点定义圆柱面的轴线方向时，系统将弹出一个消息框，询问用户是否以直线长度或两点间距离作为圆柱面的高度值，用户按需要选择【是】或【否】即可。

（3）圆锥体

选择菜单【绘图】/【基本实体】/【圆锥体】命令，或单击工具栏的▲按钮，弹出【圆锥体】对话框，如图 9-7 所示。单击对话框中的【曲面】单选项，指定基准点位置、圆锥底面半径、高度、顶圆半径或圆锥锥度等参数以后，单击该对话框中的确定 ✓ 按钮，即完成圆锥面的绘制。

（4）立方体

选择菜单【绘图】/【基本实体】/【立方体】命令，或单击工具栏的▱按钮，弹出【立方体】对话框，如图 9-8 所示。在对话框中选择【曲面】单选项，指定基准点位置及立方体长度、宽度、高度等参数后，单击该对话框中的确定 ✓ 按钮，完成立方体的绘制。

对于立方体的绘制，对话框【定位点】选项栏的九个固定位置用于设置矩形以底面上的哪个固定点作为创建矩形的基准点。

（5）球体

选择菜单【绘图】/【基本实体】/【球体】命令，或单击工具栏的▣按钮，弹出【球体】对话框（图 9-9）。单击对话框中的【曲面】单选项，指定基准点位置、球半径等参数后（相同选项参照绘制圆柱面），单击该对话框中的确定 ✓ 按钮，即完成球体的绘制。

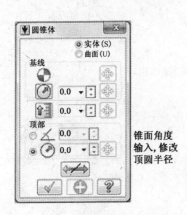

图 9-7　【圆锥体】对话框

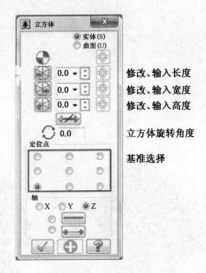

图 9-8　【立方体】对话框

（6）圆环面

选择菜单【绘图】/【基本实体】/【圆环体】命令，或单击工具栏的◎按钮，弹出【圆环体】对话框，如图 9-10 所示。单击对话框中的【曲面】单选项，指定基准点位置、圆环半径、圆截面半径后，单击该对话框中的确定 ✔ 按钮，即完成圆环体的绘制。

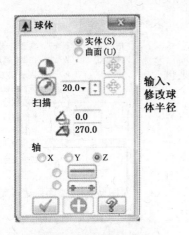

图 9-9　【球体】对话框

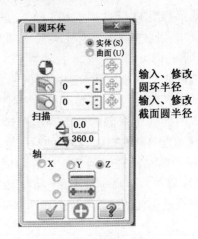

图 9-10　【圆环体】对话框

2. 由实体生成曲面

Mastercam 可以利用曲面来生成实体，也可以由实体生成曲面。

选择菜单【绘图】/【曲面】/【由实体生成曲面】命令，或单击工具栏的田按钮，按系统提示选择要生成曲面图形的主体或端面，按 Enter 键，弹出【由实体生成曲面】操作栏（图 9-11），参数设置后，单击该操作栏中的确定 ✔ 按钮，即完成由实体到曲面的转换。

若用户选择的是实体的主体，则系统会抽取该实体的所有面生成相应的曲面；若用户选取实体的某个面，则系统将抽取该面生成相应曲面。如图 9-12 所示。

图 9-11　【由实体生成曲面】操作栏

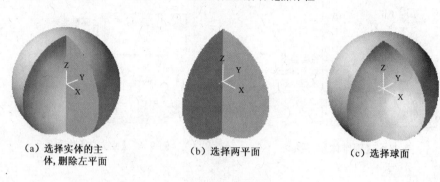

（a）选择实体的主　　　　（b）选择两平面　　　　（c）选择球面
体,删除左平面

图 9-12　实体生成曲面的不同形式

3. 曲面曲线

选择菜单【绘图】/【曲面曲线】命令,显示如图 9-13
所示的子菜单,可在曲面和实体上创建空间曲线。

（1）单一边界

通过选取曲面并移动箭头到曲面的一条边界处来创
建该位置的边界曲线。

若选取的曲面是修剪的曲面,则在选取修剪的边界
后,其上的【角度打断】按钮及其后的输入框将被激活。若
预览图形显示的结果确实为单一边界曲线,即可直接按
Enter 键结束操作。否则应减小角度值,因为该值决定了
边界间是否自动转接的极限角度。如图 9-14 所示。

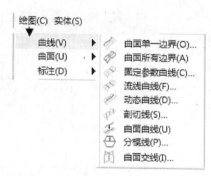

图 9-13　曲面曲线子菜单

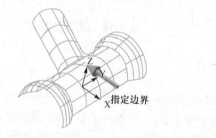

指定边界

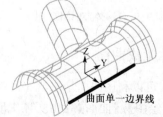

曲面单一边界线

图 9-14　曲面单一边界线

（2）曲面所有边界

通过选取一个或多个曲面可创建曲面的所有边界曲线,也可以切换普通选项工具栏到实体

模式后,选取实体的曲面或实体,来构建实体某一表面的边界曲线或实体的所有边界曲线。该操作栏与【单一边界】操作栏比较,增加了一个【开放边界】按钮,按下此按钮(⬚ 0.075 ▾◨),当各曲面片间的间隙小于此按钮后的设置值时,便不会在间隙处生成边界曲线,如图 9-15 所示。

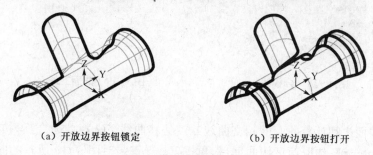

（a）开放边界按钮锁定　　　　　　（b）开放边界按钮打开

图 9-15　曲面所有边界线

（3）剖切线

可通过选取的平面来剖切曲面,得到平面与曲面的交线;在选择【剖切线】命令后,通过单击操作栏中的【平面】(⬚)按钮来打开【平面选项】对话框,设置剖切平面,然后在 ⇔ 5.0 ▾◨ 中设置剖切线沿曲面间的距离,在 ⬚ 0.0 ▾◨ 中设置剖切线相对曲面的偏置量。如图 9-16 所示。

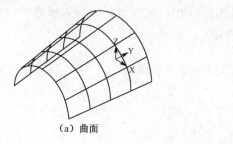

（a）曲面　　　　　　　　　（b）曲面剖切线

图 9-16　剖切线

（4）曲面曲线

如图 9-17(a)所示,在俯视图平面任意绘制一个产生曲面的矩形后,再任意绘制一条直线。选择此命令后按提示选取该直线,回车,则结果如图 9-17(b)所示。通过【分析】/【图素属性】命令并选取该直线,可知该直线已具有曲面曲线属性。

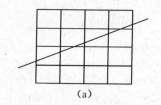　　　　　　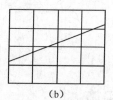

（a）　　　　　　　　　　（b）

图 9-17　曲面曲线

（5）分模线

此命令可自动计算出一个与构图面平行的平面,该平面与曲面或实体的交线即为分模线。如图 9-18 所示。

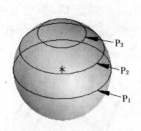

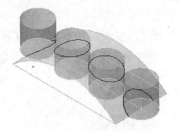

图 9-18   分模线   图 9-19   曲面交线

（6）交线

可在两组曲面之间计算曲面的相交曲线或其偏移曲线。选择此命令后，按提示选取第 1 组曲面后，按 Enter 键；选取第 2 组曲面后，再按 Enter 键。对图 9-19 所示的曲面，第 1 组选取大圆弧曲面，按 Enter 键；第 2 组选取四个圆柱面后按 Enter 键；单击【曲面交线】操作栏中的确定 ✔ 按钮，即完成曲面交线的创建。结果如图 9-19 所示的黑圆弧线。

4. 曲面偏置

曲面偏置就是将指定曲面沿其法向偏移指定距离后生成（复制或移动）新的曲面。

选择菜单【绘图】/【曲面】/【绘制偏置曲面】命令，或单击工具栏 🐭 按钮，按提示选取要偏置的曲面，按 Enter 键，弹出【偏置曲面】操作栏，如图 9-20 所示。设置参数后，单击【偏置曲面】操作栏的确定 ✔ 按钮，即完成曲面的偏置。见图 9-21。

图 9-20   【偏置曲面】操作栏

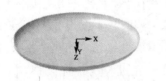

图 9-21   曲面的偏置

四、任务实施

1. 设置图层

（1）新建文件并保存

单击 ▫ 按钮，选择【文件】/【保存】命令，将文件保存为"cha xiao"。

（2）建立图层

单击次菜单中的【层别】按钮，弹出【层别管理】对话框，按图 9-22 所示建立图层，并将编号 2 设为当前层，单击对话框的确定 ✔ 按钮完成图层设置。

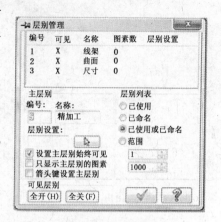

图 9-22　层别设置

2. 创建曲面

（1）球体　单击工具栏的 ⬤ 按钮，弹出【球体】对话框，在对话框中参数设置：选择【曲面】单选项，捕捉 WCS 坐标系原点为基准点（球心）、球半径为 20；扫描角度 0°～360°，单击该对话框中的确定 ✔ 按钮，即完成球体的绘制。

（2）圆柱　单击工具栏的 ⬜ 按钮；捕捉 WCS 坐标系的原点为基准点位置。在对话框中选取【曲面】单选项，输入圆柱面半径 7、长度 40、扫描角度 0°～360°、指定圆柱面轴线方向为 Y，单击该对话框中的确定 ✔ 按钮，即生成圆柱体。结果如图 9-23（a）所示。

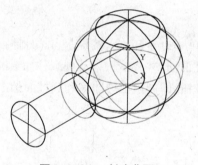

图 9-23（a）　创建曲面

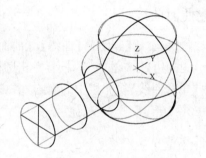

图 9-23（b）　曲面修剪

3. 曲面修剪

（1）剪去球体中的圆柱曲面　单击工具栏的 🔲 按钮，按系统提示，点选球曲面按 Enter 键，点选圆柱面按 Enter 键，再按提示点选球曲面，并将箭头移至球曲面要保留处，单击鼠标左键，点选圆柱面，并将鼠标移至圆柱面要保留处，单击左键，在【曲面至曲面】操作栏中，锁定 🔲 和 🔲 按钮，预览修剪后的曲面，满意后单击操作栏中的确定 ✔ 按钮，曲面即修剪完成。将球体中的圆柱底面删除，结果如图 9-23（b）。

（2）修剪球体　单击工具栏的 🔲 按钮，按系统提示，点选球曲面，按 Enter 键，在弹出的【平面选择】对话框中设置：🔲 ▢，并将球体中显示的平面法向箭头指向球曲面的保留端，单击【平面选择】对话框中的确定 ✔ 按钮，即完成平面选择。在弹出【曲面至平面】操作栏中，锁定 🔲 🔲 和 🔲 按钮，预览修剪后的球曲面，满意后单击操作栏中的确定 ➕ 按钮，将球体上端剪平，点选球体按 Enter 键，返回【平面选择】对话框，在对话框中设置：🔲 ▢，其余参数设置与操作同修剪球曲面上端，将球体下端剪平。结果见图 9-23（c）所示。

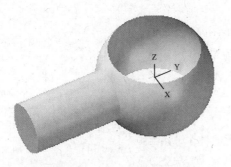

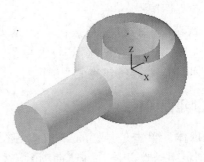

图 9-23（c）　修剪球体　　　　　　　　　图 9-23（d）　创建曲面

4. 创建曲面

圆柱：单击工具栏的 ▣ 按钮；捕捉 WCS 坐标系的原点为基准点位置。在对话框中选取【曲面】单选项，输入圆柱面半径 8、长度 10、扫描角度 0°～360°、指定圆柱面轴线方向为 Z，双向延伸 ↔ ，单击该对话框中的确定 ✓ 按钮，即生成圆柱体。删除圆柱上下底面，结果如图 9-23（d）所示。

5. 创建曲面曲线

单边曲线：选择菜单【绘图】/【曲线】/【曲面单一边界】命令，按提示点选球曲面，并移动箭头到球曲面上圆的边界，单击左键，同样单击圆柱曲面，并将箭头移动到圆柱面上圆的边界，单击左键，单击【单边曲线】操作栏中的确定 ✓ 按钮，即创建出球曲面和圆柱面的上端边界线，结果如图 9-23（e）所示。

6. 平面修整

选择菜单【绘图】/【曲面】/【平面修整】命令，串连上面步骤 5 创建的曲面曲线，单击【串连】对话框中的确定 ✓ 按钮，结束曲线选取，并预览图形窗口创建的平面，单击【平面修整】操作栏中的确定 ✓ 按钮，结果如图 9-23（f）所示。

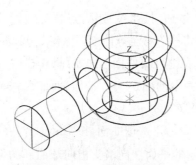

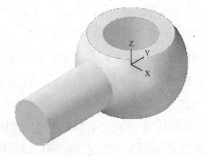

图 9-23（e）　创建曲面曲线　　　　　　　图 9-23（f）　平面修整

7. 偏置曲面

选择菜单【绘图】/【曲面】/【偏置曲面】命令，按提示点选上面步骤 6 平面修整创建的平面,按 Enter 键,在弹出的【偏置曲面】操作栏中,选择复制(▦),并在偏置距中输入－20(▦ ⌐20.0),预览效果,正确单击该操作栏中的确定 ✓ 按钮,结果如图 9-1 所示。

任务二 投影粗、精加工

→知识要求

投影粗、精加工。

→技能要求

能灵活运用曲面的各种加工方法,对较复杂的零件能快速编制出优质可靠的 NC 程序。

一、任务描述

将本项目任务一中创建曲面(图 9-1),选择适当的加工方法,加工成如图 9-24 所示模型。

二、任务分析

从图 9-1 所示的成型模具的图样分析看,该零件的凸模,主要由圆柱曲面、球体曲面、孔及平面组成,球体曲面、圆柱曲面的加工部分利用数控机床进行粗、精加工较为适宜,从零件的结构特征分析,零件的加工工艺可按以下路径进行:

图 9-24 加工曲面

毛坯—粗铣—调质—精铣—数控加工—修配—雕刻—淬火—修模—入库

在数控加工阶段,由于零件的底座外形为规则的矩形,因此可以采用平口钳装夹工件,一般分两次进行数控加工:第一次粗加工,一般采用挖槽加工、曲面等高外形加工,尽可能采用大刀具;第二次精加工,采用放射状加工,刀具采用球形铣刀。考虑到零件材质较硬,刀具材料宜采用涂层硬质合金刀具。

三、知识链接

1. 投影粗加工

投影粗加工是将已经存在的刀具路径或几何图素的点、曲线,投影到曲面上产生刀具路径。投影加工的类型有:曲线投影、NCI 文件投影加工和点投影。

选择【刀路】/【曲面粗加工】/【粗加工投影刀路】命令,可以打开【曲面粗车-投影】对话框,该对话框用于设置【刀路参数】【曲面参数】以及曲面投影粗加工特有的参数【投影粗加工参数】(图 9-25),下面将主要参数介绍一下。

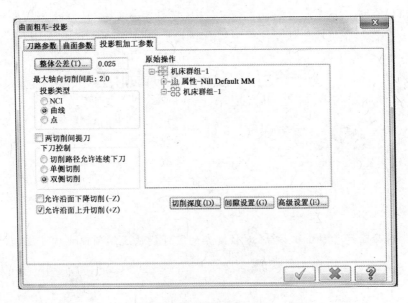

图 9-25　投影粗加工参数

在【投影粗加工参数】选项卡中,投影类型有:NCI、曲线或点作为刀具路径的投影对象。

(1) NCI(刀具路径)

该选项用于选取已存在的 NCI 文件进行投影,投影后的刀具路径仅改变其深度 Z 坐标,而不改变 X 和 Y 坐标。执行投影时,必须在对话框的【原始操作】列表中选取所需的 NCI 文件。因此,在生成投影刀具路径之前应先创建好刀具路径。

(2) 曲线

该选项用于选取一条或一组曲线来进行投影,系统要求在设定好曲面投影粗加工参数后,必须选取所需的投影曲线。图 9-26 为一组五边形曲线投影到凸形曲面上生成刀具路径的效果。

图 9-26　曲线投影

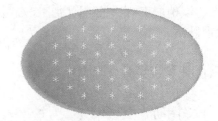

图 9-27　点投影

(3) 点

该选项用于选取一个或一组点来进行投影,系统要求在设定好曲面投影粗加工参数后,必须选取所需的投影点。图 9-27 为一组圆周点投影到凹形曲面上生成刀具路径的效果。

2. 投影精加工

选择【刀路】/【曲面精加工】/【精加工投影刀路】命令，可以打开【曲面精车-投影】对话框，在该对话框中单击【投影精加工参数】选项，打开【投影精加工参数】选项卡，设置投影精加工参数。其参数与投影粗加工基本相同，不同的有以下选项：

两切削间提刀：在两切削路径之间提刀。

增加深度：此项只有在 NCI 投影时才被激活，是在原有的基础上增加一定的切削深度。

原始操作：此项只有在 NCI 投影时才被激活，选取 NCI 投影加工所需要的刀具路径文件。

实例 1　将一个圆的二维挖槽刀具路径投影到一个三维的五角星曲面上，如图 9-28 所示。

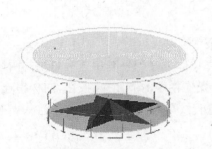

图 9-28　投影加工

图 9-29　层别管理

（1）设置图层

① 新建文件并保存

单击 按钮，选择【文件】/【保存文件】命令，将文件保存为"wu jiao xing"。

② 建立图层

单击次菜单中的【层别】按钮，打开【层别管理】对话框，建立图层如图 9-29 所示，并将图层编号为 1 的设为当前层，单击【层别管理】对话框中的确定 按钮完成图层设置。

（2）绘制线架模型

五角星线架模型：

① 构图环境设置　在次菜单中选择：3D，屏幕视图与构图平面—俯视图，Z—0；线型—实线，线宽—细，图素颜色—黑色。

② 绘制圆　单击工具栏的 按钮，直径输入 40，基准点捕捉坐标原点，单击操作栏中的确定 按钮绘制出圆。

③ 绘制五边形　单击工具栏的 按钮，在【多边形】对话框中设置：边数 5、半径 20、转角（内接圆），基准点捕捉坐标系原点，单击对话框中的确定 按钮。

④ 绘制二维五角星　单击 按钮，锁定 按钮，分别捕捉五个角，绘制出五角星，打开连续线按钮键，分别捕捉五个角与圆心，绘制出五角星的棱边，单击操作栏中的确定 按钮退出直线命令，如图 9-30(a)所示。

单击 按钮,锁定 和 按钮,将五边形和五个角中间多余的线剪去,如图 9-30(b)所示。单击操作栏中的确定 按钮退出修剪命令。

⑤ 拉伸　单击主菜单【转换】/【拉伸】或单击 按钮,按提示框选五角星中心(十条棱线的交点图 9-30(b)),按 Enter 键,在弹出的【拉伸】对话框直角坐标△Z 文本中输入 5( )后,按 Enter 键,单击对话框中的确定 按钮退出命令,结果见图 9-30(c)所示。

 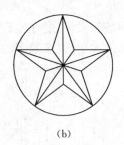 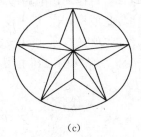

(a)　　　　　　　　　　(b)　　　　　　　　　　(c)

图 9-30　线架模型

(3) 创建曲面

将编号 2 设为当前层,屏幕视图—等角视图,其余不变。

① 直纹　单击 按钮,在【串连】对话框中,选择单体 按钮,串连五角星的两棱边,单击对话框中的确定 按钮,再单击【直纹/举升】操作栏中的应用 按钮,同样串连五角星的两棱边,单击对话框中的确定 按钮,再单击【直纹/举升】操作栏中的确定 按钮,创建直纹曲面,如图 9-30(d)所示。

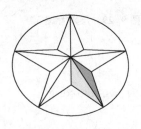 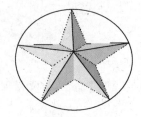 

图 9-30(d)　　　　　　图 9-30(e)　　　　　　图 9-30(f)

② 旋转　绘图平面—俯视图,其余不变,选择直纹曲面(五角星的一角),单击 按钮,在弹出的【旋转】对话框中,选择复制,旋转次数 4,旋转角度 72°,旋转基准点为五角星中心,单击对话框中的确定 按钮退出命令,结果见图 9-30(e)所示。

③ 平面修整　单击 按钮,串连圆,单击【串连】对话框中的确定 按钮,再单击【平面修整】操作栏中的确定 按钮,创建平面,如图 9-30(f)所示。

(4) 刀具路径

将层别编号 3 设为当前图层,关闭图层 1;构图平面—俯视图,工作深度为 20。

二维挖槽:

① 绘制圆　单击工具栏的 按钮,直径输入 60,基准点快速输入(0,0,20),单击操作栏中的确定 按钮,绘制出圆。

② 选择机床类型　选择菜单【机床类型】/【铣床】/【默认】命令,进入铣削加工模块。

③ 设置加工毛坯　选择【操作管理】/【刀路】/【属性】/【毛坯设置】命令,进入【机床群组

属性】对话框,利用坐标直接输入(见图9-31)。

挖槽选择菜单【刀路】/【挖槽】命令,弹出【输入新NC名称】对话框,单击该对话框中的确定 ✓ 按钮,弹出【串连】对话框,用默认方式串连 φ60 的圆,单击【串连】对话框的确定 ✓ 按钮,在弹出的【2D 刀路-挖槽】对话框中选择【刀具】选项卡,在该选项卡中选一把 φ4 的球头刀;在【切削参数】选项中,挖槽加工方式选择【标准】;【粗加工】选项中,切削方式选择【依外形环切】、径向切削间距输入 0.4;不选【由内而外螺旋式切削】;其余关闭,单击【2D 刀路-挖槽】对话框的确定 ✓ 按钮,完成二维挖槽刀具路径的生成。

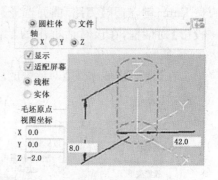

图 9-31　毛坯设置

投影粗加工:将层别编号 4 设为当前图层。

选择菜单【刀路】/【曲面粗加工】/【粗加工投影刀路】命令,弹出【选择凸缘/凹口】对话框,选择【凸】形状,单击对话框中的确定 ✓ 按钮。按系统提示,选择所有曲面,按Enter 键,打开【刀路/曲面选择】对话框,单击对话框中的确定 ✓ 按钮,弹出【曲面粗车-投影】对话框,在该对话框中的【刀路参数】选项卡中选 φ8 的球头刀,其余参数设置如图9-32 所示。

在【曲面粗车-投影】对话框的【曲面参数】选项中,参数设置如图 9-33 所示。

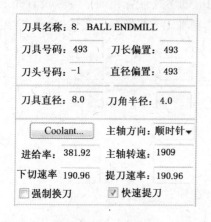

图 9-32　刀路参数

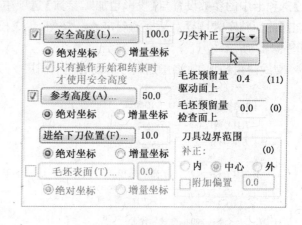

图 9-33　曲面参数

在【曲面粗车-投影】对话框的【投影粗加工参数】选项中,参数设置:【最大轴向切削间距】:1、【投影类型】:NCI,【原始操作】选择标准挖槽、【下刀控制】:切削路径允许连续下刀;【切削深度】选项卡中,选择【绝对坐标】,【最小深度】:7、【最大深度】:0;【间隙设置】选项卡中,【间隙大小】的【距离】:0,并选择优化切削顺序,其余默认;在【高级设置】选项卡中,只在两曲面(实体面)之间,其余默认。参数设置如图 9-34 投影粗加工参数,单击【曲面粗车-投影】对话框的确定 ✓ 按钮,生成投影粗加工刀具路径。实体验证,其结果如图 9-35 所示。

投影精加工:将层别编号 5 设为当前图层。

选择菜单【刀路】/【曲面精加工】/【精加工投影刀路】命令,按系统提示,选择所有曲面,按 Enter 键,打开【刀路/曲面选择】对话框,单击对话框中的确定 ✔ 按钮,弹出【曲面精车-投影】对话框,在该对话框中的【刀路参数】选项卡中选 φ4 的球头刀,其余参数设置如图 9-36 所示。

在【曲面精车-投影】对话框的【曲面参数】选项中,驱动面上的【毛坯预留量】:0,其余见图 9-33 所示。

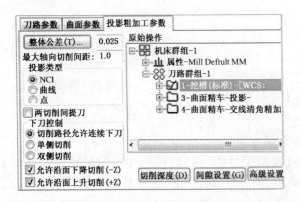

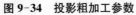

图 9-34　投影粗加工参数　　　　　　　　图 9-35　投影粗加工结果

在【曲面精车-投影】对话框的【投影精加工参数】选项中,参数设置:最大轴向切削间距 0.4,【投影类型】选择 NCI,【原始操作】选择标准挖槽;在【切削深度】【间隙设置】和【高级设置】选项卡中的参数设置与【投影粗加工参数】选项中相应的参数设置相同。参数设置完成,单击【曲面精车-投影】对话框的确定 ✔ 按钮,生成投影精加工刀具路径。实体验证,其结果如图 9-37 所示。

交线清角精加工:将层别编号 5 设为当前图层。

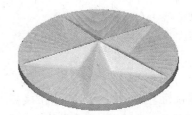

图 9-36　刀路参数　　　　　　　　　　图 9-37　投影精加工结果

选择菜单【刀路】/【曲面精加工】/【精加工交线清角刀路】命令,按系统提示,选择所有曲面,按 Enter 键,打开【刀路/曲面选择】对话框,单击对话框中的确定 ✔ 按钮,弹出【曲面精车-交线清角】对话框,在该对话框中的【刀路参数】选项卡中选 φ2 的球头刀,其余参数设置如图 9-38 所示。

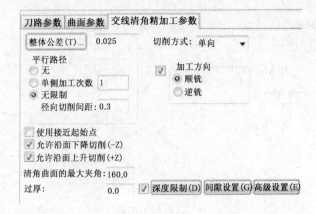

图 9-38 刀路参数　　　　　　　　　　图 9-39 交线清角精加工参数

在【曲面精车-交线清角】对话框的【曲面参数】选项中,驱动面上的【毛坯预留量】为 0,其余见图 9-33 所示。

在【曲面精车-交线清角】对话框的【交线清角精加工参数】选项中,参数设置:【平行路径】选择无限制,且相应的径向切削间距为 0.3;【切削方式】单向;【深度限制】【间隙设置】和【高级设置】选项卡中的参数设置与【投影粗加工参数】选项中相应的参数设置相同。其余设置见图 9-39。参数设置完成,单击【曲面精车-交线清角】对话框的确定 ✔ 按钮,生成交线清角精加工刀具路径。实体验证,其结果如图 9-40 所示。

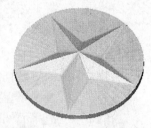

图 9-40 实体验证结果

四、任务实施

1. 准备工作

(1) 打开文件

单击工具栏的 🗁 按钮,在【打开】对话框中,按存盘的路径找到"cha xiao"文件,单击该对话框中的【打开】按钮将文件打开。

(2) 设置层

将当前层设置为层别编号为 4(铣平面)的,关闭编号 3(尺寸)和 1(线架模型),打开图层 2(曲面)。

2. 选择机床类型与设置加工毛坯

(1) 选择机床类型

单击菜单栏【机床类型】/【铣床】/【默认】命令,进入铣削加工模块。

(2) 设置加工毛坯

选择【操作管理】/【刀路】/【属性】/【毛坯设置】命令,进入【机床群组属性】对话框,利用坐标直接输入(图 9-41),设置好毛坯再做辅助平面,见图 9-42 所示。

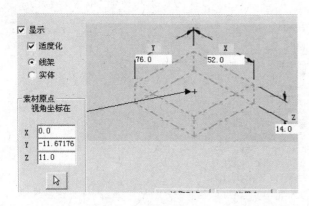

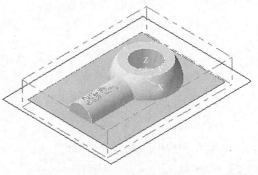

图 9-41　设置加工工件　　　　　　　　图 9-42　辅助平面

3. 铣平面

在钻孔前,将工件的上平面光一刀。

选择菜单【刀路】/【平面铣】,弹出【输入 NC 新名称】对话框,单击该对话框中的确定 ✓ 按钮,弹出【串联】对话框,串联外形,单击【串连】对话框中确定 ✓ 按钮结束串连。系统弹出【2D 刀路-平面铣削】对话框。

（1）选择刀具并设置参数

在【2D 刀路-平面铣削】对话框中,单击【刀具】选项,系统切换至【刀具】选项卡,在【刀具】选项卡中,选取一把 φ50 的端铣刀,其余参数设置如图 9-43 所示。

图 9-43　刀具参数

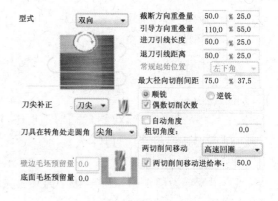

图 9-44　切削参数

（2）切削参数

在【2D 刀路-平面铣削】对话框中,单击【切削参数】选项,切换至【切削参数】选项卡,在选项卡中设置:切削【型式】选择双向,【两切削间移动】选择高速回圈,其余见图 9-44 所示。

（3）连接参数

在【2D 刀路-平面铣削】对话框中,单击【连接参数】选项,系统切换至【连接参数】选项卡,在选项卡中设置:安全高度 100,参考高度 50,进给下刀位置 16,工件表面 11,切削深度 10(绝对坐标)。

（4）原点/参考点

在【2D 刀路-平面铣削】对话框中，单击【原点/参考点】选项，系统切换至【原点/参考点】选项卡。在选项卡中设置：机床原点默认；参考点设置：X200,Y0,Z100。

设置好参数，单击【2D 刀路-平面铣削】对话框中确定 ✔ 按钮，完成平面铣削的刀具路径。

4. 钻孔

选择菜单【刀路】/【钻孔】命令，打开【钻孔点选择】对话框，选择默认方式 ▢ ，选中零件上表面孔心，单击【钻孔点选择】对话框中的确定 ✔ 按钮，退出选取钻孔点，打开【2D 刀路-钻孔/全圆铣削　深孔钻-无啄钻】对话框。

（1）选择刀具并设置参数

在【2D 刀路-钻孔/全圆铣削　深孔钻-无啄钻】对话框中，选择【刀具】选项，在该选项卡中定义一把直径为 15.4 的钻头，其参数设置如图 9-45 所示。

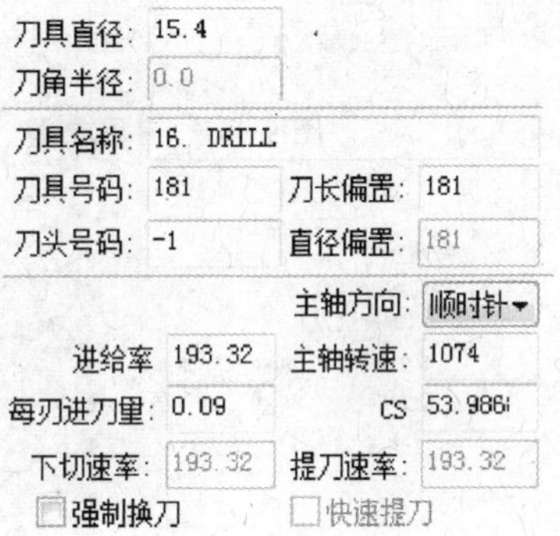

（2）切削参数

在【2D 刀路-钻孔/全圆铣削　深孔钻-无啄钻】对话框中，选择【切削参数】选项，在该选项卡中设置：循环 ▢ 。

| 刀具直径: | 15.4 |
| 刀角半径: | 0.0 |

刀具名称:	16. DRILL		
刀具号码:	181	刀长偏置:	181
刀头号码:	-1	直径偏置:	181
		主轴方向:	顺时针▼
进给率	193.32	主轴转速	1074
每刃进刀量	0.09	CS	53.986
下切速率	193.32	提刀速率	193.32
☐ 强制换刀		☐ 快速提刀	

图 9-45　刀具参数

（3）连接参数

在【2D 刀路-钻孔/全圆铣削　深孔钻-无啄钻】对话框中，单击【连接参数】选项，系统切换至【连接参数】选项卡，在选项卡中设置：安全高度 100，参考高度 50，工件表面 11，切削深度 -7（所有高度用绝对坐标）。

（4）原点/参考点

原点/参考点设置与铣平面的参考点设置相同。

5. 全圆铣削

选择菜单【刀路】/【全圆铣削路径】/【全圆铣削】命令，打开【钻孔点选择】对话框，选择默认方式 ▢ ，点选零件上表面的孔心，单击【钻孔点选择】对话框中的确定 ✔ 按钮，打开【2D 刀路-全圆铣削】对话框。

（1）选择刀具并设置参数

在【2D 刀路-全圆铣削】对话框中，单击【刀具】选项，系统切换至【刀具】选项卡，在【刀具】选项卡中，选取一把 φ6 的平底铣刀，其余参数设置如图 9-46 所示。

（2）切削参数

在【2D 刀路-全圆铣削】对话框中，单击【切削参数】选项，系统切换至【切削参数】选项卡，在【切削参数】选项卡中的参数设置见图 9-47 所示。

（3）粗加工

在【2D 刀路-全圆铣削】对话框中，单击【粗加工】选项，系统切换至【粗加工】选项卡，在【粗加工】选项卡中的参数设置见图 9-48 所示。

图 9-46　刀具参数

图 9-47　切削参数

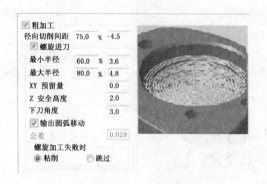

图 9-48　粗加工参数

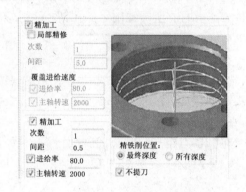

图 9-49　精加工参数

（4）精加工

在【2D 刀路-全圆铣削】对话框中，单击【精加工】选项，系统切换至【精加工】选项卡，在【精加工】选项卡中的参数设置见图 9-49 所示。

（5）深度切削

在【2D 刀路-全圆铣削】对话框中，单击【深度切削】选项，系统切换至【深度切削】选项卡，在【深度切削】选项卡中的参数设置见图 9-50 所示。

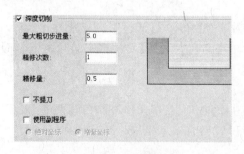

图 9-50　深度切削

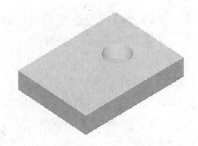

图 9-51　实体验证

（6）连接参数

在【2D 刀路-全圆铣削】对话框中，单击【连接参数】选项，系统切换至【连接参数】选项卡，在选项卡中设置：安全高度 100，参考高度 50，进给下刀位置 16，工件表面 11，切削深度 -2（绝对坐标）。

（7）原点/参考点

原点/参考点的设置：机床原点默认，参考点设置与铣平面的参考点设置相同。最后单击【2D 刀路-全圆铣削】对话框中的确定 ✔ 按钮，完成全圆铣削的刀具路径，实体验证，其结果见图 9-51 所示。

6. 粗加工挖槽加工

为尽快地从零件原材料上尽可能多地去除多余材料，选择粗加工挖槽加工来实现。

选择菜单【刀路】/【曲面粗加工】/【粗加工挖槽刀路】命令，按系统提示框选窗内所有曲面，按 Enter 键，弹出【刀路/曲面选择】对话框，单击该对话框中边界范围的选择按钮 ⬚ ，打开【串连】对话框，按系统提示，串连辅助平面的四条边，单击【串连】对话框中的确定 ✔ 按钮，退出串连。返回【刀路/曲面选择】对话框中，单击对话框中的确定 ✔ 按钮，弹出【曲面粗车-挖槽】对话框。

（1）选择刀具并设置参数

在【曲面粗车-挖槽】对话框中，选择【刀路参数】选项卡，在选项卡中选一把直径为 6 的圆鼻刀，圆角半径 2，其参数设置如图 9-52 所示。

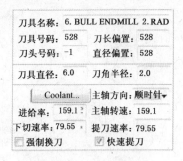

图 9-52　刀路参数

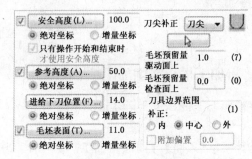

图 9-53　曲面参数

（2）曲面参数

在【曲面粗车-挖槽】对话框中，选择【曲面参数】选项卡，其参数设置：加工面预留量 1，其余见图 9-53。

（3）粗加工参数

在【曲面粗车-挖槽】对话框中，选择【粗加工参数】选项卡，其参数设置：最大轴向切削间距 2，其余见图 9-54 所示。螺旋下刀参数设置如图 9-55 所示。切削深度设置：选择绝对坐标；最小、最大深度分别为 12、-0.5。

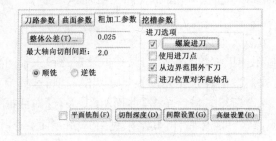

图 9-54　粗加工参数

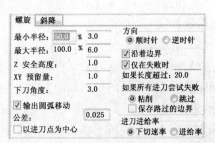

图 9-55　螺旋下刀参数

（4）挖槽参数

在【曲面粗车-挖槽】对话框中，选择【挖槽参数】选项卡，其参数设置：选择粗加工，切削方式选择依外形环切，选择由内而外螺旋式切削，选择精加工，精加工 1 次，经向切削间距 1，其余如图 9-56 所示。实体验证，其结果见图 9-57 所示。

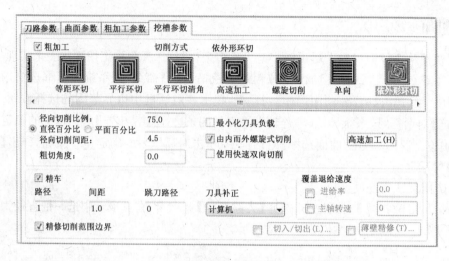

图 9-56 挖槽参数

7. 粗加工平行铣削加工

半精加工工件，进一步切除多余的材料，为精加工做准备。

选择菜单【刀路】/【曲面粗加工】/【粗加工平行铣削刀路】命令，弹出【选择凸缘/凹口】对话框，选择凸缘，单击对话框中的确定 ✓ 按钮。按系统提示，框住所有加工曲面在窗内，按 Enter 键，打开【刀路/曲面选择】对话框，单击对话框中的确定 ✓ 按钮，弹出【曲面粗车-平行】对话框。

图 9-57 实体验证

（1）选择刀具并设置参数

在【曲面粗车-平行】对话框中，选择【刀路参数】选项卡，在选项卡中选一把直径为 6 的圆鼻刀，其参数设置如图 9-52 所示。

（2）曲面参数

在【曲面粗车-平行】对话框中，选择【曲面参数】选项卡，除驱动面上毛坯预留量 0.5 外，其余参数如图 9-53 所示。

（3）粗加工平行铣削参数

在【曲面粗车-平行】对话框中，选择【平行粗加工参数】选项卡，其参数设置：【最大径向切削间距】：1；【最大轴向切削间距】：1；【切削方式】：双向；【加工角度】：0°；【切削深度】选择绝对坐标，最小深度 12，最大深度-1。其余见图 9-58 所示。最后单击【曲面粗车-平行】对话框中的确定 ✓ 按钮，完成平行铣削粗加工的刀具路径。实体验证，其结果见图9-59 所示。

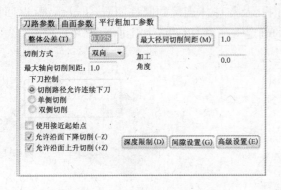

图 9-58　粗加工平行铣削参数

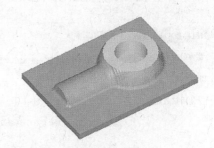

图 9-59　实体验证

8. 精加工

为了保证加工精度,使加工曲面更接近实际曲面形状、更光滑,进行精加工平行铣削加工。精加工中,为了使刀具路径与工件截面方向一致,将圆柱曲面与球体曲面分开加工。圆柱曲面精加工采用平行铣削精加工方法,球体曲面精加工采用等高外形精加工方法。

(1) 圆柱曲面精加工(平行精加工)

选择菜单【刀路】/【曲面精加工】/【精加工平行铣削刀路】命令,按系统提示,选择加工曲面(圆柱曲面与底面)按Enter 键,弹出【刀路/曲面选择】对话框,在该对话框中点击选取检查面　按钮,在选取球体曲面、上平面、内孔为检查面后,单击该对话框中的确定　按钮,弹出【曲面精车-平行】对话框。

① 选择刀具并设置参数

在【曲面精车-平行】对话框中,点击【刀路参数】选项卡,在选项卡中选一把直径为 φ4 的圆鼻刀,角度半径 1,其参数设置如图 9-60 所示。

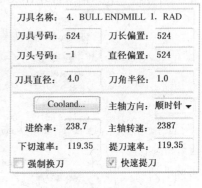

图 9-60　刀路参数

② 曲面参数

在【曲面精车-平行】对话框中,选择【曲面参数】选项卡,其参数设置:驱动面上毛坯预留量 0,检查面上毛坯预留量 0.01,其余见图 9-53。

③ 平行精加工参数

在【曲面精车-平行】对话框中,选择【平行精加工参数】选项卡,其参数设置:最大径向切削间距为 0.5,切削方式选择双向;加工角度为 0°;选择【深度限制】选项,在选项中参数设置:相对于选择刀尖,最小深度为 12,最大深度为 −1,其余见图 9-61 所示。最后单击【曲面精车-平行】对话框中的确定　按钮,完成圆柱曲面平行铣削精加工的刀具路径。实体验证,见图 9-62 所示。

(2) 球体曲面精加工(等高外形精加工)

选择菜单【刀路】/【曲面精加工】/【精加工等高外形刀路】命令,按系统提示选择球体曲面,按 Enter 键,弹出【刀路/曲面选择】对话框,在该对话框中,点击选取检查面按钮　　　,回到图形窗口,选择辅助平面、球体上平面、内孔及与球体连接的圆柱面,按 Enter 键,返回【刀路/曲面选择】对话框,并点击该对话框中的确定 ✔ 按钮,退出加工曲面选取。

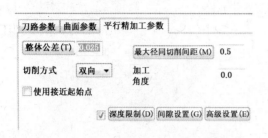

图 9-61　平行精加工参数

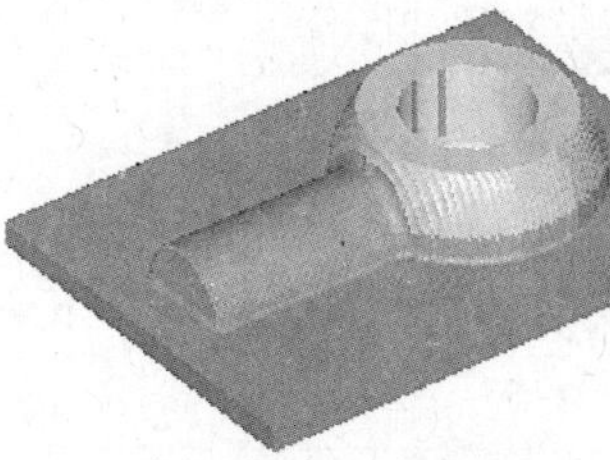

图 9-62　实体验证

① 选择刀具并设置参数

弹出【曲面精车-外形】对话框,在该对话框中点击【刀路参数】选项卡,在选项卡中选一把直径为 φ4 的圆鼻刀,圆角半径为 1,其参数设置如图 9-60 所示。

② 曲面参数

在【曲面精车-外形】对话框中,选择【曲面参数】选项卡,其参数设置:驱动面上毛坯预留量 0,检查面上毛坯预留量 0.01,其余见图 9-53 所示。

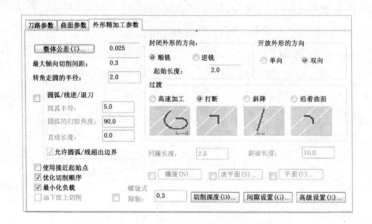

图 9-63　等高外形精加工参数

图 9-64　实体验证

图 9-65　刀路参数

③ 等高外形精加工参数

在【曲面精车-外形】对话框中，选择【外形精加工参数】选项卡，其参数设置：最大轴向切削间距输入 0.3，在【切削深度】选择卡中，选择绝对坐标，其中最小深度 12、最大深度 −1，其余见图 9-63 所示。单击【曲面精车-外形】对话框中确定 ✔ 按钮，退出曲面的精加工加工。实体验证，效果如图 9-64 所示。

9. 残料精加工

该工序是为了清除零件曲面交界处的残留余量。

选择菜单【刀路】/【曲面精加工】/【精加工残料铣削刀路】命令，按系统提示，选择所有加工曲面，按 Enter 键，弹出【刀路/曲面选择】对话框，单击该对话框中的确定 ✔ 按钮，弹出【曲面精车-残料清角】对话框。

（1）选择刀具并设置参数

在【曲面精车-残料清角】对话框中，点击【刀路参数】选项卡，在选项卡中选一把直径为 2 的球刀，其参数设置如图 9-65 所示。

（2）曲面参数

在【曲面粗车-残料清角】对话框中，选择【曲面参数】选项卡，其参数设置：驱动面上毛坯预留量 0，检查面上毛坯预留量 0，其余见图 9-53 所示。

（3）残料清角精加工参数

在【曲面精车-残料清角】对话框中，选择【残料清角精加工参数】选项卡，在选项卡中参数设置：最大径向切削间距输入 0.3，起始倾斜角度输入 0°，终止倾斜角度输入 90°，切削方式选择单向，【深度限制】选项的参数设置与【平行精加工参数】相同，其余如图 9-66 所示。

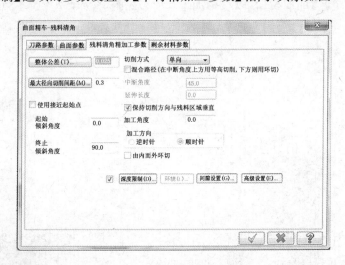

图 9-66　残料清角精加工参数

（4）残料清角剩余材料参数

在【曲面精车-残料清角】对话框中，选择【剩余材料参数】选项卡，在选项卡中参数设置：在【计算粗加工刀具的剩余材料】选项组中，粗加工刀具直径输入 4，粗加工刀具圆鼻半径输入 1，重叠距离输入 2，参见图 9-67 所示。

最后所有参数设置完后,单击【曲面精车-残料清角】对话框中的确定 ✓ 按钮,完成残料精加工的刀具路径。实体验证,其结果见图 9-68 所示。

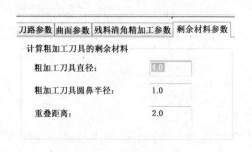

图 9-67　剩余材料参数

图 9-68　实体验证

10. 投影精加工

利用投影精加工在该圆柱曲面上雕刻"插销"字样。

(1) 创建雕刻刀具路径

在俯视图上绘制一个如图 9-69 所示的"插销"字样,其构图深度为 40。

利用二维刀具路径的雕刻加工对"插销"字样进行雕刻刀具路径的创建。只需刀具的运动轨迹,所以其他参数不需要设置,只要在【雕刻加工参数】中的切削深度设置 -0.5(增量坐标)、【粗切/精修参数】中,粗加工切削方式选择:平行环切,【切削间距】(直径%)14,即【切削间距】(距离)0.042。

(2) 投影精加工

选择菜单【刀路】/【曲面精加工】/【精加工投影刀路】命令,按系统提示,选择圆柱曲面,按 Enter 键,弹出【刀路/曲面选择】对话框,单击该对话框中的确定 ✓ 按钮,弹出【曲面精车-投影】对话框。

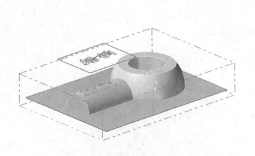

图 9-69　绘制文字"插销"

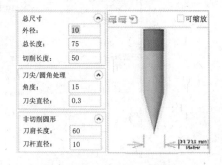

图 9-70　刀具参数编辑

(3) 选择刀具并设置参数

在【曲面精车-投影】对话框中,点击【刀路参数】选项卡,在选项卡中定义一把直径为 10 的雕刻刀,并将该刀具的【刀尖直径】修改为 0.3,其余如图 9-70,其他刀具参数设置如图 9-71 所示。

(4) 曲面参数

在【曲面精车-投影】对话框中,选择【曲面参数】选项卡,其参数设置:驱动面上毛坯预留量为 -0.5,其余见图 9-72。

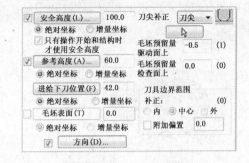

图 9-71　刀具参数　　　　　　　图 9-72　曲面参数

（5）投影精加工参数

在【曲面精车-投影】对话框中，选择【投影精加工参数】选项卡，其参数设置：原始操作选择雕刻操作，投影方式选择 NCI，其余见图 9-73。最后所有参数设置完后，单击【曲面精车-投影】对话框中的确定 ✔ 按钮，完成投影精加工的刀具路径。实体验证，其结果见图 9-24 所示。

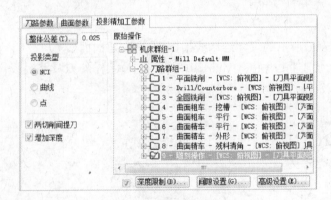

图 9-73　投影精加工参数

习　题

CAD 部分

1.　利用基本曲面的命令创建如图 9-74 与图 9-75 所示的曲面模型。

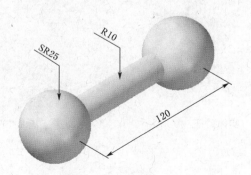
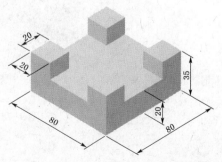

图 9-74　曲面造型（1）　　　　　图 9-75　曲面造型（2）

2. 按照图 9-76(a)所示的尺寸要求,利用基本曲面及曲面的编辑命令创建如图 9-76(b) 所示曲面模型。

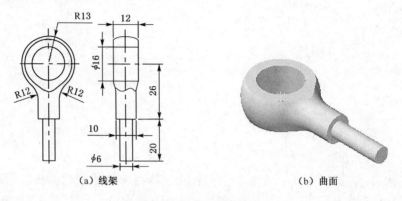

(a) 线架　　　　　　　　　　　　　　(b) 曲面

图 9-76　曲面造型(3)

CAM 部分

1. 按照图 9-77(a)所示的尺寸绘制线架模型,并创建曲面(图 9-77(b)),用合理的方式加工曲面,再利用投影加工将"爱心"(字高 30,字形隶书)字样的刀具路径投影到曲面上进行实体验证(参照图 9-77(c))。

(a) 线架　　　　　　　(b) 曲面造型　　　　　　(c) 实体验证结果

图 9-77　曲面加工

2. 将图 9-75 的曲面造型,生成刀具路径,并进行实体验证(参见图 9-78)。

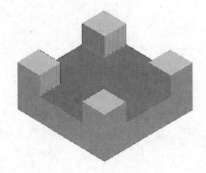

图 9-78　实体验证

实体造型与加工

任务一 实体造型

知识要求

基本实体造型；
线架绘制生成实体；
由曲面生成实体；
实体的编辑。

技能要求

掌握一定的实体造型方法与技巧，快速完成中等复杂实体零件的造型。

一、任务描述

利用合适方法，按照图 10-1(a)给定尺寸，完成图 10-1(b)的实体造型。

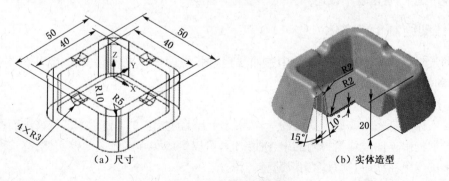

(a) 尺寸　　　　　　　　(b) 实体造型

图 10-1 实体造型实例

二、任务分析

该零件的造型有多种方式，如：方法一，先用基本实体创建 50×50×20 的立方体，用实体倒角倒出 R10 的四个圆角，利用线架模型的实体挤出去切割 40×40×18(包括 R5 的圆角)的实体，再用挤出切割实体创建 4×R3 圆弧槽，结果如图 10-1(a)。方法二，利用三次挤出实体操作得出图 10-1(a)所示的结果。第一次挤出创建实体 50×50×20(包括 R10 的圆角);第二次挤出去切割实体 40×40×18(包括 R5 的圆角);第三次挤出切割实体创建 4×R3 圆弧槽。后续的操作方法一与二相同,利用牵引产生外侧壁倾斜角 18°和内侧壁倾斜角 10°,内外实体边倒圆角 R2,抽壳去除烟灰缸反面的材料。方法三,挤出创建实体 50×50×20(包括 R10 的圆角),同时产生朝外 18°的拔模角;挤出切割实体 40×40×18(包括 R5 的圆角),同时产生朝内 10°的拔模角;挤出切割实体创建 4×R3 圆弧槽,内外实体边倒圆角 R2,抽壳去除烟灰缸反面的材料。最后,在前视图与右视图平面分别创建一个实体薄壁,这两个实体薄壁正交并运用布尔运算结合为一体,去剖切烟灰缸,结果如图 10-1(b)所示。

还有许多方法,就不一一列举,在这里,我们采用方法三去完成该任务。

三、知识链接

目前,Mastercam 系统主要通过以下方法来创建实体:

(1)利用预定规则的几何形体(圆柱、圆锥、立方、球和圆环)来创建基本实体。

(2)利用线架模型,通过挤出、旋转、扫描、举升等方法来创建实体。

(3)利用曲面模型生成实体。

(4)导入其他应用程序(如 SolidWords、UG、Pro/Engineer 等)创建实体。

这里只介绍前三种方法。

1. 基本实体

基本实体的造型是指圆柱、圆锥、立方、球和圆环体。前面在介绍创建基本曲面时我们已经讲述了:同一类型的基本曲面与实体,使用的是同一个命令,打开的对话框也是同一个,创建方法也相同。用户只需在相应的对话框中选中【实体】单选按钮即可创建实体。创建方法前面已经介绍过了,这里就不叙述。

2. 线架绘制生成实体

线架绘制生成实体指由基本的串连曲线通过相应的操作来构建实体,常用的有挤出、旋转、扫描和举升方法。

(1)挤出实体

挤出实体是将一个或多个共面的串连曲线沿线性的指定方向和距离进行挤出而构建的实体。当选取的串连曲线均为封闭的串连曲线时,可以生成实心实体或薄壁实体;当选取的串连为不封闭的串连曲线时,则只能生成薄壁实体。

① 操作方法

A. 选择菜单【实体】/【挤出】命令,或者单击工具栏的 ⌐ 按钮。

B. 弹出【串连】对话框,按系统提示串连需要挤出的曲线链,单击该对话框中的确定 ✔ 按钮退出【串连】对话框。

C. 打开图形窗口左侧【实体挤出】对话框,其中有【基本】【高级】两个选项,如图 10-2 所示。【基本】选项中有【挤出】操作,而【高级】选项中有【薄壁】操作。

（a）【挤出】设置

（b）【薄壁】设置

图 10-2 实体挤出

D. 设置所需的参数后，单击对话框中的确定 ✓ 按钮，即可创建一个或多个实心实体或薄壁实体（如图 10-3）。

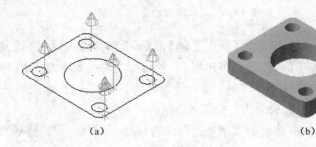
（a）   （b）

图 10-3 挤出实体

②【实体挤出】对话框中部分选项与参数的说明

A.【基本】选项卡

名称：设置挤出实体的名称。

类型：主要设置实体间的布尔运算。

【创建主体】 用于挤出生成一个或者多个新的独立实体。选取一个曲线链时只能创建一个实体，选取多个曲线链时可以创建一个或多个实体，这取决于曲线之间的相对位置，如图 10-4 所示。

（a）两个实体   （b）一个实体

图 10-4 多个曲线链生成一个或多个实体

【切削主体】　用挤出生成一个或多个工具实体与已知主体进行差集运算,如图 10-5。

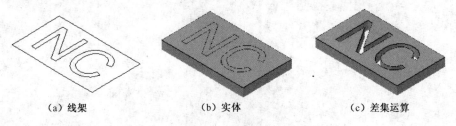

（a）线架　　　　　　　　　（b）实体　　　　　　　　　（c）差集运算

图 10-5　切削主体

【添加凸缘】　用挤出生成一个或多个工具实体并与已知主体进行并集运算,如图 10-6。此时要求已知主体与工具实体之间在位置上有相交或相切关系,否则操作不成功。

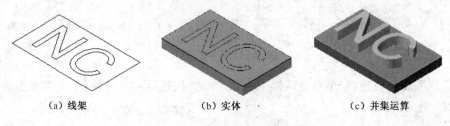

（a）线架　　　　　　　　　（b）实体　　　　　　　　　（c）并集运算

图 10-6　实体添加凸缘

●【目标】　当挤出操作类型设定为【切削主体】或【添加突缘】时,【目标】复选框将被激活,用以显示实体操作(例如切削、凸缘和布尔组合)的目标主体名称。单击【目标】栏文本框中的名称,图形窗口中会突出显示主体,便于检查当前切削、添加等操作的主体是否正确,是否需要重新选择主体去与当前操作合并为一个实体。

【创建单一操作】　将切削、凸缘的多串连选择组合成单一实体操作。清除以使每个串连选择成为单独操作。

【自动确定操作类型】　选择以根据所选图形,自动创建"切削主体""添加凸缘"操作。

●【串连】　选项栏中设有:全部换向——单击按钮 ⇔ 作图窗口翻转所有串连的挤出方向;添加串连——单击按钮 ⚮ 打开【串连】对话框,以便为实体操作选择更多图形;全部重新串连——单击按钮 ⚭ 移除所有先前选择的串连,并且返回至图形窗口以串连新图形。

●【距离】　选项栏设置挤出的【距离】【全部贯穿】和【双向】。

【距离】　输入数字,使用浮动拖尺控制,或单击"自动抓点"按钮以输入挤出距离。

【全部贯穿】　使切削完全延伸穿过所选目标主体。挤出必须与目标主体相交。

【双向】　在挤出方向和相反方向挤出实体。

●【修剪到面】　将挤出凸缘或切削修剪到目标实体上的所选面,这会防止凸缘或切削刺穿目标主体内部。挤出距离必须足够大,才能达到所选面。

B.【高级】选项卡

●【绘图】　选择该项,倾斜挤出实体的壁边,达到所定义的角度。壁边是沿着挤出方向的面。

【角度】　在该文本框中输入上述挤出壁边的倾斜角度值。

【翻转】　将倾斜角度设为相反方向。

•【薄壁】　对于闭合的实体范围,从挤出实体主体创建壁边。对于开放的轮廓,根据串连的开放轮廓创建壁边。壁边厚度和方向基于"方向1"和"方向2"文本框中输入的值。

【方向】　包括:【方向1】用于设置串连曲线一侧的壁边厚度;【方向2】与【方向1】设置串连曲线对侧的壁边厚度。

【两者】　设置串连曲线两侧的壁边厚度。

•【平面旋转】　根据所定义的向量,使挤出实体沿挤出方向带有倾斜角度。例如,在向量平面坐标中Z值输入5,则Mastercam会沿Z方向挤出离开曲线五个单位。该文本框右下角的按钮有 🔗(将法向设为串连),即沿着所选串连的法向,延伸每个挤出实体、切削或凸缘;🔲(设置C－平面＋)将向量设为C平面的正值Z;🔍(选择向量)让用户返回至图形窗口以选择一条线、一条边或两个点来设置挤出向量。

•【预览】　选择【自动预览结果】,在进行实体修改时显示这些修改。

（2）实体旋转

旋转实体是将共面一个或多个串连的曲线(封闭的或开放的)围绕一根轴线旋转一定角度来构建的实体,如图10-7所示。

（a）线架　　　　　　　　　　　　　　　（b）实体

图 10-7　旋转实体

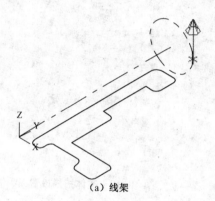

图 10-8　实体旋转参数

创建旋转实体的具体操作步骤如下：

① 选择【实体】/【旋转】命令，或者单击工具栏的 🗊 按钮。

② 打开【串连】对话框，依次定义所需的曲线链并回车结束串连。

③ 选取某任意直线作为旋转轴。

④ 打开图形窗口右边"实体管理器"的【实体旋转】对话框，如图 10-8 所示，定义旋转操作的类型、起始角度、终止角度和薄壁厚度等参数。

⑤ 单击 🗹 按钮结束，创建出所定义的旋转实体。

（3）扫描实体

扫描实体是将一个或多个共面的封闭曲线链串连沿一条平滑路径扫掠（平移和旋转）所生成一个或多个实心实体或薄壁实体，如图 10-9 所示。

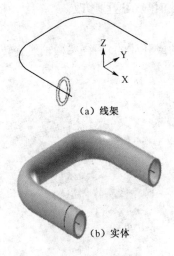

（a）线架

（b）实体

图 10-9　扫描实体

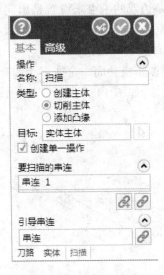

图 10-10　实体扫描设置

扫描实体的具体操作步骤如下：

① 选择【实体】/【扫描】命令，或者单击工具栏的 🗊 按钮。

② 弹出【串连】对话框，串连要扫描的截面曲线链并回车（系统允许串连一个或多个截面曲线链，但串连的截面曲线链必须共面）。

③ 按提示串连一个封闭或开放的引导扫描的曲线链。

④ 打开图形窗口右边"实体管理器"的【实体扫描】对话框，如图 10-10 所示，定义扫描操作的名称及类型等。

⑤ 单击 🗹 按钮，完成扫描实体的创建。

（4）举升实体

举升实体是使用至少两条或两条以上的封闭曲线串连，按选取的熔接方式进行熔接所构成的实体。创建举升实体与举升曲面的方法有些类似，如图 10-11 所示。具体步骤如下：

① 选择【实体】/【举升】命令，或者单击【实体】工具栏的 🗊 按钮。

② 利用外形串连对话框，定义两个或者两个以上的截面外形并回车结束。

③ 打开图形窗口右边"实体管理器"的【实体举升】对话框，如图 10-12 所示，定义举升操

作的名称、类型等。

④ 各截面外形之间的熔接方式有：直纹以线性熔接方式生成实体（在图 10-12 中勾选创建为直纹时）；举升以光滑熔接方式生成实体（在图 10-12 中不选创建为直纹时）。

⑤ 单击对话框中的 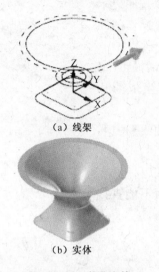 按钮，创建所定义的举升实体。

（a）线架

（b）实体

图 10-11　举升实体

图 10-12　实体举升设置

定义举升实体的截断面外形时，必须满足下列条件：

① 各截断面外形之间不必共面，但是每一个截断面外形所包含的曲线链需要共面，且必须为一个封闭的曲线链。

② 每一个曲线链不可以相交。

③ 所有截断面外形的曲线链串连方向应保持一致。

④ 在同一次举升操作中，每一个曲线链只可以选取一次，不可以重复选取。

另外，各个截断面外形的曲面链串连起点应相互对齐，否则将生成扭曲的实体。如果某曲线链在对应位置不是线段端点，那么应该事先将线段在该位置打断，使其设定为串连的起点。

3. 由曲面生成实体

由曲面生成实体是指利用已有的一个或多个曲面生成一个或者多个实体（如图 10-13）。

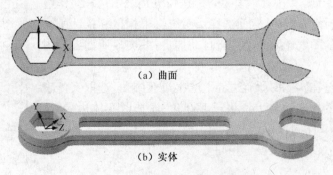

（a）曲面

（b）实体

图 10-13　由曲面生成实体并加厚

曲面生成实体的具体操作步骤如下：

（1）选择【实体】/【由曲面生成实体】命令，或者单击工作栏的 按钮。

图 10-14　由曲面生成实体

（2）系统提示："选择一个或多个曲面缝合到实体，按 Ctrl＋A 可选择所有可见曲面。完成选择后按 Enter"。用户可以按照提示去选择图形窗口中的所有曲面，或用手动方式选择需要操作的曲面后按 Enter 结束选择。

（3）显示如图 10-14 所示的【由曲面生成实体】对话框，设定相关的参数并单击对话框的 按钮，将所选的曲面生成薄片实体。

（4）如果在图 10-14 中，选择【在开放边缘上创建曲线】选项，在执行实体操作后，在剩余的开放边缘上创建曲线。

曲面生成为薄片实体后，外形没有生命变化，但可以利用【实体】/【加厚】命令增加厚度使其变成薄壁实体，而曲面不能直接加厚。

4. 实体的编辑

编辑实体包含两类操作，一类是在实体毛坯的基础上进行"添加材料"或"删除材料"的操作，常用的有实体圆角、倒角、抽壳、修剪、加厚和拔模等；另一类是利用实体管理器对已有实体的参数、几何、属性、生成次序等进行修改。本节主要介绍第一类编辑操作。

（1）圆角

实体边界倒圆角是指在实体的选定边界生成固定半径或变化半径的过渡圆角。Mastercam 实体倒圆角有三种形式，见图 10-15 所示。

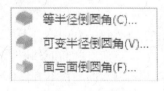

图 10-15　实体圆角

① 等半径倒圆角

实体边界等半径倒圆角具体操作步骤如下：

A. 选择【实体】/【圆角】/【等半径倒圆角】命令，或者单击【实体】工具栏的 按钮。

B. 系统显示如图 10-16 所示的【实体选择】工具栏，选取一条或多条欲倒圆角的实体边，或者实体面、实体，之后回车结束实体选择。

在【实体选择】工具栏中 按钮分别表示选择实体边界、选择实体面、选择实体和从背面选择。系统会根据鼠标指针所处的位置，依据设定的图素选取类型进行自动捕捉，并突显所捕的图素类型。

选取实体时，将在实体的所有边界上产生过渡圆角；选取实体表面时，将在该表面的所有边界上产生过渡圆角；而选取实体边界时，仅在选取的边界上产生过渡圆角。如图 10-17 为运用不同图素选取类型所产生的圆角（倒角参数设置相同）。

图 10-16　实体选择

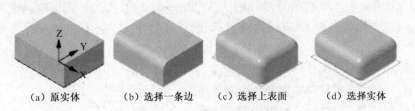

(a) 原实体　　　(b) 选择一条边　　　(c) 选择上表面　　　(d) 选择实体

图 10-17　不同图素选取类型的圆角

若要建立变化半径的过渡圆角,则被选图素只能是实体边界,而不能是实体表面或实体。

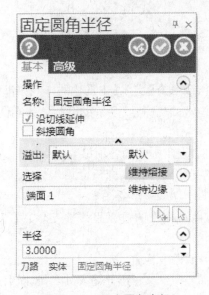

图 10-18　固定圆角半径

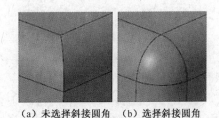

(a) 未选择斜接圆角　(b) 选择斜接圆角

图 10-19　斜接圆角的选择

C. 显示如图 10-18 所示的【固定圆角半径】对话框,设定圆角的各项参数。

D. 按要求设置各项参数后单击确定 按钮,在选定图素上产生圆角。

E.【固定圆角半径】各参数的应用:

【沿切线延伸】　沿着所有选定切线边缘延伸圆角,直至达到非切线边缘。

【斜接圆角】　在三个或更多圆角边缘相接顶点位置,使圆角斜切。Mastercam 将每个圆角延伸至边缘范围。清除已在圆角相接顶点的位置创建平滑面。如图 10-19 所示。

将【沿切线延伸】与【斜接圆角】选项结合使用情况见图 10-20 所示,该圆角选择实体上表面为创建对象。

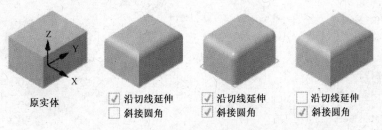

原实体　　　☑沿切线延伸　　☑沿切线延伸　　☐沿切线延伸
　　　　　　☐斜接圆角　　　☑斜接圆角　　　☑斜接圆角

图 10-20　沿切线延伸与斜接圆角应用

【溢出】 溢出是指在倒圆角时，圆角面从与圆角边缘相邻的两个面延伸到第三个面或第三组面(也称溢出面)，可从图10-18【溢出】选项的下拉菜单中选择其中的一种圆弧倒角面的熔接方式。

下拉菜单提供了默认、维持熔接和维持边缘三种设定。其中，"默认"是指系统根据圆角的实际情况，自动进行熔接处理，以获得最理想的效果；"维持熔接"是指系统将尽可能保持圆角表面及其原有的相切条件，而溢出表面可能会发生修剪或延伸，如图10-21(a)所示；"维持边界"是指系统将尽可能保持溢出表面的边，而圆角曲面在溢出区域可能因此不与溢出表面相切，如图9-21(b)。

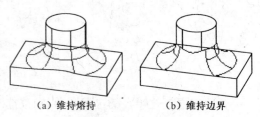

(a) 维持熔持   (b) 维持边界

图10-21 溢出的处理

② 可变半径倒圆角

A. 选择【实体】/【圆角】/【可变半径倒圆角】命令，或单击【实体】工具栏的 █ 按钮。

B. 系统显示如图10-16所示的【实体选择】工具栏，选取一条或多条欲倒圆角的实体边，之后回车退出实体选择对话框。

C. 显示如图10-22所示的【变化圆角半径】对话框，设定圆角的各项参数。

D. 按要求设置各项参数后单击确定 █ 按钮，在选定图素上产生圆角。

E. 【变化圆角半径】各参数的含义：

【沿面】 选项中有【线性】(指不同半径倒角圆弧面边缘线的过渡呈线性变化)、【平滑】(指不同半径倒角圆弧面边缘线的过渡呈平滑连接)。

【顶点】 选项中有四项：【中点】【动态】【位置】和【移除顶点】。

【中点】 用于自动在所选倒圆角边界的中点位置插入一个参考点并输入其半径，即上述操作过程的C步骤中，单击该 █ 按钮，按提示选择已倒圆角的显示位置线，回车，系统自动捕捉中点，并在弹出的半径对话框中输入半径值，按Esc键即可。如图10-23是在长方体两边倒圆角半径为R5的【中点】，插入倒圆角半径为R8时，圆弧【沿面】的边缘线呈【线性】与【平滑】的过渡情况。

图10-22 变化圆角半径参数

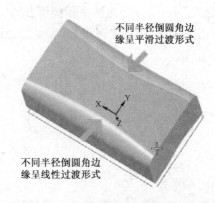

图10-23 中点不同半径沿面边缘的形式

【动态】（）　用于在所选倒圆角边界上动态指定半径参考点的插入位置并输入其半径值,操作过程与【中点】相似。

【位置】　用于更改实体倒圆角边缘上用户创建不同倒圆角半径值的位置。单击 按钮,在图形窗口中,选择需要更改半径位置的显示点,沿边缘滑动箭头到新位置,单击鼠标左键即可。

【移除顶点】（　）　用于删除实体边缘中用户创建的半径。在图形窗口中,选择要删除的半径的显示点,单击鼠标左键即可。

【全部设置】　用于更改所有所选实体边缘的半径值。在图形窗口中,选择多个实体边缘,在【半径】的【默认】文本框中输入半径值,然后单击【全部设置】按钮即可。

【循环】　用以循环每个半径点插入点位置,便于验证或编辑实体倒圆角边缘上的半径值。单击【循环】按钮自动激活半径对话框,在对话框中输入新半径,按 Enter 键,显示下一个顶点标记与半径对话框,重复操作,直至循环所有显示的半径。

③ 面与面倒圆角

实体表面与表面倒圆角是指在实体的两个或两组指定表面之间采用固定半径、固定弦长或者控制线方式产生过渡圆角。

图 10-24　面与面倒圆角参数

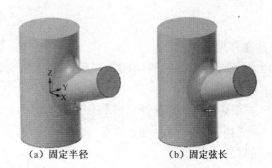

（a）固定半径　　　　（b）固定弦长

图 10-25　不同类型的倒圆角

实体表面-表面倒圆角具体操作步骤如下:

A. 选择【实体】/【圆角】/【面与面倒圆角】命令,或者单击【实体】工具栏的 按钮。

B. 选取第一个或者第一组实体表面,按 Enter 键结束。

C. 选取第二个或者第二组实体表面,按 Enter 键结束。

D. 显示如图 10-24 所示的【面与面倒圆角参数】对话框,设定倒圆角的各项参数。在该对话框中系统提供了三种定义倒圆角的方式。

【半径】　以固定半径生成过渡圆角如图 10-25(a)所示,此时需定义圆角半径值。

【宽度】　以固定弦长生成过渡圆角如图 10-25(b)所示,此时需定义圆角的宽度和比率。

其中,两方向的跨度代表两组表面的弦长分配比率,即第二个(组)表面所分配的弦长与第一个(组)表面所分配的弦长之比。

【控制线】 选择该方式生成过渡圆角,需选择是"单向"还是"双向"控制线(必须是实体边)作为过渡圆角的控制边,并根据控制线自动调整圆角半径或者弦长以生成规则或者不规则的过渡圆角。其中,"单向"表示选取圆角连接的一个(组)表面边界作为控制线,以生成过渡圆角,如图 10-26(a)所示;"双向"表示选取圆角连接的两个(组)表面边界共同作为控制线,以生成过渡圆角,如图 10-26(b)所示。

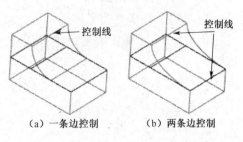

(a)一条边控制　　(b)两条边控制

图 10-26 控制线方式生成过渡圆角

E. 单击 ✅ 按钮,生成实体面与面之间的过渡圆角。

(2) 实体倒角

实体倒角是在实体的边缘处构建一个连接两个相邻实体面的斜面,如图 10-27 所示。根据指定倒角参数的不同,有三种不同的类型,如图 10-28 所示。

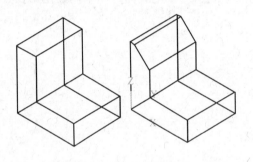

图 10-27 实体倒角

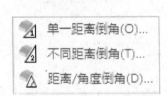

图 10-28 【倒角类型】对话框

① 单一距离倒角

单一距离是指按照相同的距离值在两个相交表面间进行倒角,如图 10-27 所示。

单一距离倒角的具体操作步骤如下:

A. 选择【实体】/【倒角】/【单一距离倒角】命令,或单击【实体】工具栏的 按钮。

B. 选取实体、实体面或实体边界,按 Enter 键结束选取。

C. 显示如图 10-29 所示的【单距离倒角】参数对话框,设定倒角的各项参数。

D. 单击 ✅ 按钮,生成所定义的倒角。

E. 其单一距离倒角对话框中的【斜接圆角】是指在三个或更多倒角边缘相接顶点的位置,使圆角斜接。如图 10-30 所示。

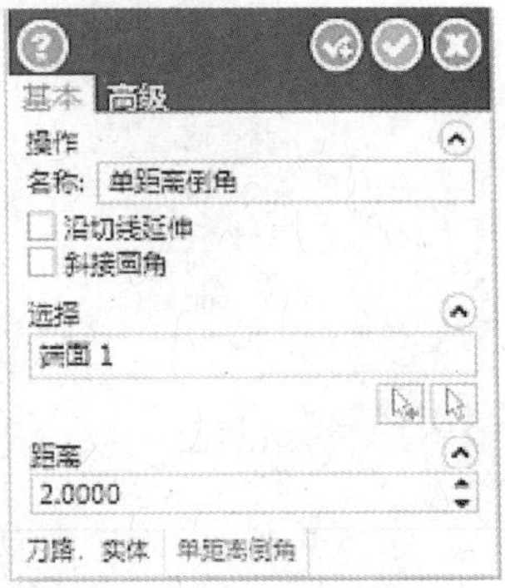

② 不同距离倒角

不同距离是指按照两个距离值分别在两个相交表面上进行倒角,如图 10-31 所示。

不同距离倒角的具体操作步骤如下:

A. 选择【实体】/【倒角】/【不同距离倒角】命令,或者单击【实体】工具栏 按钮。

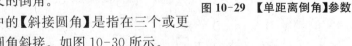

图 10-29 【单距离倒角】参数

（a）原实体

（b）☑斜接圆角

（c）☐斜接圆角

图 10-30　斜接圆角

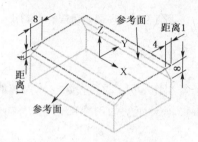

图 10-31　不同距离倒角

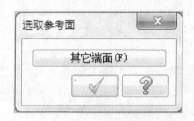

图 10-32　选取参考面

B. 依次选取需要倒角的各条实体边或实体面,并利用【选取参考面】对话框指定其参考面,如图 10-32 所示。注意,系统在参考面上截取的倒角距离必须与设置的倒角距离 1 保持一致。

选取欲倒角的每条边时,系统会自动捕捉并且高亮显示所选边邻接的一个表面作为参考面,同时显示【选取参考面】对话框,可以单击 其它端面(F) 按钮指定邻接的另一个表面作为参考面,或者单击 ✓ 按钮接受自动捕捉的表面作为参考面。

如果选取的是实体面,系统将默认选取的表面作为该面上所有边界的倒角参考面。如果选取的是两个相交实体面,则两个面之间的相交边界将以第 1 个选取面作为其参考面,而两个实体面上的其他边界将以其所在的表面本身作为参考面。

C. 所有倒角边或实体面、实体定义完成后,单击实体选择工具栏的 ◎ 按钮或回车结束选取。

D. 显示如图 10-33 所示的【两距离倒角参数】对话框,设定倒角的各项参数。

E. 单击确定 ◎ 按钮,生成所定义的倒角。

③ 距离/角度倒角

图 10-33　两距离倒角参数

距离/角度是指按照设定的距离和角度分别在两个相交实体面上进行倒角,如图 10-34 所示。

选择【实体】/【倒角】/【距离/角度倒角】命令,或者单击【实体】工具栏的 ⚿ 按钮,利用实体选择工具依次指定欲倒角的实体边界及其对应的参考面后,按 Enter 键结束选取,然后按要求在【距离和倒角角度】对话框中设定各项参数,如图 10-35 所示,然后单击 ◎ 按钮即可生成所定义的倒角。在对话框中,【距离】是指所选参考面上截取的倒角距离,而【角度】是指倒角

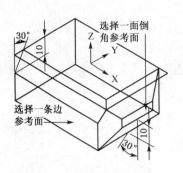

图 10-34　以距离/角度倒角　　　　　　图 10-35　距离和倒角角度参数

斜面与参考面之间的夹角。

（3）抽壳

实体抽壳是指选取实体上的某一个或几个实体面作为开口面，去除实体内部的材料，生成一定壁厚的薄壁实体；当选取整个实体时，可以将整个实体变为内空的薄壁实体，且生成的薄壁实体具有均匀的壁厚，如图 10-36 所示。

实体抽壳的具体操作步骤如下：

A. 选择【实体】/【抽壳】命令，或单击【实体】工具栏的 ⬛ 按钮。

B. 利用【实体选择】对话框的选取工具，选取实体面或整个实体作为开口部位，单击确定 ✔ 按钮结束选取。

C. 显示如图 10-37 所示的【抽壳】对话框，设置抽壳的方向和抽壳的厚度。

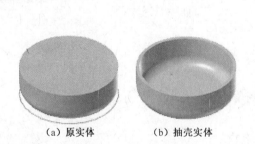

（a）原实体　　　　（b）抽壳实体

图 10-36　实体抽壳

图 10-37　实体抽壳参数

（4）实体修剪

实体修剪就是使用平面、曲面或薄片实体对选取的一个或多个实体进行修剪以生成新的实体。

① 按平面修剪

利用定义的平面对所选的一个或多个实体进行修剪后生成的新实体。

具体操作步骤如下：

A. 选择【实体】/【修剪】/【按平面修剪】命令，或者单击【实体】工具栏的  按钮。

B. 选取一个或多个欲进行修剪操作的实体，单击确定 ✔ 按钮或回车结束选取。

C. 打开如图 10-38 所示的【按平面修剪】对话框，选择修剪的平面（平面的选择方式，对话框中给出了三种方法）、被剪实体的保留部分等参数。

D. 单击【按平面修剪】对话框中的确定 ◙ 按钮，完成修剪操作。如图 10-39 所示。

E. 在【按平面修剪】对话框中，其中一些参数要说明：

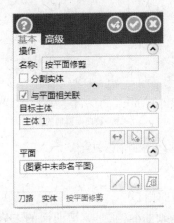

图 10-38　按平面修剪参数

(a) 原实体　　　　(b) 以矩形两边定义平面

图 10-39　按平面修剪

a. 【分割实体】　选择该项，在修剪平面上将实体切割成多个部分。否则被切割的实体保留所需部分，其余被删除（即修剪掉）。

b. 【与平面相关联】　选择该项，修剪实体操作与修剪的平面相关。即平面发生变化时，该修剪操作也会发生变化。

c. 【目标主体】　在该文本框中显示出所要修剪的实体，可利用文本框下方的三个按钮（↔ ▷ ▷）进行反转修剪方向（实体保留部分的更改）、返回图形窗口添加选择、移除先前所有选项并返回图形窗口重新选择需修剪的实体。

d. 【平面】　在该文本框中显示出所选去切割实体的平面，可利用文本框下方的三个按钮（／ ◯ ▤）进行修剪平面的确定。

【按线条列出的平面】　单击该按钮返回图形窗口选择绘图平面中的线条做修剪平面。

【按图素列出的平面】　单击该按钮返回图形窗口选择平面图素、两条边或三个点。

【命名平面】　单击该按钮打开平面选择对话框，从中可以选择标准视图面或自定义视图面。

② 修剪到曲面/薄片

利用选定的曲面或薄片对一个或多个所选实体进行修剪以生成新的实体。

具体操作步骤如下：

A. 选择【实体】/【修剪】/【修剪到曲面/薄片】命令，或者单击【实体】工具栏的  按钮。

B. 选取一个或多个欲进行修剪操作的实体，单击 ✔ 按钮或按 Enter 键结束实体选取，按系统提示选取用于修剪曲面或薄片后，打开【修剪到曲面/薄片】对话框，见图 10-40 所示。

C. 在打开【修剪到曲面/薄片】对话框的同时，图形窗口按默认设置显示出修剪后的效果,预览并修改参数设置直到满意为止。

D. 单击【修剪到曲面/薄片】对话框中的确定 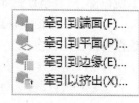 按钮,完成修剪操作。如图 10-41 所示。

图 10-40　修剪到曲面/薄片

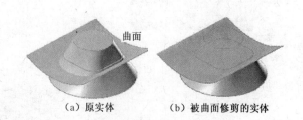

（a）原实体　　　　（b）被曲面修剪的实体

图 10-41　按曲面修剪实体

E. 其对话框中某些参数含义如下:

【将已修剪的曲面用于修剪】　将实体修剪到所选修剪曲面。

【将父系曲面用于修剪】　将实体修剪到曲面的底层基础曲面,它是修剪曲面的未修剪父系曲面。在修剪曲面时,Mastercam 会创建修剪曲面作为新的曲面,而且在多数情况下,会消除隐基础曲面。就是使在使用新曲面时,图形窗口中不会挤满关联的基础曲面。

（5）实体拔模

实体拔模是指将选取的一个或多个实体表面绕指定的旋转轴旋转一定角度,生成新的实体表面。Mastercam 给出了四种拔模方式（即实体面牵引）,如图 10-42 所示。

选择【牵引到端面】时,系统要求选取一个实体表面作为参考面,来确定牵引面的旋转轴和牵引方向,并且参考面必须与牵引面相交。

牵引到端面的具体操作步骤如下:

① 选择【实体】/【拔模】/【牵引到端面】（【牵引至平面】【牵引至边缘】和【牵引以挤出】）命令,或者单击【实体】工具栏的 　（……）按钮。

② 选取欲进行牵引操作的一个或多个实体面,单击【实体选择】对话框中的确定 ✔ 按钮或回车结束牵引面选择。

③ 按系统提示选择牵引方向的参考平面,且参考面必须与牵引面相交,以确定牵引面的旋转轴和牵引方向。

若拔模操作是牵引到平面时,这时利用对话框中的【平面】选项文本框右下角的三项（　）来选择平面。

若拔模操作是牵引到边缘时,按系统提示选择牵引面的参考线;依次选取牵引面、参考线,直到牵引面、参考线全部选择完毕。

若拔模操作是牵引以挤出时,系统将自动以挤出起始面为参考面,以挤出方向为牵引方向来执行牵引操作。

④ 在实体管理器中打开【牵引至端面】（【牵引至平面】【牵引至边缘】和【牵引以挤出】）对

话框,如图 10-43 所示,设置牵引方向和牵引角度等参数,单击  按钮完成实体面牵引,如图 10-44 所示。

图 10-43　牵引至端面

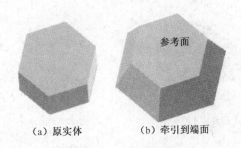

（a）原实体　　　（b）牵引到端面

图 10-44　实体拔模

⑤ 牵引至端面对话框中有些参数要说明一下。

【沿切线延伸】　沿所有切线面延伸牵引,直至达到非切线面。每个切线面在平面参考面上均必须具有边缘(铰链),才能牵引。

(6) 实体布尔运算

布尔运算是将两个或多个三维实体通过添加、移除或求交运算组合成新的实体操作。

实体布尔运算包括关联布尔运算和非关联布尔运算。关联布尔运算包括添加、移除、求交三种,非关联布尔运算只包括移除、求交两种。执行实体布尔运算时,都要选取一个已有实体作为目标实体,再选取一个或者多个已有实体作为工具实体。但是关联布尔运算是在目标实体上添加相应的布尔运算操作,使若干个工具实体组合到目标实体上形成相互关联的一个整体,即原有的目标实体被"保留"下来,而原有的工具实体则被自动删除;非关联布尔运算则是利用目标实体和工具实体共同去创建一个新实体,原有的目标实体和工具实体可以保留也可以删除。执行布尔运算后,关联布尔运算的"结果"继承目标实体的图层、颜色等属性;非关联布尔运算的"结果"具有当前的构图属性。

① 布尔运算操作步骤

A. 在主菜单栏中选择【实体】/【布尔运算】命令,或单击工具栏的  按钮。

B. 选取要进行布尔运算的目标主体。

C. 选取一个或多个要进行布尔运算的刀具主体,然后按Enter键确认或单击工具栏中的 ✔ 按钮,结束刀具主体的选取。

D. 打开实体管理器中的【布尔运算】对话框(图 10-45),在该对话框中设置运算类型、布尔运算实体间的相关性、是否保留等参数。

图 10-45　布尔运算参数

E. 当参数设置完成,预览图形窗口中实体的运算效果,达到要求后,单击对话框中的确定 按钮完成布尔运算。

F. 将布尔运算对话框中的一些参数意义说明如下:

a. 布尔运算【类型】 有【添加】【移除】和【求交】,其中【添加】是将一个或多个刀具主体加入到一个目标主体中构建一个新实体,如图 10-46(a)所示;【移除】是将一个或多个刀具主体与一个目标主体的公共部分从目标主体中移除来构建一个新实体,如图 10-46(b)所示;【求交】用一个或多个刀具主体与目标主体的公共部分来构建一个新实体的操作,如图10-46(c)所示。

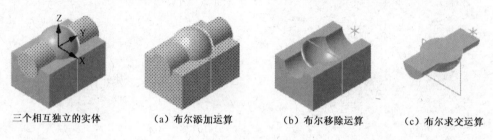

三个相互独立的实体　　　　　(a)布尔添加运算　　　　(b)布尔移除运算　　　　(c)布尔求交运算

图 10-46　布尔运算类型

b. 【非关联实体】 是指在执行移除或求交的布尔运算操作时,保留原始的目标实体与刀具实体,未做任何修改。

(7) 实体管理器

Mastercam X8 在图形窗口的左侧有一个操作管理器,包括刀具路径操作管理器和实体操作管理器,实体操作管理器将实体模型的创建过程及每一个实体创建的相关参数记录下来。单击【视图】/【切换操作管理器】命令或者按【Alt＋O】键可以切换窗口的显示与隐藏。在管理器窗口中单击【实体】选项卡即可激活实体管理器,如图 10-47 所示。

打开某个实体的模型树,可以浏览创建操作的记录。通过修改实体管理器中实体操作的参数可以改变操作的类型、实体的位置和形状,或者对实体操作进行重新排序。在实体管理器中选取某一实体操作后,单击右键可以弹出如图 10-47 所示的快捷菜单,但快捷菜单的命令选项会随实体操作的不同而有所差异。

图 10-47　实体管理器

① 展开或折叠操作夹

当某个操作夹处于折叠状态时,单击其左边的 ⊞ 图标或者双击其名称可以将其展开,而单击快捷菜单的【全部展开】命令可以将该实体的所有操作夹展开。

当某个操作夹处于展开状态时,单击其左边的 ⊟ 图标或者双击其名称可以将其折叠,而单击快捷菜单的【全部折叠】命令可以将该实体的所有操作折叠。

② 删除实体或操作

在模型树中选取某个实体或操作(第 1 操作除外),单击快捷菜单的【删除】命令或者直接按【删除】键可以将其删除。

③ 禁用操作

在模型树中选取某个实体或操作(第1操作除外),单击快捷菜单的【禁用】命令,可以隐藏该操作对应的实体,并在模型树中灰色显示该实体操作图标,再次单击【禁用】命令则解除对该操作的抑制,恢复正常显示。

④ 编辑实体操作的参数

在展开的操作记录中,鼠标左键双击某项实体操作的图标会弹出相应实体的参数设置对话框,在该对话框中重新修改实体生成时的相关参数后,单击实体操作管理器上部的【全部重新生成】按钮即可使实体按照新的参数重新生成。当然,单击快捷菜单的【编辑参数】命令也可以执行相同的功能。

最后,在操作模型树中,可直接将某一个操作拖到新的位置以改变其排列顺序。

四、任务实施

1. 准备工作

(1) 新建文件并保存

单击 按钮,选择【文件】/【保存文件】命令,将文件保存为"shi ti jia gong"。

(2) 建立图层

单击次菜单中的【层别】按钮,弹出【层别管理】对话框,按图10-48所示设置图层,并将图层编号1设为当前层,单击确定 按钮完成图层设置。

(3) 构图环境与属性设置

2D,屏幕视图与构图平面—俯视图,Z—0;线型—实线,线宽—细,图素颜色—黑色。

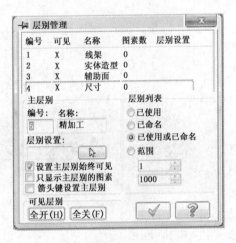

图10-48 【层别管理】对话框

2. 绘制线架

(1) 绘制矩形

单击工具栏的 按钮,弹出【矩形选项】对话框,在对话框中设置:选中【基点】宽度50、高度50、倒角半径10、矩形旋转0°、【形状】长方形、定位点中心。捕捉坐标原点为基准点,单击确定 按钮,退出矩形的绘制。

(2) 转换偏置外形

单击工具栏的 按钮,在弹出的【串连】对话框中,以默认方式串连上面绘制的矩形,单击确定 按钮退出串连,并弹出【偏置外形】对话框,设置参数:点选复制、次数1、偏移距离5、点选增量坐标、转角为尖角,单击 按钮确定,生成一个较小的外形,结束偏置外形。

(3) 绘制圆

分别在前视图、右视图上绘制直径为6的圆,圆心均为坐标原点,结果如图10-49(a)所示。

3. 创建实体

将构图层换为编号2,3D,屏幕视图换为等角视图,构图平面不变,实体颜色为7。

挤出实体,单击工具栏的 ▥ 按钮,弹出【串连】对话框,按提示串连较大的矩形曲线链,并按 Enter 键结束串连。

打开【挤出实体】对话框,在对话框的【基本】选项卡中,操作类型选择【创建主体】,【距离】输入 20(利用【串连】文本框右下角的 ↔ 按钮将实体挤出向 Z 轴负方向挤出);在【挤出实体】对话框的【高级】选项卡中,选择【绘图】,角度输入 18°;选中【翻转】,其余参见图 10-50。完成参数设置,单击该对话框中的 ⊙ 按钮,结果如图 10-49(b)所示。

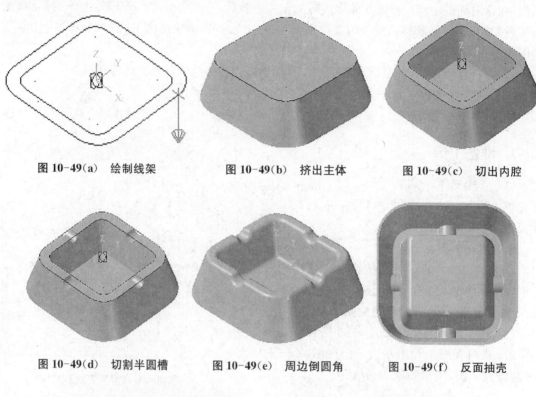

图 10-49(a)　绘制线架　　　　图 10-49(b)　挤出主体　　　　图 10-49(c)　切出内腔

图 10-49(d)　切割半圆槽　　　　图 10-49(e)　周边倒圆角　　　　图 10-49(f)　反面抽壳

图 10-50　【挤出实体】对话框

弹出【串连】对话框,按提示串连较小矩形曲线链按 Enter 键结束串连。打开【挤出实体】对话框,在对话框中的【基本】选项卡中,类型选择【切削主体】,【距离】输入 18(向 Z 轴负向挤出),在【挤出实体】对话框的【高级】选项卡中,选择【绘图】,角度输入 10°;完成参数设置,单击该对话框中的 ◎ 按钮,结果如图 10-49(c)所示。

打开【串连】对话框,按提示串连 φ6 的圆后,回车结束串连。打开【挤出实体】对话框,在对话框中的【基本】选项卡中,参数设置:类型选择【切削主体】;【距离】选择【全部贯穿】和【双向】;在【挤出实体】对话框的【高级】选项卡中,不选择【绘图】,完成参数设置,单击该对话框中的 ◎ 按钮,结果如图 10-49(d)所示。

隐藏图层 1,其余不变。

单击工具栏的 ■ 按钮,弹出【实体选择】对话框,选择 ▣ 按钮,按系统提示选择实体上端面所有边、内槽所有边,按 Enter 键结束选择,弹出【固定圆角半径】对话框,在该对话框的【基本】选项卡中,选择沿切线延伸,半径输入 2,在【高级】选项卡中,选择自动预览结果,单击【固定圆角半径】对话框中的确定 ◎ 按钮,结果如图 10-49(e)所示。

单击工具栏的 ▣ 按钮,单击实体底平面,按 Enter 键,打开【实体抽壳】对话框,在该对话框中设置:【实体抽壳方向】朝内;【实体抽壳厚度】朝内的厚度输入 1。其余默认。单击该对话框中的 ◎ 按钮,结果如图 10-49(f)所示。

任务二　实体的粗、精加工

⟶知识要求

复习 Mastercam X8 系统的 8 种粗加工方法与 11 种精加工方法。

⟶技能要求

熟练掌握 Mastercam X8 的粗、精加工方法,综合运用各种加工方法对零件进行合适的加工,并达到相应的技术要求。

一、任务描述

选择适当的 Mastercam X8 粗加工、精加工方法,加工如图 10-51 所示的实体造型,其加工结果参见如图 10-52 所示样式。

二、任务分析

该零件结构规整,只是内、外侧壁较为陡斜,交界面圆弧过渡小,加工时要注意刀具的选择,从外形轮廓看,主要由直线、圆弧构成。所以外形加工较为简单,残料清角及光整加工繁琐。

该零件的加工顺序:二维平面铣削上平面—挖槽粗加工—等高外形进行半精加工与精加工—平行陡斜面、浅平面、交线清角精加工。

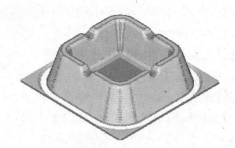

图 10-51　曲面造型

图 10-52　加工结果

三、任务实施

1. 准备工作

（1）打开文件

单击工具栏的 按钮，在【打开】对话框中，按存盘的路径找到"shi ti jia gong"文件，单击该对话框的【打开】按钮打开该文件。

（2）设置层

将当前层设置为编号 2（实体造型），关闭图层 4（尺寸），打开图层 1（线架模型）。

2. 选择机床类型与设置加工毛坯

（1）选择机床类型

单击菜单【机床类型】/【铣床】/【默认】命令，进入铣削加工模块。

（2）设置加工毛坯

选择【操作管理】/【刀路】/【属性】/【毛坯设置】命令，进入【机床群组属性】对话框，利用"边界框"设置好毛坯并做辅助平面（图 10-53、图 10-54）。

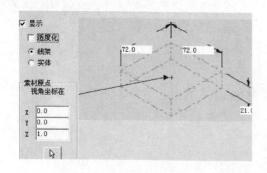

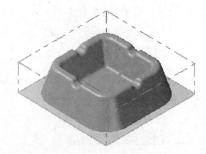

图 10-53　设置加工毛坯

图 10-54　辅助平面

3. 铣平面

（1）选择刀具

选择菜单【刀路】/【平面铣】命令，弹出【输入新 NC 名称】对话框，单击确定 按钮，弹出【串连】对话框,串连辅助平面四边后,单击【串连】对话框中的确定 ✅ 按钮退出串连,打开【2D 刀路-平面铣削】对话框,单击该对话框中的【刀具】选项,在打开的【刀具】选项对话框中,选一把 φ50 的面铣刀,其参数设置:进给率 300,下刀速率 150,主轴转速 700,其余默认。

(2) 切削参数

单击【2D 刀路-平面铣削】对话框中的【切削参数】选项,打开【切削参数】选项卡,参数设置如图 10-55 所示。

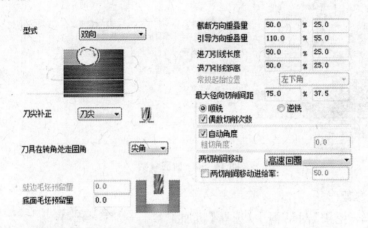

图 10-55 切削参数

单击【2D 刀路-平面铣削】对话框中的【连接参数】选项,打开该选项卡,参数设置:安全高度 100、参考高度 50、下刀位置 10、工件表面 1、切削深度 0(绝对坐标)。

单击【2D 刀路-平面铣削】对话框中的【原点/参考点】选项,打开【原点/参考点】选项卡,参数设置:机床原点默认,参考点:进/退点相同 X200、Y0、Z100(均绝对坐标)。

最后单击【2D 刀路-平面铣削】对话框中的确定 ✅ 按钮,生成一个平面加工的刀具路径。

4. 粗加工挖槽加工

为尽快地从毛坯原材料上尽可能多地去除多余材料,选择粗加工挖槽加工将烟灰缸内、外侧壁的大部分余量快速切除。

选择菜单【刀路】/【曲面粗加工】/【粗加工挖槽刀路】命令,按系统提示框选所有曲面在窗口内,按 Enter 键,打开【刀路/曲面选择】对话框,单击该对话框中边界范围的选择按钮 ⌨ ,打开【串连】对话框,串连辅助平面的四条边,单击【串连】对话框中的确定 ✅ 按钮,退出串连选项。返回【刀路/曲面选择】对话框中,单击对话框中的确定 ✅ 按钮,弹出【曲面粗车-挖槽】对话框。

(1) 选择刀具并设置参数

在【曲面粗车-挖槽】对话框中,选择【刀路参数】选项卡,在选项卡中选一把直径为 10 的圆鼻刀,圆角半径 2,其参数设置:进给率 350,下刀/提刀速率 150,主轴转速 1 500,选择【参考点】选项,并在打开的【参考点】对话框中设置,进刀/提刀点坐标为 X200、Y0、Z200(绝对坐标),其余默认。

（2）曲面参数

在【曲面粗车-挖槽】对话框中，选择【曲面参数】选项卡，其参数设置：毛坯预留量驱动面上 1，其余见图 10-56 所示。

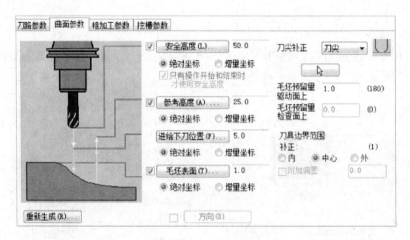

图 10-56　曲面参数

（3）粗加工参数

在【曲面粗车-挖槽】对话框中，选择【粗加工参数】选项卡，其参数设置：最大轴向切削间距为 2，其余见图 10-57 所示。切削深度设置：选择绝对坐标，最小、最大深度分别为 1、—20。

（4）挖槽参数

在【曲面粗车-挖槽】对话框中，选择【挖槽参数】选项卡，其参数设置：选择粗加工，粗加工切削方式选择【等距环切】，选择由内而外螺旋式切削。其余如图 10-58 所示。实体验证，其结果见图 10-59 所示。

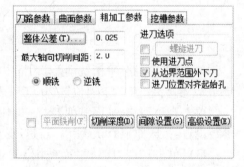

图 10-57　粗加工参数

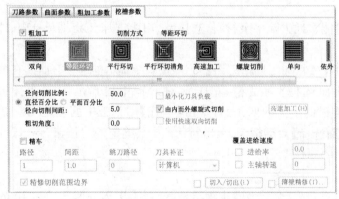

图 10-58　挖槽参数

图 10-59　实体验证

5. 等高外形精加工

精加工工件,在这里进一步切除多余的材料,并保证一定的加工精度,使加工曲面形状更接近实际曲面形状,为光整加工做准备。

选择菜单【刀路】/【曲面精加工】/【精加工等高外形刀路】命令,按系统提示选择所有曲面,按 Enter 键,弹出【刀路/曲面选择】对话框,单击该对话框中的确定 ✓ 按钮,退出加工曲面的选取。

(1) 选择刀具并设置参数

弹出【曲面精车-外形】对话框,在该对话框中点击【刀路参数】选项卡,在选项卡中选一把直径为 6 的圆鼻刀,圆角半径为 2,其参数设置:进给率 120,下刀/提刀速率 80,主轴转速 1 500,选择【参考点】选项,并在打开的【参考点】对话框中设置,进刀/提刀点坐标为 X200、Y0、Z200(绝对坐标),其余默认。

(2) 曲面参数

在【曲面精车-外形】对话框中,选择【曲面参数】选项卡,其参数设置:驱动面上毛坯预留量为 0,其余参数见图 10-56 所示。

(3) 等高外形精加工参数

在【曲面精车-外形】对话框中,选择【外形精加工参数】选项卡,其参数设置:最大轴向切削间距 0.5;【切削深度】选项设置:选择绝对坐标,最小、最大深度分别为 1、−20;其余参数见图 10-60 所示。单击【曲面精车-外形】对话框中的确定 ✓ 按钮,退出精加工等高外形参数设置。验证实体,效果如图 10-61 所示。

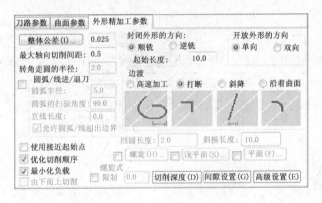

图 10-60　外形精加工参数

图 10-61　实体验证

6. 精加工平行陡斜面加工

这项精加工是为了切除残留在烟灰缸内外侧壁上的残料,使加工的曲面形状更接近实际曲面形状。在加工前,关闭所有操作的刀具路径。

选择菜单【刀路】/【曲面精加工】/【精加工平行陡斜面刀路】,选取所有要精加工的曲面,按 Enter 键,弹出【刀路/曲面选择】对话框,点击该对话框中的确定 ✓ 按钮,退出加工曲面选取。

(1) 选择刀具并设置参数

弹出【曲面精车-平行陡斜面】对话框,在该对话框中点击【刀路参数】选项卡,在选项卡中选一把直径为 3 的圆鼻刀,刀角半径为 0.4,其参数设置:进给率 200,下刀/提刀速率 150,主轴转速 2 000,选择【参考点】选项,并在打开的【参考点】对话框中设置,进刀/提刀点坐标为 X200、Y0、Z200(绝对坐标),其余默认。

(2) 曲面参数

在【曲面精车-平行陡斜面】对话框中,选择【曲面参数】选项卡,其参数设置与精加工等高外形加工一致。

(3) 陡斜面精加工参数

在【曲面精车-平行陡斜面】对话框中,单击【陡斜面平行精加工参数】选项卡,其参数设置:最大切削间距 0.5,加工角度 0,切削方式单向,从倾斜角度 50°,到倾斜角度 90°切削延伸量 10,选择【深度限制】选项,在打开的对话框中参数设置,相对于:刀尖,最小、最大深度分别为 1、−20,其余如图 10-62 所示。

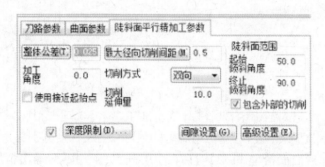

图 10-62　陡斜面平行精加工参数

7. 精加工平行陡斜面

这项操作是为了使整个烟灰缸内外侧壁都能得到修光,再进行一次精加工平行陡斜面加工,操作过程与参数设置,除了将【陡斜面平行精加工参数】选项卡中的【加工角度】改为 90°外,其余所有参数设置与步骤 6 完全一致,不再赘述。实体验证结果如图 10-61 所示。

8. 精加工浅平面加工

为了切除烟灰缸底面与缸口圆弧倒角的残料,选择浅平面精加工。

选择菜单【刀路】/【曲面精加工】/【精加工浅平面刀路】命令,选取所有要精加工的曲面,按 Enter 键,弹出【刀路/曲面选择】对话框,单击该对话框中的确定 ✔ 按钮,退出加工曲面选取。

(1) 选择刀具并设置参数

弹出【曲面精车-浅铣削】对话框,点击该对话框中【刀路参数】选项卡,在选项卡中选一把直径为 3 的圆鼻刀,圆角半径为 0.4,其余参数设置与精加工平行陡斜面中的【刀路参数】一致。

(2) 曲面参数

在【曲面精车-浅铣削】对话框中,选择【曲面参数】选项卡,其参数设置与精加工等高外形加工一致。

（3）浅平面精加工参数

在【曲面精车-浅铣削】对话框中,选择【浅平面精加工参数】选项卡,其参数设置:最大径向切削间距0.3;切削方式3D环绕;起始倾斜角度0°,终止倾斜角度10°;选择【深度限制】选项,在打开的对话框中参数设置,相对于:刀尖,最小、最大深度分别为1、-20;其余如图10-63所示。最后单击【曲面精车-浅铣削】对话框中的确定　✔　按钮,完成曲面精加工。实体验证,效果如图10-52所示。

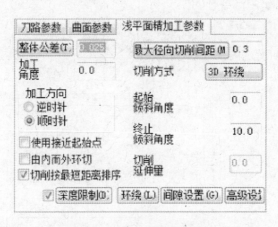

图 10-63　浅平面精加工参数

习　题

CAD 部分

1. 练习设计如图 10-64 所示模型。

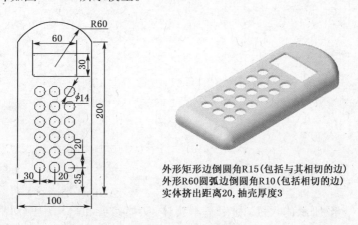

外形矩形边倒圆角R15(包括与其相切的边)
外形R60圆弧边倒圆角R10(包括相切的边)
实体挤出距离20,抽壳厚度3

图 10-64　挤出实体

步骤与提示:挤出实体距离20/实体周边倒圆角/抽壳/挤出切割(圆与矩形)。

2. 按照图 10-65(a)所示的尺寸挤出 7 个圆锥,大圆锥挤出距离 40,6 个小圆锥挤出距离16,拔模角朝内 25°,利用实体布尔运算的结合、切割、交集生成图 10-65(b)~(d)所示的实体。

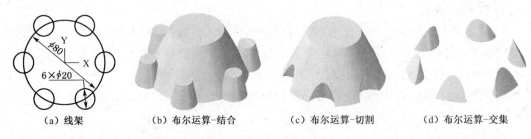

（a）线架　　　　（b）布尔运算-结合　　　　（c）布尔运算-切割　　　　（d）布尔运算-交集

图 10-65　实体布尔运算

3. 按照图 10-66(a)所示的尺寸绘制线架，然后利用挤出、举升创建三维实体。

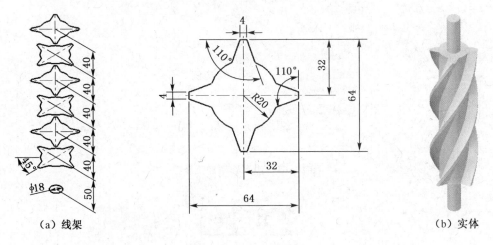

（a）线架　　　　　　　　　　　　　　　　　　　　　　　　（b）实体

图 10-66　举升实体

4. 利用基本实体的创建命令，完成如图 10-67 所示的实体构建。

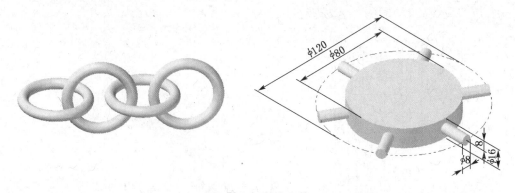

图 10-67　基本实体

5. 按照图 10-68 所示的尺寸，利用基本实体、实体修剪和挤出中的切割实体创建三维实体。

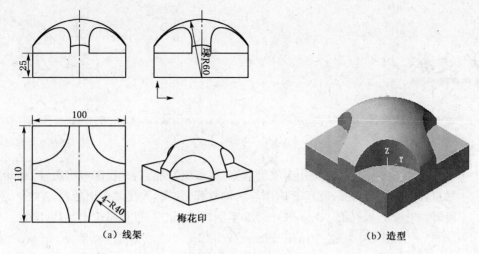

（a）线架　　　　　　梅花印　　　　　　　　　　（b）造型

图 10-68　综合实例

CAM 部分

选择合适的曲面粗、精加工方法，将你创建的图 10-64 与图 10-68 实体生成刀具路径，并进行实体验证（实体加工效果可参见图 10-69 与图 10-70）。

图 10-69　实体验证

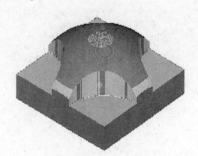

图 10-70　实体验证

参考文献

[1] 蔡冬根. Mastercam X2 应用与实例教案(第 2 版). 北京：人民邮电出版社,2009.

[2] 郑京,邓晓阳. Mastercam X2 应用与实例教程. 北京：人民邮电出版社,2009.

[3] 段辉,刘建华,成红梅. Mastercam X5 实例教程. 北京：机械工业出版社,2011.

[4] 李杭,徐华建,吴荔铭. Pro/Engineer Wildfire 4.0 实训教程. 南京：南京大学出版社,2011.